人工智能教育丛书

总主编　焦李成

智能信息感知技术

Intelligent Information Perception Technology

缑水平　曹　震　陈璞花　编著
郭　璋　焦李成

西安电子科技大学出版社

内 容 简 介

智能信息感知技术是智能制造和物联网领域的先行技术，其作为前端感知关键工具，在发展经济、推动社会进步方面具有非常重要的作用。

本书在介绍传感器基本结构和信息感知原理的基础上，结合近年来流行的人工智能、边缘计算、仿生感知等先进技术，展示了新型智能传感器，并详细介绍了智能感知技术在生物信息感知、光学图像信息感知、语音信息感知、医学信息感知、遥感信息感知，以及智能交通、智能机器人、智能医学生命体征监测等方面的应用。通过学习本书，读者将对智能传感器、智能感知技术建立基本的认识，并充分了解其在各领域中的实际运用。

本书主要面向高等院校大一、大二本科生和高职学生编写，适用于电子、计算机、测控技术、自动化等相关专业，也可作为工程技术人员开展人工智能与信息感知实践的重要参考书。

图书在版编目(CIP)数据

智能信息感知技术/缑水平等编著. --西安：西安电子科技大学出版社，2024.6
ISBN 978 - 7 - 5606 - 7242 - 7

Ⅰ. ①智⋯ Ⅱ. ①缑⋯ Ⅲ. ①智能传感器 Ⅳ. ①TP212.6

中国国家版本馆 CIP 数据核字(2024)第 068872 号

策　　划　刘小莉
责任编辑　张　存　刘小莉
出版发行　西安电子科技大学出版社(西安市太白南路 2 号)
电　　话　(029)88202421　88201467　　邮　　编　710071
网　　址　www.xduph.com　　　　　电子邮箱　xdupfxb001@163.com
经　　销　新华书店
印刷单位　陕西天意印务有限责任公司
版　　次　2024 年 6 月第 1 版　2024 年 6 月第 1 次印刷
开　　本　787 毫米×960 毫米　1/16　印张　20.5
字　　数　412 千字
定　　价　55.00 元
ISBN 978 - 7 - 5606 - 7242 - 7/TP

XDUP 7544001 - 1

＊＊＊如有印装问题可调换＊＊＊

前言 PREFACE

智能信息感知技术是借助语音识别、图像识别等前沿技术，利用摄像头、麦克风等硬件设备将物理世界的信号映射到数字世界，再将这些数字信息进一步提升至可认知的层次，从而实现记忆、理解、规划、决策等功能的一种技术。这是人工智能与现实世界交互的基础和关键，也是人工智能服务于社会的重要桥梁。在这个过程中，智能传感器发挥着重要作用。

相比传统的传感器，智能传感器集成了信息采集、信息处理和通信功能，能够实现对环境参数的智能化感知和自主响应。智能传感器可赋予系统视觉、听觉、嗅觉、触觉等多种感知能力，在智能家居、安防、汽车、工业、航天等领域有着广泛应用。

本书主要面向高等院校大一、大二本科生和高职学生编写，介绍智能信息感知技术的基础知识。考虑到部分学生硬件基础相对薄弱，在介绍各类信息感知技术时，本书描述了相关智能传感器的基本构成和工作原理，这有助于学生建立系统的、完整的知识框架。另外，本书内容安排也体现了从基本概念到核心技术再到应用实例的由浅入深的编排格式，既便于理解，又可根据需要选择性地学习。

本书分为 3 篇，共 11 章。第一篇(第 1～3 章)是信息感知技术基础，包括传感器信息感知理论基础、常用传感器和智能传感器信息感知技术。第二篇(第 4～8 章)是智能信息感知技术，包括智能生物信息感知技术、智能光学图像信息感知技术、智能语音信息感知技术、智能医学信息感知技术和智能遥感信息感知技术。第三篇(第 9～11 章)是新型智能感知系统，包括智能交通信息感知系统、智能机器人信息感知系统和智能医学生命体征监测系统。

本书由猴水平、曹震、陈璞花、郭璋和焦李成编著。其中，曹震负责编写第 1、3、5 章，陈璞花负责编写第 6、8、10 章，曹震和陈璞花共同编写了第 9 章，曹震和郭璋共同编写了第 7 章和第 11 章，陈璞花和郭璋共同编写了第 2 章和第 4 章，猴水平和焦李成负责全书的统编定稿。

马钏烽、张洪伟、孙琦、张紫艺、王璐、刘橘、王倩、邱煜、陈潇钰、周沈轩、刘昕怡、孟庆洋、高雨湉、赵冰怡、畅博、崔鑫语、李佳、史梦圆、朱珂瑶、邢艺、周子昱、李献炜同学参与部分内容的撰写及后期校对、绘图工作，本书还参考和引用了相关的论文和书籍等资料，在此一并对上述人员和相关文献作者表示衷心的感谢。本书的出版还得到了西安电子科技大学的大力支持，在此表示诚挚的谢意！

本书相关研究得到了国家自然科学基金（批准号：62104176，61902298，62301395，62372358）、中国博士后科学基金（批准号：2019M663637，2020M673696）、陕西省自然科学基础研究计划（项目编号：2021JQ-201，2022JQ-661）、陕西高等教育教学改革研究项目（批准号：23ZZ014）、2024 年西安电子科技大学研究生教育教学改革研究项目（批准号：JGGG2403）、2022 年西安电子科技大学研究生核心课程建设项目（批准号：HXKC2209）、西安电子科技大学杭州研究院概念验证基金项目（批准号：GNYZ2023XJ0409-1）、陕西省自然科学基金（批准号：2023-JC-QN-0719）、广东省自然科学基金（批准号：2022A1515110453）、中央高校基本科研业务费专项资金（批准号：XJSJ23083，XJS222215，XJS201905），以及咸阳市"揭榜挂帅"科技项目（重点研发）（批准号：JBGS-013）的资助。

　　由于编者水平有限，书中难免存在疏漏和不妥之处，望读者批评指正，并提出宝贵意见。

编　者

2024 年 1 月

目 录 CONTENTS

第一篇　信息感知技术基础

第二篇　智能信息感知技术

第三篇　新型智能感知系统

第一篇
信息感知技术基础

第1章 传感器信息感知理论基础

传感器技术、通信技术和计算机技术是现代信息技术的三大支柱，它们分别完成对被测量的信息提取、信息传输及信息处理。在当下的信息时代，传感器技术是各种控制系统的关键和基础。而随着系统自动化程度、复杂性及环境适应性的要求越来越高，需要的信息量也越来越多，传统的传感器已很难满足要求，发展集成化、智能化、微型化的传感器已至关重要。本章主要对传感器的定义、组成、分类、性能指标等进行简单介绍。通过本章的学习，可了解传感器技术的基础。

1.1 传感器的定义与组成

传感器(Sensor)是一种检测装置，它能感受到被测量的信息，并能将感受到的信息按一定规律变换为电信号或其他所需形式的信息输出，以满足信息的传输、处理、存储、显示、记录和控制等要求。

通过定义我们可以得出：

(1) 传感器是一种测量装置，能够完成检测任务；

(2) 传感器在规定条件下感受外界信息；

(3) 传感器将被测量按一定规律转换成易于传输与处理的电信号。

在现实生活中，传感器的应用非常广泛。例如，自动门使用了微波雷达和红外传感器技术，当人靠近时，它就像长了眼睛一样，会自动把门打开，当人走远了，它又会自动闭合；数码相机通过光学传感器把光学图像转换为数字图像；自动水龙头的原理和自动门类似，当手靠近时，自动水龙头会自动出水，当手远离时，自动水龙头又会自动停止出水；烟雾报警器使用了烟雾传感器，可用于安防系统，当烟雾浓度超标时，它会自动发出警报；在机场和火车站的入口处往往会设置安检门，当乘客携带管制物品(管制的刀具、枪支等)通过安检门时，安检门会自动发出警报。

传感器一般由敏感元件、转换元件、变换电路和辅助电源四部分组成，如图1.1所示。

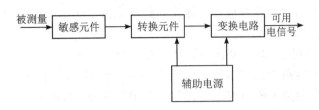

图 1.1　传感器的组成框图

（1）敏感元件是能直接感受被测非电信号，并按一定规律将该信号转换成与被测量有确定关系的某一物理量的元件。

（2）转换元件是能将敏感元件输出的非电信号转换成电信号或直接将被测非电信号转换成电信号并输出的元件。为了便于进一步处理，转换元件一般情况下不直接感受被测量。

（3）变换电路是能把转换元件输出的微弱信号转换为便于处理、传输、记录、显示和控制的可用电信号的电路。其作用是对信号进行转换与调节。例如，变换电路可以将电阻、电容、电感等电参数转换为电流、电压或频率，也可以将小信号调节为大信号。

（4）辅助电源是提供传感器正常工作所需能量的电源部分，有内部供电和外部供电两种形式。

1.2　传感器的分类

从广义上来讲，传感器是一种能把物理量或化学量转变为电信号的器件。传感器的分类方法有很多，具体如下。

1.2.1　按被测量的性质分类

按被测量的性质，传感器可以分为位移、力、速度、温度、压力、流量、黏度、湿度、光强、光通量、血糖、血压传感器等。这种分类方法简洁明了，便于用户选择。

但是上面所述的分类方法比较笼统。因为相同的被测量可以采用不同的测量原理，所以通常将其工作原理和被测参数结合在一起来命名传感器，如热敏电阻温度传感器、热电偶温度传感器、硅压阻式压力传感器、电容式加速度传感器等。

1.2.2　按输出量的性质分类

按输出量的性质，传感器大致可以分为模拟型传感器与数字型传感器两类。

模拟型传感器将被测的非电信号转换成模拟信号，这种模拟信号是连续的，一般以信号的幅度表达信息，如温度、速度、流量等。模拟型传感器输出的信号很微弱，如电压信号幅度最大只有几十毫伏，容易受到电子干扰和其他天线信号干扰。

数字型传感器是一种将被测物理量（如温度、压力、位置等）转换为数字信号并输出的传感器。其输出信号通常为脉冲波形，脉冲的频率或占空比（即脉冲宽度相对于周期的占比）随着被测量的变化而变化。

与模拟型传感器相比，数字型传感器具有更强的抗干扰能力，这是因为其输出的是数字信号，不容易受到电磁干扰和传输线衰减等因素的影响，因此数据传输的可靠性较高。此外，数字型传感器避免了模拟信号在传输过程中的误差，提供了更高的测量精度；其稳定性和可靠性也更好，不容易受到外界环境的影响，从而提高了系统的整体可靠性。

1.2.3 按能量关系的不同分类

按能量关系的不同，传感器主要分为能量转换型传感器和能量控制型传感器两类。

能量转换型传感器（又称为无源传感器）：由能量变换元件构成，不需要外电源，可直接由被测对象输入能量使其工作，如热电偶温度计（热电效应）、磁电式加速度计（霍尔效应）、光电池（光电效应）等。

能量控制型传感器（又称为有源传感器）：需要通过外电源供给能量来进行信息变化，例如电阻、电感、电容等电参数传感器。

1.2.4 按工作原理的不同分类

按工作原理的不同，传感器可分为物理型传感器、化学型传感器和生物型传感器三大类。

物理型传感器：又分为结构型传感器和物性型传感器。物理型传感器是利用某些敏感元件的物理性质或某些功能材料的特殊物理性能制成的传感器，如利用电容器的电容值在被测量的作用下会发生变化的原理制成的电容式传感器。

化学型传感器：通过电化学反应原理把无机或有机化学物质的成分、浓度等转换为电信号的传感器。

生物型传感器：一种利用生物活性物质选择性地识别和测定生物化学物质的传感器，是发展较快的一类传感器。生物型传感器主要由两大部分组成：其一是功能识别物质，其作用是对被测物质进行特定识别；其二是电、光信号转换装置，此装置的作用是把识别被测物所产生的化学反应转换成便于传输的电信号或光信号。生物型传感器的最大特点是能在分子水平上识别被测物质。在化学工业监测、医学诊断以及环保监测等方面，生物型传感器有着广泛的应用前景。

1.3 传感器的材料与工艺加工技术

传感器技术是当今世界令人瞩目且发展迅猛的高新技术之一，也是当代科学技术发展的一个重要标志，还是现代社会信息化的基础技术。没有传感器提供的可靠、准确的信息，通信技术和计算机技术就成为无源之水。传感器的材料与工艺加工技术决定了传感器的性能和稳定性，下面对这两方面分别进行介绍。

1.3.1 传感器的材料

传感器的工作基于一些物理现象或化学现象，而传感器的具体实现则需要依靠一些能有效表现这些现象的材料。由于制作一种传感器时有很多种材料可以选择，同时一种材料又可能对很多信息具有敏感特性，因此传感器所涉及的材料问题错综复杂，传感器材料的定义和分类至今没有统一和标准化。

传感器材料大致可分为敏感材料和辅助材料两大类。例如，制作电阻应变计主要需要电阻敏感栅、基底、黏结剂和引出线四种材料。其中，电阻敏感栅材料属于敏感材料，其他三种属于辅助材料。辅助材料是传感器不可缺少的组成部分，对辅助材料的选择与应用是否合理将直接影响传感器的特性、稳定性、可靠性和寿命。应根据传感器不同的应用场合，选择符合特殊要求的辅助材料。例如，传感器的保护材料就有耐腐蚀材料、抗核辐射材料、抗高温氧化材料、抗电磁干扰材料、耐磨抗冲刷材料、防爆材料等。敏感材料是传感器材料的核心，它决定了传感器的作用机理。它的品种繁多，性能要求严格。按照敏感材料的材质，可将敏感材料分为半导体材料、敏感陶瓷材料、金属与合金材料、无机材料和有机材料、生化材料等。

1.3.2 传感器的工艺加工技术

加工工艺是传感器从实验室走向实用的关键。由于传感器研究的跨学科性，现代加工制造技术中的各种工艺手段在传感器领域都有所体现。尤其是由多个零部件组装而成的结构型传感器，如应变电阻式传感器、涡街流量传感器、电涡流传感器等，其敏感原理早已为大家所熟知，而加工工艺则各有千秋。传感器的性能，尤其是温度稳定性、可靠性等指标，也有很大差异。因此，各个生产厂家大都有自己独特的加工工艺，对关键技术往往采取保密措施。传感器的结构尺寸变化范围很大，几乎所有的现代加工技术都在传感器领域中得到了不同程度的应用。微机械加工技术以及集成电路生产工艺在传感器领域的应用，为传感器的小型化、微型化乃至智能化提供了一个重要手段，利用该技术和工艺可以大批量生产小型、可靠的传感器。

传统的机械量传感器(如位移、压力、流量传感器)，其敏感元件的尺寸一般比较大，且往往由多个零部件组合而成，因此也有人称之为结构型传感器，其生产过程的自动化程度依生产批量而定。这类传感器(即使是那些大批量生产的传感器)的加工工艺一般都包括人工调整环节。大量的生产厂家仍然采用机械加工结合手工调整的方式进行生产。

下面以电阻应变式传感器为例，对结构型传感器的加工工艺进行介绍。因结构、材料、选用器件、量程和用途的不同，以及生产厂家工艺装备、检测手段、标定设备的差异，电阻应变式传感器不可能有统一的工艺，但其原理和组成基本相同，都少不了弹性体、应变计和测量电路，所以有许多相似之处。总体来说，传感器的加工工艺可概括为：原材料的物理化学分析与力学性能测试工艺→弹性体的锻造、机加工及热处理工艺→弹性体的稳定化处理工艺→弹性体的整体清洗、贴片面的准备工艺→应变计的筛选、配组工艺→应变计的粘贴、加压及固化工艺→组桥、布线及性能粗测工艺→线路补偿与调整工艺→传感器整机老化处理工艺→防潮密封工艺→性能检测与标定工艺。

1.4　传感器的信号调理与接口

　　由于传感器的输出通常是相当小的电压、电流或电阻，这些电信号受敏感元件及检测电路的限制，在形式、幅值等方面一般无法直接用来实现对被测量的进一步分析、显示、记录及控制。因此，这些电信号要经过信号调理后才能变换为可用的数字数据。

　　信号调理是指通过对信号进行处理，将其转换成适合后续测控单元接口输入的信号。信号调理大致可以分为五种类型，即电平调整、线性化处理、信号形式转换、滤波及阻抗匹配。

1.4.1　电平调整

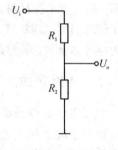

　　电平调整是最简单的信号调理方法，它根据传感器的输出电平范围和采集端的电平范围去调整放大倍数和电路，并保留一定余量，一般分为无源电平调整和有源电平调整。

1. 无源电平调整电路

　　无源电平调整电路是最简单的电平调整电路，一般通过分压电路实现，如图 1.2 所示。

图 1.2　无源电平调整电路

　　调整后的电压 U_o 可表示为

$$U_o = \frac{R_2}{R_1 + R_2} U_i \tag{1.1}$$

其中，R_1 和 R_2 的精度及稳定性直接影响电平调整的效果。在实际应用中，电平调整电路作为前级传感器电路输出的负载，希望输入阻抗高一些；但作为后一级电路的输入端，又希望输出阻抗小一些。因此，具体 R_1 和 R_2 阻值的选取需要综合考虑两方面的因素。此外，由于大阻值（兆欧量级）的电阻器在阻值精度及噪声方面均较差，在选用时需特别注意。

2. 有源电平调整电路

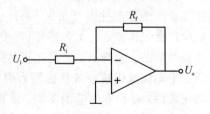

　　由运算放大器这个核心器件及其他器件组成的电路是最常见的有源电平调整电路。运算放大器有两个输入端，即同相输入端和反相输入端。输入端的极性和输出端相同的电路称为同相输入放大电路，反之则为反相输入放大电路。图 1.3 所示为反相输入放大电路。反相输入放大电路的电压增益 G 为

图 1.3　反相输入放大电路

$$G = -\frac{R_f}{R_i} \tag{1.2}$$

调整后的电压 U_o 为

$$U_o = -\frac{R_f}{R_i}U_i \tag{1.3}$$

电路的输入阻抗约为 R_i，输出阻抗接近于零。因此，这种有源电平调整电路不仅实现了传感器输出与后续电路之间的电压调整，而且满足了阻抗匹配的要求。同时，较之同相输入放大电路，反相输入放大电路实现了输出信号的负反馈，因此在追求稳定性的自动测量与控制系统中常被采用。

1.4.2 线性化处理

传感器的线性特性有利于后续电路的设计，并且可简化传感器的标定工作。但是在现实中，大量的传感器特性从原理上就是非线性的。数字电路、单片机技术、嵌入式系统的介入，能在某种程度上补偿传感器的非线性，但此方式的适用范围有限，尤其受 A/D 采样速度及运算处理速度限制，在需要动态测量的场合难以满足要求，因此需要将非线性化传感器转化成线性化传感器。

1. 传感器线性化的分类

线性化方式按所用元件可分为无源线性化和有源线性化。常见的有源线性化电路包括非线性反馈电路，如多放大器反馈电路、电桥传感器非线性校正电路和分段式电路等。

线性化方式按线性化所处阶段可分为模拟线性化和数字线性化。数字线性化是指使用数字元件和软件进行线性修正，其优点是灵活、适用性强，但速度有限，难以满足动态检测场合。模拟线性化则是指在信号调理电路中加入模拟非线性环节。

2. 无源线性化电路和有源线性化电路

无源线性化电路比较简单，且其性能可靠，成本低廉，在某些应用场合，通过合理设计电路结构及元件参数，可获得满意的精度，是一种广泛应用的线性化方法。但由于元件参数固定，无源线性化电路变换灵敏度较低，校正范围一般较窄，准确度不高。

一种简单的无源线性化方法是：用固定参数元件与敏感器件并联或串联。对有些非线性传感器，简单地用固定电阻器与传感元件串、并联，只要电阻值选取合适，即可将非线性校正到满意的程度。

有源线性化电路运用运放、场效应管或晶体管等有源器件实现线性化。因运放有很高的增益、极高的输入阻抗、灵活多变的接法，可获得各种各样的函数变换。有源线性化电路的缺点是线路复杂，调整不便，成本相对较高。

一种简单的有源线性化方法是：利用非线性反馈，使反馈支路的非线性和原有敏感器件变换特性的非线性相互抵消，从而得到线性化。原则上，任何敏感器件的变换特性都可以校正为足够好的直线特性。

1.4.3　信号形式转换

信号形式转换是指将传感器的输出信号从一种形式转换为另一种形式，主要有三类：电压-电流转换、电流-电压转换、交流-直流转换。

1. 电压-电流转换

为了减少长线传输过程中线路电阻和负载电阻的影响，可以将直流电压转换成直流电流后进行传输，转换器输出负载中的电流正比于输入电压。

例如，在远距离测量系统中，必须把监控电压信号转换成电流信号传输，以减小传输导线阻抗对信号的影响。电压-电流转换电路要有较高的输入阻抗和输出阻抗。

2. 电流-电压转换

转换器将输入电流转换成输出电压，因为传递系数为电阻，所以称转换器为转移电阻放大器。

例如，对电流信号进行测量时，首先需要将电流信号转换成电压信号，再由数字电压表测量，或经过 A/D 转换后由计算机进行测控。电流-电压转换电路要有较低的输入阻抗和输出阻抗。

注意：电流传感器输出的电流一般较小，特别是微弱信号的检测，必须分析运放失调电流和失调电压所带来的误差。通常选用失调电流小、失调电压小、噪声低的运放。

3. 交流-直流转换

检测中有时需知道传感器的交流输出信号的幅值或功率。例如，磁电式振动速度传感器或电涡流式振动位移传感器，在其信号处理电路中都需进行交流-直流变换，即将交流振幅信号变为与之呈正比的直流信号输出。根据被测信号的频率不同或要求的测量精度的不同，可采用不同的转换方法。目前常用的转换电路有线性检波电路(半波整流电路)、绝对值转换电路(全波整流电路)、有效值转换电路(均方根/直流转换电路)。

1) 线性检波电路

最简线性检波电路为二极管检波电路。因二极管存在死区电压，当输入信号的幅值较低时，会带来严重的非线性误差。在实际使用中，将二极管置于运放反馈回路，以实现精密整流。

2) 绝对值转换电路

采用绝对值转换电路，可把输入信号转换为单极性信号，再用低通滤波器滤去交流成分，得到的直流信号称为绝对平均偏差。在半波整流电路的基础上，加一级加法器，可构成简单的绝对值电路。

3）有效值转换电路

交流信号有效值的测量方法较多。若已知被测信号波形，可采用峰值检测法、绝对平均法分别测出交流信号的峰值或绝对平均值，再进行换算即可；若输入信号波形不确定，则可采用热功率法或硬件运算法。热功率法利用交流信号加在电阻上的功率即温度变化测量有效值，输出不受波形影响，但响应慢。目前较理想的方法是利用集成器件实现有效值的实时运算。

1.4.4 滤波及阻抗匹配

滤波的作用是选取信号中感兴趣的成分，抑制或衰减掉其他不需要的成分。阻抗匹配是指负载阻抗与激励源内部阻抗互相适配，得到最大输出功率的一种工作状态。根据选频方式的不同，滤波器可分为低通滤波器、高通滤波器、带通滤波器、带阻滤波器四类。根据所用器件的不同，滤波器可分为无源滤波器和有源滤波器。

1. 无源滤波器

由电阻、电容、电感等无源器件组成的滤波器称为无源滤波器。无源滤波器具有结构简单、噪声小、动态范围大等优点。其缺点是存在损耗电阻，信号在传递过程中的能量损耗大。

当外接负载电阻改变时，对滤波器的通带增益、截止频率等特性参数的影响较大。在低频应用时，由于电容元件较大，增大了滤波器的体积。最简单的一阶无源低通滤波器和一阶无源高通滤波器如图 1.4 所示，称为 RC 无源滤波器。

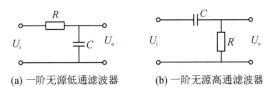

(a) 一阶无源低通滤波器　　　　(b) 一阶无源高通滤波器

图 1.4　无源滤波器

2. 有源滤波器

RC 无源滤波器的上述缺点，可借助 RC 有源滤波器解决。RC 有源滤波器由电阻、电容和集成运算放大器组成。有源器件的放大和隔离作用，使滤波器在通带内有一定的增益和很强的负载能力。

常见的有源滤波器包括一阶有源低通滤波器、一阶有源高通滤波器、一阶有源带通滤波器等，如图 1.5 所示。

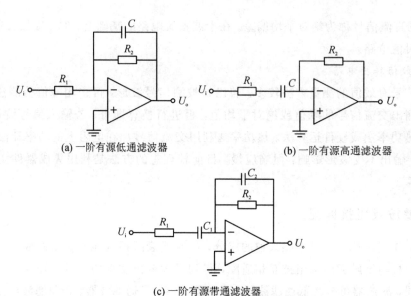

(a) 一阶有源低通滤波器　　　　　　　(b) 一阶有源高通滤波器

(c) 一阶有源带通滤波器

图 1.5　有源滤波器

1.4.5　传感器典型接口电路

　　传感器的接口电路对于传感器和检测系统来说是一个非常重要的连接环节，其性能直接影响到整个系统的测量精度和灵敏度。在实际应用中，传感器接口电路位于传感器和检测电路之间，起着信号处理与连接作用。传感器接口电路的选择是根据传感器的输出信号的特点及用途确定的，不同的传感器具有不同的输出信号，因此，传感器的接口电路可以是一个放大器，也可以是一个信号转换电路或别的电路。

　　常见的接口电路有以下几种：

　　（1）阻抗变换电路：将传感器的高阻抗输出变换为低阻抗输出，以便检测电路准确地获取传感器输出信号。

　　（2）放大电路：将微弱的传感器输出信号放大。

　　（3）电流-电压转换电路：将传感器输出的电流转换成电压。

　　（4）电桥电路：把传感器的电阻、电容、电感变化转换成电流或电压。

　　（5）频率-电压转换器：把传感器输出的频率信号转换成电流或电压。

　　（6）电荷放大器：将电场型传感器输出的电荷转换成电压。

　　（7）有效值转换电路：将传感器输出的交流信号转换为有效值。

　　（8）滤波电路：通过低通及带通滤波器消除传感器的噪声成分。

　　（9）线性化电路：在传感器的特性不是线性的情况下，用来进行线性校正。

　　（10）对数压缩电路：当传感器输出信号的动态范围较宽时，用来压缩动态范围。

1.5　传感器的性能评价

理想的传感器应该具有如下特点：传感器的输出量仅对特定的输入量敏感；传感器的输出量与输入量呈唯一的、稳定的对应关系，且最好是线性关系；传感器的输出量可实时反映输入量的变化。

在实际应用中，传感器是在特定而具体的环境中使用的，因此传感器本身的结构、电子电路器件、电路系统结构以及各种环境因素的存在均可能影响到传感器的整体性能。

1.5.1　传感器的静态特性指标

传感器的静态特性是指当被测量（或输入量）x 不随时间变化，或随时间变化程度远慢于传感器固有的最低阶运动模式的变化程度时，传感器输出量 y 与输入量 x 之间呈现的函数关系。通常可以将其描述为

$$y = f(x) = \sum_{i=0}^{n} a_i x^i \tag{1.4}$$

式中，a_i 为传感器的标定系数，反映了传感器静态特性曲线的形态。

当 $n=1$ 时，式（1.4）写成

$$y = a_0 + a_1 x \tag{1.5}$$

此时，传感器的静态特性为一条直线，称 a_0 为零位输出，a_1 为静态传递系数（或静态增益）。通常传感器的零位是可以补偿的，使传感器的静态特性变为

$$y = a_1 x \tag{1.6}$$

这时称传感器为线性的，这种线性特性是最理想的特性。然而，实际上许多传感器的输出-输入特性是非线性的，一般可用多项式表示输出-输入特性。因此，从某种意义上讲，传感器工程设计就是追求尽量宽范围的近似线性特性的过程。

静态特性指标是传感器与测量系统的重要特性指标。在传感器与测量系统的研制、生产过程中，静态特性指标是首先需要测定的指标。在大多数测量系统中，被测量变化缓慢，因而仅了解传感器的静态特性就已经足够了。尽管如此，当被测量随时间变化时，静态特性也会影响传感器的动态特性，需要综合进行分析。

1. 传感器的主要静态特性指标

1）量程与测量范围

传感器所能测量到的最小被测量（输入量）$x_{\min}$ 与最大被测量（输入量）$x_{\max}$ 之间的范围称为传感器的测量范围。测量上限值与下限值的代数差称为量程。仪器的测量范围决定了仪器中各环节的性能，假如仪器中任一环节的工作出现饱和或过载，则整个仪器都不能正常工作。

2）静态灵敏度与灵敏度误差

传感器被测量的单位变化量引起的输出变化量称为静态灵敏度，其表达式为

$$S = \lim_{\Delta x \to 0}\left(\frac{\Delta y}{\Delta x}\right) = \frac{\mathrm{d}y}{\mathrm{d}x} \tag{1.7}$$

在图形上，某一点处的静态灵敏度是其静态特性曲线的斜率。线性传感器的静态灵敏度为常数，非线性传感器的静态灵敏度为变量。

静态灵敏度是重要的性能指标。通常可以根据传感器的测量范围、抗干扰能力等选择静态灵敏度；特别是对于传感器中的敏感元件，其灵敏度的选择尤为关键。

一般来说，敏感元件不仅受被测量的影响，而且也受其他干扰量的影响。因此在优选敏感元件的结构及参数时，要使敏感元件的输出对于被测量的灵敏度尽可能地大，而对于干扰量的灵敏度尽可能地小。

灵敏度误差是指由于某些原因引起灵敏度变化而产生的误差，其表达式为

$$\gamma_\sigma = \frac{\Delta K}{K} \times 100\% \tag{1.8}$$

式中，K 指灵敏度，ΔK 为灵敏度的变化量。

3）分辨率

传感器在规定的测量范围内，所能检测出被测量的最小变化量为 Δx。由于传感器或测量系统在全量程范围内，各测量区间的 Δx 不完全相同，因此常用全量程范围内最大的 Δx_{max} 与传感器满量程输出值 γ_{FS} 之比的百分率来表示其分辨能力，该分辨能力称为分辨率，又叫作分辨力，用 F 表示，即

$$F = \frac{\Delta x_{max}}{\gamma_{FS}} \times 100\% \tag{1.9}$$

传感器的输入-输出特性曲线在整个测量范围内不可能做到处处连续。当输入量的变化太小时，输出量不会发生变化；只有当输入量变化到一定程度时，输出量才会发生变化。因此，从微观来看，实际传感器的输入-输出特性曲线有许多微小的起伏，如图 1.6 所示。

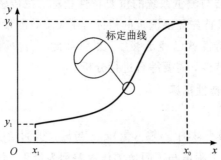

图 1.6　传感器的输入-输出特性曲线

分辨力反映了传感器检测输入微小变化的能力，对正、反行程都是适用的。造成传感器分辨力有限的因素有很多，例如机械运动部件的干摩擦、电路系统中的储能元件以及 A/D 转换器的位数等。为了保证传感器的测量准确度，传感器必须有足够高的分辨力，但这还不是构成良好传感器的充分条件。分辨力的大小应能保证在稳态测量时仪器的测量值波动很小。分辨力过高会使信号波动过大，从而会对数据显示或校正装置提出过高的要求。一个好的设计应使其分辨力与传感器或仪器的功用相匹配。提高分辨力相对而言是比较方便的，因为在传感器调理电路的设计中提高增益不成问题。

4）时间漂移

当传感器的输入和环境温度不变时，输出量随时间变化的现象就是时间漂移，简称时漂。时漂是由于传感器内部各个环节的性能不稳定，或内部温度变化引起的，是反映传感器稳定性的指标。通常考察传感器时漂的范围可以是一小时、一天、一个月、半年或一年等。

5）温度漂移

由外界环境温度变化引起的输出量变化的现象称为温度漂移，简称温漂。温漂可以从两个方面来考察：一方面是零点漂移，即传感器零点处的温漂，反映了温度变化引起传感器特性曲线平移而斜率不变的漂移；另一方面是满量程漂移。对于线性传感器，满量程漂移可以用灵敏度漂移或刻度系数漂移来描述，反映了传感器特性曲线斜率变化的漂移。

6）线性度

线性度又称为非线性误差，用来表征传感器输入-输出特性曲线偏离拟合直线的程度，即传感器实际静态特性的校准特性曲线与某一参考直线不吻合程度的最大值，如图 1.7 所示。通常用相对误差来表示：

$$\gamma_L = \pm \frac{\Delta L_{\max}}{\gamma_{FS}} \times 100\% \qquad (1.10)$$

式中，$\Delta L_{\max}$ 为实际输入-输出特性曲线与拟合直线之间的最大偏差，即最大的绝对非线性误差；γ_{FS} 为满量程输出值。

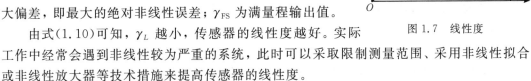

图 1.7 线性度

由式(1.10)可知，γ_L 越小，传感器的线性度越好。实际工作中经常会遇到非线性较为严重的系统，此时可以采取限制测量范围、采用非线性拟合或非线性放大器等技术措施来提高传感器的线性度。

7）迟滞效应

由于传感器机械部分存在摩擦和间隙、敏感结构材料有缺陷，以及磁性材料存在磁滞现象等，传感器同一个输入量对应的正、反行程输出值会不一致，这种现象称为迟滞，如图 1.8 所示。其表达式为

$$\lambda_H = \frac{\Delta H_{\max}}{\gamma_{FS}} \times 100\% \qquad (1.11)$$

式中，ΔH_{max} 为正、反行程输出值的最大偏差。

8）重复性

重复性表示传感器在同一工作条件下，输入量按同一方向做全量程连续多次测量时，所得的特性曲线不一致程度，如图 1.9 所示。其表达式为

$$\gamma_R = \frac{\Delta R_{max}}{\gamma_{FS}} \times 100\% \tag{1.12}$$

式中，ΔR_{max} 为 ΔR_{1max}、ΔR_{2max} 中的最大值。

重复性误差属于随机误差，按极限误差计算不合理，一般按贝塞尔公式计算，即

$$\gamma_R = \frac{(2 \sim 3)\sigma_{max}}{\gamma_{FS}} \times 100\% \tag{1.13}$$

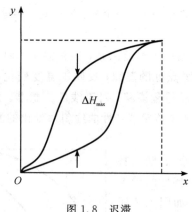
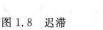

图 1.8 迟滞

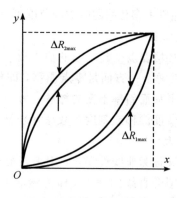

图 1.9 重复性

9）传感器阈值

传感器阈值又叫作门槛值，是指能使传感器输出端产生可测量的最小被测输入量值，即零位附近的分辨率。有的传感器在零位附近有严重的非线性，形成所谓的"死区"，这时，以死区的大小作为阈值。更多情况下，阈值主要取决于传感器干扰的大小，因而有的传感器只给出噪声电平。

10）传感器稳定性

稳定性又称为长期稳定性，即传感器在相当长时间内仍保持其性能的能力。稳定性一般用传感器在室温条件下，经过相当长的时间间隔，其输出与起始标定的输出值之间的差异来表示，有时也用标定的有效期来表示。差异愈小，稳定性愈好。稳定性误差可用相对误差表示，也可用绝对误差表示。

1.5.2 传感器的动态特性指标

动态特性是指当检测系统的输入量为随时间变化的信号时，系统的输出量与输入量之间

的关系。输入信号变化时，输出信号也会随时间变化，这个过程称为响应。传感器的动态特性就是指传感器对于随时间变化的输入信号的响应特性，通常要求传感器不仅能精确地显示被测量的大小，而且还能复现被测量随时间变化的规律，这也是传感器的重要特性之一。

传感器的输入信号是随时间变化的动态信号，这时就要求传感器能时刻精确地跟踪输入信号，并按照输入信号的变化规律输出信号。当传感器输入信号的变化缓慢时，是容易跟踪的，但随着输入信号的变化加快，传感器随动跟踪性能会逐渐下降。

也就是说，传感器的动态特性与其输入信号的变化形式密切相关，在研究传感器的动态特性时，通常是根据不同输入信号的变化规律来观察传感器响应的。实际传感器输入信号随时间变化的形式可能是多种多样的，最常见、最典型的输入信号是阶跃信号和正弦信号。这两种信号在物理上较容易实现，而且也便于求解。

对于阶跃输入信号，传感器的响应称为阶跃响应或瞬态响应，它是指传感器在瞬变的非周期信号作用下的响应特性。这对传感器来说是一种最严峻的状态，如果传感器能复现这种信号，那么就能很容易地复现其他种类的输入信号，其动态性能指标也必定会令人满意。

对于正弦输入信号，传感器的响应称为频率响应或稳态响应。它是指传感器在振幅稳定不变的正弦信号作用下的响应特性。稳态响应的重要性，在于工程上所遇到的各种非电信号的变化曲线都可以展开成傅里叶级数或进行傅里叶变换，即可以用一系列正弦曲线的叠加来表示原曲线。因此，当知道传感器对正弦信号的响应特性后，也就可以判断它对各种复杂变化曲线的响应了。

为便于分析传感器的动态特性，必须建立动态数学模型。建立动态数学模型的方法有多种，如建立微分方程、传递函数、频率响应函数、差分方程、状态方程、脉冲响应函数等。建立微分方程是对传感器动态特性进行数学描述的基本方法。在忽略了一些影响不大的非线性和随机变化的复杂因素后，可将传感器作为线性定常系统来考虑，因而其动态数学模型可用线性常系数微分方程来表示。能用一、二阶线性微分方程来描述的传感器分别称为一、二阶传感器。虽然传感器的种类和形式很多，但它们一般都可以简化为一阶或二阶环节的传感器(高阶可以分解成若干个低阶环节)，因此一阶和二阶传感器是最基本的。

1.5.3　传感器的其他技术指标

传感器的其他技术指标包括多个方面。首先，抗冲振能力是一个重要的考量因素，涉及传感器在不同方向上承受冲击和振动的能力；其次，可靠性指标考虑了传感器的工作寿命、平均无故障时间、保险期、疲劳性能、绝缘电阻、耐压以及抗电火花等方面；再次，使用相关指标包括供电方式(直流或交流)、功率需求、各项分布参数值、使用电压范围与稳定度、外形尺寸、重量、壳体材质、结构特点、安装方式以及馈线电缆等；最后，环境参数指标需考虑传感器的抗潮湿、抗介质腐蚀能力以及抗电磁场干扰能力等因素。综合考虑这些因素对于评估传感器的性能和适用性至关重要。

课后思考题

1. 传感器一般由哪四部分组成？
2. 如何对传感器进行分类？
3. 什么是信号调理？传感器的输出为什么要先进行信号调理？
4. 何为传感器的静态特性？传感器的静态特性指标有哪些？
5. 何为传感器的动态特性？传感器的动态特性指标有哪些？
6. 传感器在未来有哪些发展方向？

参 考 文 献

[1] 唐文彦，张晓琳. 传感器[M]. 6 版. 北京：机械工业出版社，2021.

[2] 周继明，江世明. 传感技术与应用[M]. 长沙：中南大学出版社，2005.

[3] 陈杰，黄鸿. 传感器与检测技术[M]. 2 版. 北京：高等教育出版社，2010.

[4] 朱蕴璞，孔德仁，王芳. 传感器原理及应用[M]. 北京：国防工业出版社，2005.

[5] 徐科军. 传感器与检测技术[M]. 4 版. 北京：电子工业出版社，2016.

[6] 郁有文，常健，程继红. 传感器原理及工程应用[M]. 4 版. 西安：西安电子科技大学出版社，2015.

[7] 闫军. 智能传感器[J]. 自动化博览，2002，19(4)：46-47.

[8] 董守愚. 信息时代的骄子：智能传感器[J]. 安徽电子信息职业技术学院学报，2003，2(2)：39-40，43.

[9] 王祁，于航. 传感器技术的新发展：智能传感器和多功能传感器[J]. 传感器技术，1998(1)：58-60.

[10] 赵丹，肖继学，刘一. 智能传感器技术综述[J]. 传感器与微系统，2014，33(9)：4-7.

[11] 阮永超，刘武发，郑鹏. 一种智能传感器系统的设计[J]. 工程设计学报，2020，27(3)：398-406.

[12] 陈北辰，刘志鑫，崔华. 智能传感器实验平台设计[J]. 电脑与电信，2019，277(11)：61-63.

[13] 赵鹏涛，王鸿运，张亚娟. 基于微机控制技术的激光智能传感器设计[J]. 激光杂志，2018，39(3)：133-136.

[14] 李林. 基于 I^2C 总线的智能传感器设计[J]. 山西电子技术，2019，204(3)：27-29，61.

智能信息感知技术

常用传感器

传感器技术目前已经比较成熟，利用传感器进行信息感知的技术已经广泛应用于生活中。本章将对最常用的几种传感器进行简要介绍，以便读者了解其工作原理、测量电路和典型应用。如果读者具备一定的传感器基本理论基础，可以选择性地阅读本章内容。

2.1 电阻式传感器

2.1.1 工作原理

电阻式传感器的基本原理是将被测非电量的变化转换成电阻值的变化，通过测量电阻值来达到测量非电量的目的。根据工作原理，可将电阻式传感器分为应变式传感器、压阻式传感器和电位器式传感器等不同类型。电阻式传感器可以测量压力、位移、形变、加速度和温度等非电量参数。通常，电阻式传感器具有结构简单、性能稳定和灵敏度高等优点，并且某些类型的电阻式传感器还适用于动态测量。电阻式传感器的电阻计算式为

$$R = \rho \frac{l}{S} \tag{2.1}$$

其中，ρ 是制成电阻的材料的电阻率，S 是制成电阻的导线的横截面积，l 是制成电阻的导线的长度。任何材料的电阻变化率都可以通过式(2.2)来计算：

$$\frac{\Delta R}{R} = \frac{\Delta l}{l} - \frac{\Delta S}{S} + \frac{\Delta \rho}{\rho} \tag{2.2}$$

其中，横截面积 S 与金属丝半径 r 的关系为

$$\frac{\Delta S}{S} = 2 \frac{\Delta r}{r} \tag{2.3}$$

令电阻丝的轴向应变 $\varepsilon = \Delta l / l$，径向应变为 $\Delta r / r$，由材料力学知识可以得知：$\Delta r / r = -\mu(\Delta l / l) = -\mu \varepsilon$，其中 μ 为电阻丝材料的泊松系数，将这个关系代入式(2.2)并整理可得

$$\frac{\Delta R}{R} = \varepsilon(1 + 2\mu) + \frac{\Delta \rho}{\rho} \tag{2.4}$$

由此可见，半导体电阻的变化率主要是由 $\Delta\rho/\rho$ 决定的。这正是压阻式传感器的基本工作原理。

$\Delta\rho/\rho$ 可以表示为

$$\frac{\Delta\rho}{\rho} = \lambda\sigma = \lambda E\varepsilon \tag{2.5}$$

式中，λ 为压阻系数，σ 为应力，E 为材料的弹性模量。

将式(2.5)代入式(2.4)中整理可得

$$\frac{\Delta R}{R} = (1 + 2\mu + \lambda E)\varepsilon \tag{2.6}$$

金属丝的灵敏系数 K_0 的计算公式为

$$K_0 = \frac{\frac{\Delta R}{R}}{\varepsilon} = 1 + 2\mu + \lambda E \tag{2.7}$$

K_0 用来表征在金属丝产生单位形变时电阻相对应的变化。显然，K_0 越大，单位变形引起的电阻相对变化越大。根据式(2.7)，金属丝的灵敏系数 K_0 受两个因素影响：第一项 $(1+2\mu)$ 是由金属丝受拉伸后几何尺寸发生变化引起的；第二项 (λE) 是由于材料发生变形时，其自由电子的活动能力和数量均发生了变化引起的。由于 λE 还不能用解析式来表示，因此 K_0 只能靠实验求得。实验证明，在弹性范围内，应变片电阻相对变化 $\Delta R/R$ 与应变 ε 呈正比，K_0 为常数，通常金属丝的灵敏系数 K_0 约为 2。$\frac{\Delta R}{R}$ 还可表示为

$$\frac{\Delta R}{R} = K_0\varepsilon \tag{2.8}$$

对金属来说，λE 有时可忽略不计，而泊松系数 μ 的一般取值范围为 $0.25 \sim 0.5$，故金属的 K_0 可以近似表示为

$$K_0 = 1 + 2\mu \approx 1.5 \sim 2 \tag{2.9}$$

对半导体来说，$1+2\mu$ 可以忽略不计，而 λ 的取值一般为 $(40 \times 10^{-11} \sim 80 \times 10^{-11})\,\mathrm{m^2/N}$，弹性模量 $E = 1.67 \times 10^{11}\,\mathrm{N/m^2}$。因此，半导体的 K_0 近似表示为

$$K_0 = \lambda E \approx 50 \sim 200 \tag{2.10}$$

压阻式传感器的灵敏系数要比金属应变片的灵敏系数大 $50 \sim 100$ 倍，即

$$K_0(\text{半导体}) \approx (50 \sim 100)K_0(\text{金属}) \tag{2.11}$$

因此有时压阻式传感器的输出不需要放大，就可直接用于测量。这说明压阻式传感器的灵敏度非常高。

压阻式传感器除具有高灵敏度外，还具有以下优点：

(1) 分辨力高。压阻式传感器可以对微小压力($1 \sim 2\,\mathrm{mmH_2O}$)作出反应。

（2）频率响应快。扩散型压阻式传感器是用集成电路工艺制成的，测量压力时，有效面积可以非常小，其直径甚至只有几毫米。这种传感器可用来测量几十千赫的脉动压力，所以频率响应很快。

（3）可测量低频加速度和直线加速度。适当选择尺寸和阻尼系数，压阻式传感器可用于测量低频加速度和直线加速度。

压阻式传感器使用半导体材料制成。半导体材料对温度非常敏感，因此压阻式传感器的温度误差较大，这是其最大的缺点。为了解决这个问题，压阻式传感器必须有温度补偿，或是在恒温条件下使用，以确保其性能不受影响。

2.1.2　测量电路

由于机械应变一般很小，如果要把微小应变引起的微小电阻变化测量出来，同时又要把电阻相对变化 $\Delta R/R$ 转换为电压或电流的变化，就需要使用专用的测量电路来测量应变变化引起的电阻变化。

应变片将试件应变转化成电阻相对变化 $\Delta R/R$，为了能用电测仪器进行测量，还需要进一步将 $\Delta R/R$ 转换成电压或电流信号。这种转换通常采用各种电桥线路。根据电源的不同，电桥可以分为直流电桥和交流电桥。

1. 直流电桥

1）直流电桥平衡条件

直流电桥电路如图 2.1 所示，图中 E 为电源电压，R_1、R_2、R_3 及 R_4 为桥臂电阻，R_L 为负载电阻。

当 $R_L \to \infty$ 时，电桥输出电压为

$$U_o = E\left(\frac{R_1}{R_1 + R_2} - \frac{R_3}{R_3 + R_4}\right) \qquad (2.12)$$

当电桥平衡时，$U_o = 0$，可以得到

$$R_1 R_4 = R_2 R_3 \qquad (2.13)$$

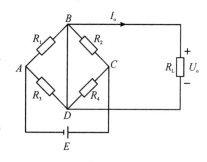

图 2.1　直流电桥

式(2.13)为电桥平衡条件。这说明欲使电桥平衡，其相邻两臂电阻的比值应相等。

2）直流电桥电压灵敏度

电阻应变片工作时，通常其电阻变化是很小的，电桥相应输出电压也很小。要推动记录仪器工作，需要放大电桥的输出电压。为此必须了解 $\Delta R/R$ 与电桥输出电压间的关系。在四臂电桥中，R_1 为工作应变片电阻，由于应变而产生相应的电阻变化为 ΔR_1，R_2、R_3、R_4 均为固定电阻。设电桥输出电压为 U_o，并假设 R_L 无穷大。初始状态下，电桥是平衡的，即 $U_o = 0$，当有 ΔR_1 时，电桥输出电压为

$$U_{\circ} = \frac{\dfrac{R_4}{R_3} \cdot \dfrac{\Delta R_1}{R_1}}{\left(1 + \dfrac{R_2}{R_1} + \dfrac{\Delta R_1}{R_1}\right)\left(1 + \dfrac{R_4}{R_3}\right)} \cdot U \tag{2.14}$$

式中，U 为电源电压。设桥臂比 $n = R_2/R_1$，由于电桥初始平衡时有 $R_2/R_1 = R_4/R_3$，略去分母中的 $\Delta R_1/R_1$，可得

$$U_{\circ} = \frac{n}{(1+n)^2} \cdot \frac{\Delta R_1}{R_1} \cdot U \tag{2.15}$$

电桥电压灵敏度定义如下：

$$k_u = \frac{U_{\circ}}{\Delta R_1/R_1} \tag{2.16}$$

将式（2.15）代入式（2.16）可得单臂工作应变片的电桥电压灵敏度为

$$k_u = \frac{n}{(1+n)^2} \cdot U \tag{2.17}$$

显然，k_u 与电桥电源电压呈正比，同时与桥臂比 n 有关。

3）电桥的非线性误差

式（2.15）求出的输出电压忽略了分母中的 $\Delta R_1/R_1$ 项，是一个理想值。实际值按式（2.14）计算。设桥臂比 $n = R_2/R_1$，可得 $U'_{\circ}$ 为

$$U'_{\circ} = \frac{n \cdot \dfrac{\Delta R_1}{R_1}}{\left(1 + n + \dfrac{\Delta R_1}{R_1}\right)(1+n)} \cdot U \tag{2.18}$$

设理想情况下的 $U_{\circ}$ 为

$$U_{\circ} = \frac{1}{4}U \cdot \frac{\Delta R_1}{R_1} \tag{2.19}$$

非线性误差 δ 的计算（设电桥为四等臂电桥，即 $R_1 = R_2 = R_3 = R_4$）公式为

$$\delta = \frac{U_{\circ} - U'_{\circ}}{U'_{\circ}} = \frac{U_{\circ}}{U'_{\circ}} - 1 = \frac{1}{1 + \dfrac{1}{2} \cdot \dfrac{\Delta R_1}{R_1}} - 1$$

$$\approx 1 - \frac{1}{2} \cdot \frac{\Delta R_1}{R_1} - 1 = -\frac{1}{2} \cdot \frac{\Delta R_1}{R_1} \tag{2.20}$$

可见，δ 与 $\Delta R_1/R_1$ 呈正比，有时能够达到可观的程度。

为了减少和克服非线性误差，常常采用差分电桥的方法，如图 2.2（a）所示，差分电桥在试件上安装了两个工作应变片，一个受拉力，一个受压力，然后将它们接入电桥的相邻臂，并横跨在电源两端。此时电桥输出电压 $U_{\circ}$ 为

$$U_{\circ} = U\left(\frac{R_1 + \Delta R_1}{R_1 + \Delta R_1 + R_2 - \Delta R_2} - \frac{R_3}{R_3 + R_4}\right) \tag{2.21}$$

设初始时 $R_1 = R_2 = R_3 = R_4$，$\Delta R_1 = \Delta R_2$，则可以得到

$$U_{\circ} = \frac{1}{4}U \cdot \frac{\Delta R_1}{R_1} \tag{2.22}$$

可见，这时输出电压 $U_{\circ}$ 与 $\Delta R_1/R_1$ 呈严格的线性关系，没有非线性误差，而且电桥灵敏度比单臂时提高了一倍，还具有温度补偿作用。

为了提高电桥的灵敏度或进行温度补偿，往往会在桥臂中安置多个应变片，电桥也可采用等臂电桥，如图 2.2(b) 所示。

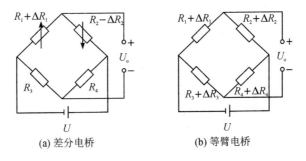

(a) 差分电桥　　　　　　　(b) 等臂电桥

图 2.2　直流电桥示意图

2. 交流电桥

1）交流电桥的平衡条件

根据直流电桥的分析结果可知，由于应变电桥的输出电压非常小，一般需要使用放大器将信号放大。然而直流放大器容易产生零漂等问题。因此，应变电桥多采用交流电桥的形式。

图 2.3 展示了半桥差动交流电桥的一般形式。其中，U 为交流电源电压。由于供桥电源为交流电源，并且引线具有分布电容，因此每个桥臂的应变片呈现复阻抗特性。换言之，每个桥臂相当于并联了一个电容。每个桥臂上的复阻抗可以表示为

$$\begin{cases} Z_1 = \dfrac{R_1}{1 + \mathrm{j}\omega R_1 C_1} \\[2mm] Z_2 = \dfrac{R_2}{1 + \mathrm{j}\omega R_2 C_2} \\[2mm] Z_3 = R_3 \\[2mm] Z_4 = R_4 \end{cases} \tag{2.23}$$

式中，C_1、C_2 分别表示应变片引线分布电容，ω 表示角频率。

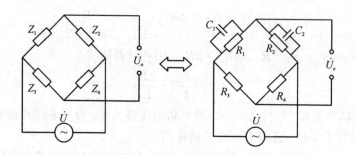

图 2.3 交流电桥示意图

由交流电路分析可得

$$\dot{U}_\circ = \dot{U} \cdot \frac{Z_1 Z_4 - Z_2 Z_3}{(Z_1 + Z_2)(Z_3 + Z_4)} \tag{2.24}$$

要满足电桥平衡条件，即 $\dot{U}_\circ = 0$，可以得到

$$Z_1 Z_4 = Z_2 Z_3 \tag{2.25}$$

取 $Z_1 = Z_2 = Z_3 = Z_4$，将式(2.23)代入式(2.25)，可得

$$\frac{R_1}{1 + \mathrm{j}\omega R_1 C_1} R_4 = \frac{R_2}{1 + \mathrm{j}\omega R_2 C_2} R_3 \tag{2.26}$$

整理式(2.26)，可得到

$$\frac{R_3}{R_1} + \mathrm{j}\omega R_3 C_1 = \frac{R_4}{R_2} + \mathrm{j}\omega R_4 C_2 \tag{2.27}$$

其实部、虚部分别相等，整理后可得交流电桥的平衡条件为

$$\frac{R_2}{R_1} = \frac{R_4}{R_3} \tag{2.28}$$

$$\frac{R_2}{R_1} = \frac{C_1}{C_2} \tag{2.29}$$

2) 交流应变电桥的输出特性及平衡调节

设交流电桥的初始状态是平衡的，即 $Z_1 Z_4 = Z_2 Z_3$。当工作应变片电阻 R_1 改变 ΔR_1 后，引起变化 ΔZ_1，可得到 $\dot{U}_\circ$ 为

$$\dot{U}_\circ = \dot{U} \cdot \frac{\dfrac{Z_4}{Z_3} - \dfrac{\Delta Z_1}{Z_1}}{\left(1 + \dfrac{Z_2}{Z_1} + \dfrac{\Delta Z_1}{Z_1}\right)\left(1 + \dfrac{Z_4}{Z_3}\right)} \tag{2.30}$$

略去式(2.30)分母中的 $\Delta Z_1 / Z_1$ 项，并设初始 $Z_1 = Z_2$，$Z_3 = Z_4$，可得到

$$\dot{U}_\circ = \frac{\dot{U}}{4}\left(\frac{\Delta Z_1}{Z_1}\right) \tag{2.31}$$

2.1.3 典型应用

1. 梁式力传感器

梁式力传感器是一种应变式力传感器，用于测量载荷或力的变化。梁式力传感器通常使用梁式弹性元件制作，适用于测量 5000 N 以下的载荷，也可以用于测量较小的压力。这种传感器具有结构简单、易于加工、应变片易于粘贴、灵敏度高等特点。梁式力传感器通过测量弹性元件在力的作用下产生的应变来确定被测力的大小，常用于工业自动化、机械设备、汽车工程等领域中对力的测量和控制。

梁式力传感器有多种形式，下面是对图 2.4 中各种形式的梁式力传感器的简要描述。

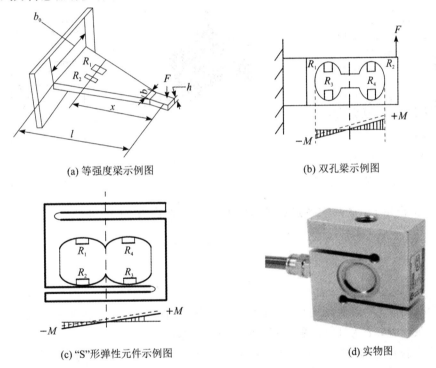

(a) 等强度梁示例图　　　　　　　　(b) 双孔梁示例图

(c) "S"形弹性元件示例图　　　　　　(d) 实物图

图 2.4　梁式力传感器

（1）等强度梁：力 F 作用于梁端的三角顶点上。梁内各断面产生的应力相等，表面上的应变也相等。然而，由于表面沿 l 方向各点的力分布不均匀，所以需要对称安装 4 个或两个贴片。

（2）双孔梁：多用于小量程的应变测量，例如工业电子秤和商业电子秤。

（3）"S"形弹性元件：适用于较小载荷的测量。其形状类似字母"S"，具有较高的灵敏度和线性性能。

（4）实物结构：展示了一种具体的梁式力传感器的结构，其中包括弹性梁和贴片应变片。该结构用于测量力的变化，并将其转换为相应的电信号输出。

这些不同形式的梁式传感器可根据具体应用需求选择，以实现准确、可靠的力测量。

2. 膜片式压力传感器

膜片式压力传感器（或称薄膜式传感器）是一种常见的应变式压力传感器，主要用于液体、气体动态和静态压力的测量。图 2.5(a)是膜片式压力传感器的结构图，图 2.5(b)展示了膜片式压力传感器的典型实物图。图 2.6 是其应力分布图。膜片式压力传感器的弹性元件为周边固定的圆薄膜片。

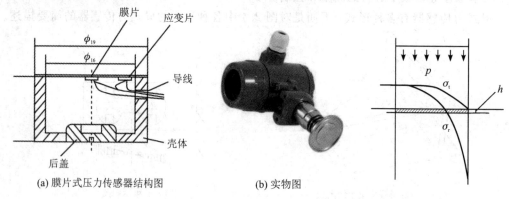

(a) 膜片式压力传感器结构图　　(b) 实物图

图 2.5　膜片式压力传感器　　　　　　图 2.6　应力分布图

在压力 p 作用下，膜片上各点的径向应力 σ_r 和切向应力 σ_t 可表示为

$$\sigma_r = \frac{3p}{8h^2}\left[(1+\mu)r^2 - (3+\mu)x^2\right] \tag{2.32}$$

$$\sigma_t = \frac{3p}{8h^2}\left[(1+\mu)r^2 - (1+3\mu)x^2\right] \tag{2.33}$$

式中，σ_r 为径向应力，σ_t 为切向应力，μ 为膜片材料的泊松系数，p 为膜片承受的压力，r 为膜片的有效半径，x 为计算点的半径，h 为膜片的厚度。

应变片在膜片上的粘贴位置应根据弹性膜片的应力和应变而定。为了使传感器有较高的灵敏度，一般要最大限度地利用膜片的应力、应变状态。例如，将两片应变片组成半桥电路时，把应变片径向地贴于绝对值最大的正负应变区内，即一片贴在膜片中心正应力区，另一片贴在膜片边缘负应变区。还要注意减小电桥输出电压的非线性。

3. 压阻式加速度传感器

压阻式加速度传感器通常采用单晶硅做悬臂梁，悬臂梁上有 4 个扩散电阻，用于测量加速度的变化。当梁的自由端的质量块受到加速度作用时，梁上电阻受到弯矩和应力的作用，使电阻值发生变化。电阻相对变化与加速度呈正比。由 4 个电阻组成的电桥将产生与加速度呈正比的电压输出。在设计时，恰当地选择传感器尺寸及阻尼系数，就可测量低频加速度与直线加速度。图 2.7 为一个压阻式加速度传感器的示意图，给出了悬臂梁结构和电阻的布置。

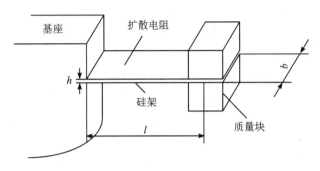

图 2.7　压阻式加速度传感器

4. 电阻式温湿度传感器

温湿度传感器是指能将温度量和湿度量转换成容易被测量处理的电信号的设备或装置。市场上的温湿度传感器一般用于测量温度量和相对湿度量。

湿度传感器是利用湿敏元件的电气特性(比如利用电阻值随湿度的变化而变化的原理)进行湿度测量的。湿敏元件一般是在绝缘物上浸渍吸湿性物质，或者通过蒸发、涂覆等工艺制备一层金属、半导体、高分子薄膜和粉末状颗粒，在湿敏元件的吸湿和脱湿过程中，水分子分解出的离子 H^+ 的传导状态发生变化，从而使元件的电阻值随湿度而变化。

电阻式湿度传感器可适用于湿度 控制领域，其代表产品氯化锂湿度传感器，具有稳定性强、耐温性好和使用寿命长等优点。

图 2.8 为 SHT11 温湿度传感器芯片，其产品基本参数如表 2.1 所示。

图 2.8　SHT11 温湿度传感器芯片

表 2.1 SHT11 温湿度传感器芯片基本参数

参数	数值	参数	数值
温度分辨率	$\pm0.01℃$	温度精度	$\pm0.4℃$
湿度分辨率	$\pm0.05\%RH$	湿度精度	$\pm3.0\%RH$
供电电压	3.3 V	温度量程	$-40\sim+123.8℃$
功耗	2 μW(休眠)，3 mW(测量)	湿度量程	$0\sim100\%RH$
通信	2线制数字接口		

将温湿度传感器与调理电路以及嵌入式系统(如 Cortex-A 系列)相连接，可以构成温湿度的检测系统。图 2.9 为 SHT11 芯片的实际应用方式，它通过 I^2C 总线进行传输和控制操作。

图 2.10 为温湿度传感器的连接原理图。SHT11 温湿度传感器芯片有一个 5 V 电源引脚，一个接地引脚，一个 SCK 引脚(接入 IICSCL 的时钟引脚)，以及一个 DATA 引脚(接入 IICSDA 的数据引脚)。温湿度传感器可以通过 SHT11 芯片读取温度和湿度值。

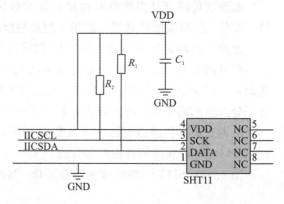

图 2.9 温湿度传感器   图 2.10 温湿度传感器的连接原理图

2.2 电容式传感器

2.2.1 工作原理

电容式传感器的基本原理是将被测非电量的变化转换成电容量的变化。这种传感器具有结构简单、体积小、分辨率高、测量精度高的特点。它还能实现非接触测量，并在高温、辐射和强烈震动等恶劣条件下正常工作。因此，它被广泛应用于压力差、液位、位移、加速度、成分含量等方面的测量。

由两块平行金属板作电极可构成一个最简单的电容器，如图 2.11 所示。若忽略其边缘效应，平板电容器的电容计算公式为

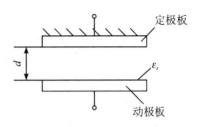

图 2.11　平板电容器

$$C = \frac{\varepsilon_r \varepsilon_0 S}{d} \qquad (2.34)$$

式中，C 为电容量，d 为两平行极板间的距离，ε_r 为介质的相对介电常数，ε_0 为真空的介电常数，S 为极板面积。

由式(2.34)可知，当 S、d 和 ε_r 中任一参数发生变化时，电容量 C 也随之发生变化。如果被测量的变化能使电容中的某一参数产生相应改变而引起电容变化，那么通过测量电路就可以将电容变化量转换为电量输出，即可确定被测量的大小。根据不同参数的变化，可将电容式传感器分为变极距型、变面积型和变介电常数型三种。

2.2.2　测量电路

1. 等效电路

实际上，如果考虑环境温度、湿度和电源频率等外界条件的影响，电容式传感器就不再是一个纯电容。但在进行测量系统分析计算时，需要知道电容式传感器的等效电路，如图 2.12 所示。其中，C 为传感器电容，R_p 为极板间的等效漏电阻，R 包括引线电阻、极板电阻和金属支架电阻，L 为引线电感和电容器本身电感之和。

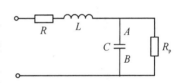

图 2.12　电容传感器的等效电路

从上述等效电路可知，在较低的电源频率下使用时，L 及 R 可以忽略不计，而只考虑 R_p 对传感器的分路作用。当电源频率增高时，传感器容抗减小，R_p 的影响也就减弱，应考虑 L 及 R 的影响，而且主要是 L 的存在使得 AB 两端的等效电容 C_e 随频率的增加而增加。

在忽略 R 和 R_p 的前提下，传感器等效电容 C_e 可表示为

$$C_e = \frac{C}{1 - \omega^2 LC} \qquad (2.35)$$

式中，L 为传感器的固有电感，ω 为角频率。此时电容传感器的等效灵敏度为

$$K_e = \frac{\Delta C_e / C_e}{\Delta d} = \frac{K_C}{1 - \omega^2 LC} \qquad (2.36)$$

式中，$K_C = \dfrac{\Delta C / C}{\Delta d}$，$\Delta d$ 为被测变量。

由式(2.36)可知，电容式传感器的电容相对变化量 $\Delta C_e / C_e$ 与传感器的固有电感 L 和

角频率 ω 有关。因此在实际应用中，使用电容式传感器时不要随便改变其引线电缆的长度，因为引线电缆的电感与引线电缆长度有关。如果改变了引线电缆的长度，就改变了引线电感，而传感器的等效电容及灵敏度等都与引线电感有关，这样就会使测量不准确。如果要改变引线电缆的长度，就需要在改变引线电缆长度后，重新校正传感器的灵敏度。

2. 测量电路

电容式传感器产生的电容量非常微小（几皮法到几十皮法），不便于直接传输、记录和显示。因此，在实际中，必须借助某些检测电路，检测出这一微小变化量，并将其转化成电压、电流或频率。测量电路的种类很多，有电桥电路、运算放大器电路、调频电路、二极管环形检波电路、脉宽调制电路等。下面介绍几种典型的测量电路。

1) 电桥电路

电桥电路是采用较多的一种测量电路，其桥路组成并不完全一样，例如有阻容电桥、变压器电桥、双 T 电桥等。

图 2.13(a) 是阻容电桥系统框图。图 2.13(b) 是变压器电桥电路，其结构特点是电桥两平衡臂用变压器的两副边代替，并且连接了两个差动电容传感器作为测量臂。

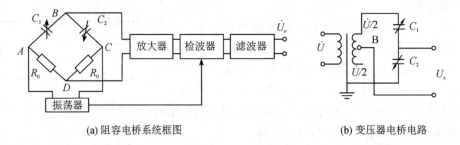

(a) 阻容电桥系统框图　　　　　　　　　　(b) 变压器电桥电路

图 2.13　电桥电路

当电桥输出端开路或负载阻抗很高时，电桥的输出电压为

$$\dot{U}_\circ = \frac{\dot{U}Z_2}{Z_2 + Z_1} - \frac{\dot{U}}{2} = \frac{\dot{U}}{2}\left(\frac{Z_2 - Z_1}{Z_2 + Z_1}\right) \tag{2.37}$$

将阻抗表达式代入式(2.37)可得

$$\dot{U}_\circ = \frac{\dot{U}}{2}\left(\frac{C_1 - C_2}{C_1 + C_2}\right) \tag{2.38}$$

当动极板移动 Δd 时，有

$$C_1 = \frac{\varepsilon A}{d_0 + \Delta d} \tag{2.39}$$

进一步可得到

$$\dot{U}_\circ = \frac{\dot{U}}{2} \frac{\Delta d}{d_0} \qquad (2.40)$$

由式(2.40)可知，在负载阻抗极大时，即便是变极距型电容式传感器以差动方式接入变压器电桥，输出电压也会与位移呈线性关系。可见，电桥电路对传感器无线性要求。但需注意，电容式传感器采用变压器电桥电路时，桥压必须稳定，同时其后必须接高输入阻抗的放大器。

2）运算放大器电路

将电容传感器接入运算放大器电路中，如图 2.14 所示，图中 C_0 是固定电容，C_x 是传感电容，$\dot{U}$ 是交流电压源，$\dot{U}_\circ$ 是输出电压。在输入阻抗 Z_i 较大的情况下有

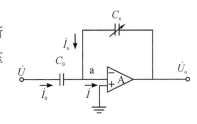

图 2.14 运算放大器电路

$$\dot{U}_\circ = -\frac{C_0}{C_x} \dot{U} \qquad (2.41)$$

将 $C_x = \dfrac{\varepsilon S}{d}$ 代入式(2.41)得

$$\dot{U}_\circ = -d \frac{C_0}{\varepsilon S} \dot{U} \qquad (2.42)$$

式中，"$-$"表示输出电压与电源电压反相。由式(2.42)可以看出输出电压与 d 呈线性关系。这种电路的最大特点是能改善单个变极距型电容传感器特性的非线性关系，而使输出信号变为线性输出。

3）调频电路

调频电路利用电容式传感器作为振荡器的谐振回路部分。当输入非电量变化时，电容式传感器的电容会发生变化，进而影响振荡器的振荡频率。通过鉴频器将频率的变化转换为振幅的变化，再经放大器放大后，用仪器记录或用仪表指示。

调频电路有直放式调频电路和外差式调频电路两种类型。外差式调频电路比较复杂，但是性能远优于直放式调频电路。图 2.15 为这两种调频电路的框图。

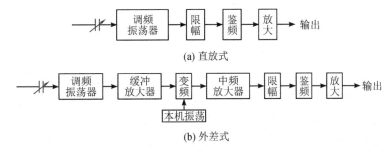

(a) 直放式

(b) 外差式

图 2.15 调频电路框图

用调频电路作为电容式传感器的测量电路主要有以下优点：

(1) 抗外来干扰能力强；

(2) 特性稳定，选择性强；

(3) 能取得高电平直流信号；

(4) 易于用数字仪器记录及与计算机进行数据连接。

2.2.3　典型应用

1. 电容式差压传感器

图 2.16（a）为一种典型的电容式差压传感器的结构原理图，是美国 ROSEMOUNT 公司的专利产品。该传感器可用于工业过程的各种压力测量。图中上、下两端的隔离膜片与张紧敏感膜片之间充满硅油。张紧敏感膜片是差动电容变换器的活动极板。差动电容变换器的固定极板是在石英玻璃上镀有金属的球面极板。膜片在差压的作用下产生位移，使差动电容变换器的电容发生变化。因此通过测量电容变换器的电容（变化量）就可以实现对压力的测量。图 2.16（b）是 ROSEMOUNT 的 3051C 差压变送器的实物图。

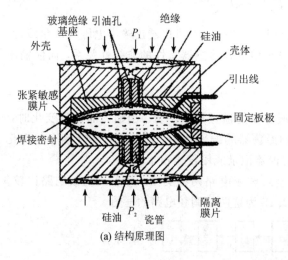

(a) 结构原理图

(b) 实物图

图 2.16　电容式差压传感器

这种压力传感器的最大特点是其极强的过压能力。它特别适用于管道中绝对压力很高，但差压却很小的情况，即"高线压低差压"情况。为了测量小的差压，传感器的膜片被设计得非常薄。然而，一旦其中一侧的压力消失，膜片的另一侧将承受极高的过压，可能导致膜片破裂。但是在这种结构中，膜片是贴附在球形支撑面上的，所以可以通过该支撑面承受高压。如果压力继续增加，膜片将贴附在传感器的壳体上，使膜片的变形停止。据报道，当满量程压力为几帕时,传感器能够承受千倍的高压,而其特性不会产生明显变化。这种设计的优势在于其能够在高压和低差压的环境中保持稳定的测量性能,并具有极强的耐压能力。

该传感器虽然精度高、耐振动、耐冲击、可靠性高、寿命长,但制造工艺要求很高,尤其是张紧敏感膜片的焊接是这一工艺的难题。

2. 电容式加速度传感器

图 2.17 是电容式加速度传感器的结构原理图。它以弹簧片所支撑的敏感质量块为差动电容器的活动板极,并以空气为阻尼。弹簧片较硬,使系统的固有频率高。当测量垂直方向上的直线加速度时,传感器壳体固定在被测振动体上,振动体的振动使壳体相对质量块运动,因而与壳体固定在一起的两固定极板也相对质量块运动,致使上、下固定极板与质量块之间的电容发生变化,其中一个电容增加,另一个减小,它们的差值正比于被测加速度。固定极板通过绝缘体与壳体绝缘。由于采用空气阻尼,气体黏度的温度系数比液体的小得多,因此,这种加速度传感器的精度高、频率响应范围宽,可以测量很高的加速度。图 2.18 是 SADR305 电容式加速度传感器的实物图。

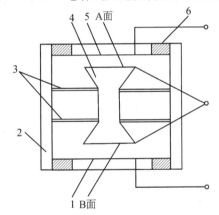

1—下固定极板;2—壳体;3—弹簧片;4—质量块;
5—上固定极板;6—绝缘体。

图 2.17 电容式加速度传感器结构原理图　　图 2.18 SADR305 电容式加速度传感器

这类基于测量质量块相对位移的加速度传感器,一般灵敏度都比较低,所以当前广泛采用的是基于测量惯性力产生的应变、应力的加速度传感器,例如电阻应变式、压阻式和压电式加速度传感器。

3. 电容式振动位移传感器

图 2.19 是电容式振动位移传感器应用示意图(图中 C 表示等效电容)。这种传感器不仅可以测量振动的位移,还可以测量转轴的回转精度和轴心的动态偏摆。

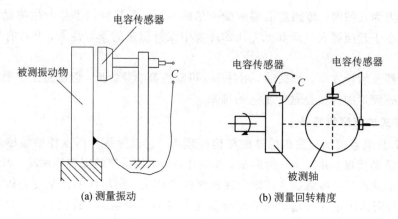

(a) 测量振动　　　　　　　　(b) 测量回转精度

图 2.19　电容式振动位移传感器应用示意图

图 2.20 是一种单电极的电容式振动位移传感器结构示意图。它的平面测端（电极）1 是电容器的一极，通过电极座 5 由引线接入电路，另一极是被测物表面。壳体 3 与平面测端（电极）1 由绝缘衬塞 2 使彼此绝缘。使用时，壳体 3 为夹持部分，被夹持在标准台架或其他支承上。壳体 3 接大地可起屏蔽作用。

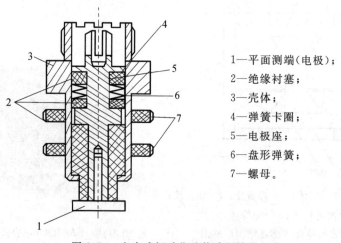

1—平面测端（电极）；

2—绝缘衬塞；

3—壳体；

4—弹簧卡圈；

5—电极座；

6—盘形弹簧；

7—螺母。

图 2.20　电容式振动位移传感器结构示意图

2.3　电感式传感器

2.3.1　工作原理

利用电磁感应原理将被测非电量变化（如位移、压力、流量、振动等）转换成线圈自感系数或互感系数的变化，再由测量电路将其转换为电压或电流的变化量输出，这种装置称为电感式传感器。

电感式传感器具有结构简单、工作可靠、测量精度高、零点稳定、输出功率较大等一系列优点；其主要缺点是灵敏度、线性度和测量范围相互制约，传感器自身频率响应低，不适用于快速动态测量。这种传感器能实现信息的远距离传输、记录、显示和控制，在工业自动控制系统中被广泛采用。

根据对电感的定义，线圈中电感量可由下式确定：

$$L = \frac{\Psi}{I} = \frac{W\varphi}{I} \tag{2.43}$$

式中，Ψ 为线圈总磁链，I 为通过线圈的电流，W 为线圈的匝数，φ 为穿过线圈的磁通。

由磁路欧姆定律可得

$$\varphi = \frac{IW}{R_m} \tag{2.44}$$

式中，IW 为磁动势，R_m 为磁路总磁阻。

因为气隙很小，所以可以认为气隙中的磁场是均匀的。若忽略磁路磁损，则磁路总磁阻为

$$R_m = \sum_i \frac{l_i}{\mu_i S_i} + \frac{2\delta}{\mu_0 S_0} \tag{2.45}$$

式中，μ_i 为各段导磁体的磁导率，l_i 为各段导磁体的长度，S_i 为各段导磁体的截面积，μ_0 为真空磁导率，S_0 为气隙的截面积，δ 为气隙的厚度。

当铁芯工作在非饱和状态时，式(2.45)以第二项为主，第一项可忽略不计，且联立式(2.43)、式(2.44)及式(2.45)，可得

$$L = \frac{W^2}{R_m} = \frac{W^2 \mu_0 S_0}{2\delta} \tag{2.46}$$

式(2.46)表明，电感 L 与以下几个参数有关：与线圈匝数的平方呈正比，与气隙的厚度 δ 呈反比，与气隙的截面积 S_0 呈正比。因此电感式传感器又可分为变气隙厚度 δ 的传感器和变气隙截面积 S_0 的传感器。目前使用较为广泛的是变气隙厚度 δ 的电感式传感器。

2.3.2 测量电路

1. 等效电路

从电路角度看，电感式传感器的线圈并非纯电感，该电感由有功分量和无功分量两部分组成。有功分量包括线圈线绕电阻、涡流损耗电阻和磁滞损耗电阻，这些都可折合为有功电阻，其总电阻可用 R 来表示；无功分量包含线圈的自感 L 和线绕间的分布电容，可以

用 C 来表示。于是可得到电感式传感器的等效电路,如图 2.21 所示。

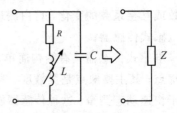

图 2.21 中,L 为线圈的自感,R 为折合为有功电阻的总电阻,C 为并联寄生电容。图 2.21 的等效线圈阻抗为

图 2.21　电感式传感器的等效电路

$$Z = \frac{(R + j\omega L)\left(-\dfrac{j}{\omega C}\right)}{R + j\omega L - \dfrac{j}{\omega C}} \tag{2.47}$$

将式(2.47)有理化并应用品质因数 $Q = \dfrac{\omega L}{R}$,可得

$$Z = \frac{R}{(1 - \omega^2 LC)^2 + \left(\dfrac{\omega^2 LC}{Q}\right)^2} + \frac{j\omega L\left(1 - \omega^2 LC - \dfrac{\omega^2 LC}{Q^2}\right)}{(1 - \omega^2 LC)^2 + \left(\dfrac{\omega^2 LC}{Q}\right)^2} \tag{2.48}$$

当 $Q \gg \omega^2 LC$ 且 $\omega^2 LC \ll 1$ 时,式(2.48)可近似为

$$Z = \frac{R}{(1 - \omega^2 LC)^2} + \frac{j\omega L}{(1 - \omega^2 LC)^2} \tag{2.49}$$

定义 R' 和 L' 为

$$\begin{cases} R' = \dfrac{R}{(1 - \omega^2 LC)^2} \\ L' = \dfrac{L}{(1 - \omega^2 LC)^2} \end{cases} \tag{2.50}$$

将式(2.50)代入式(2.49)可得

$$Z = R' + j\omega L' \tag{2.51}$$

从以上分析可以看出,并联寄生电容的存在,使有效串联损耗电阻及有效电感增加,而有效 Q 值减小。在有效阻抗不大的情况下,它会使灵敏度有所提高,从而引起传感器性能的变化。因此在测量中若更换连接电缆线的长度,在激励频率较高时则应对传感器的灵敏度重新进行校准。

2. 测量电路

实际应用中的调频和调相电路较少,经常使用的电感式传感器测量电路有交流电桥电路、变压器电桥电路、紧耦合电桥电路、谐振电路和相敏检波电路等。下面介绍几种典型的测量电路。

1) 变压器式交流电桥电路

变压器式交流电桥电路如图 2.22 所示。交流电桥是调幅电路的主要形式。Z_1 和 Z_2 为

传感器的两个线圈阻抗，另两臂为电源变压器二次侧线圈的
两半部分，每部分的电压为 $\dot{U}/2$。输出空载电压为

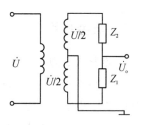

$$\dot{U}_{\circ} = \frac{\dot{U}}{Z_1 + Z_2} Z_1 - \frac{\dot{U}}{2} \qquad (2.52)$$

在初始平衡状态下，$Z_1 = Z_2 = Z$，$\dot{U}_{\circ} = 0$。当衔铁偏离中
间零点时，设 $Z_1 = Z - \Delta Z$，代入式(2.52)中可得

图 2.22　变压器式交流电桥电路

$$\dot{U}_{\circ} = \frac{\dot{U}}{2} \frac{\Delta Z}{Z} \qquad (2.53)$$

同理，当传感器的衔铁移动方向相反时，$Z_1 = Z - \Delta Z$，$Z_2 = Z + \Delta Z$，代入式(2.52)中
可得

$$\dot{U}_{\circ} = -\frac{\dot{U}}{2} \frac{\Delta Z}{Z} \qquad (2.54)$$

比较式(2.53)和式(2.54)，可以看出这两种情况下的输出电压大小相等、方向相反，
即相位相差 $180°$，而这两个式子所表示的电压都为交流电压，如果用示波器看波形，结果
是一样的。

2) 谐振电路

谐振电路有谐振式调幅电路和谐振式调频电路。在图 2.23(a)所示的调幅电路中，传感
器的电感 L、电容 C 和变压器原边串联在一起，接入交流电源 $\dot{U}$，变压器副边将有电压 $\dot{U}_{\circ}$
输出，输出电压的频率与电源频率相同，幅值随着电感 L 的变化而变化。图 2.23(b)为输
出电压 $\dot{U}_{\circ}$ 与电感 L 的关系曲线，其中 L_0 为谐振点的电感值。此电路灵敏度很高，但线性
度差，适用于对线性要求不高的场合。

调频电路的基本原理是利用传感器电感 L 的变化来调制输出信号的频率。如图 2.24(a)
所示，一般把传感器的电感 L 和电容 C 接入一个振荡回路中，f 可表示振荡频率。当传感器
的电感 L 变化时，振荡回路的频率随之变化，根据 f 的大小即可测出被测量的值。图 2.24(b)
表示 f 与 L 的关系曲线，f 和 L 具有明显的非线性关系。

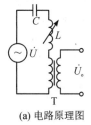
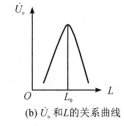
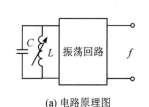
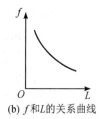

(a) 电路原理图　　　(b) $\dot{U}_{\circ}$ 和 L 的关系曲线　　　(a) 电路原理图　　　(b) f 和 L 的关系曲线

图 2.23　谐振式调幅电路　　　　　　　　图 2.24　谐振式调频电路

2.3.3 典型应用

1. 电感式压力传感器

图 2.25 为变隙电感式压力传感器的结构图。它由膜盒、衔铁、铁芯及线圈等组成，衔铁与膜盒的上端连在一起。

当压力进入膜盒时，膜盒的顶端在压力 P 的作用下产生与压力 P 大小呈正比的位移，于是衔铁也随之移动，从而使气隙发生变化，流过线圈的电流也发生相应的变化，电流表 A 的指示值就反映了被测压力的大小。

图 2.26 为变隙式差动电感压力传感器的结构图。它主要由 C 形弹簧管、衔铁、铁芯和线圈等组成。当被测压力进入 C 形弹簧管时，C 形弹簧管产生变形，其自由端移动，带动与自由端连接成一体的衔铁运动，使线圈 1 和线圈 2 中的电感发生大小相等、符号相反的变化，即一个电感量增大，另一个电感量减小。电感的这种变化通过电桥电路转换成电压输出。由于输出电压与被测压力之间呈比例关系，所以只要用检测仪表测量出输出电压，即可得知被测压力的大小。

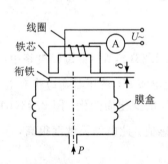

图 2.25 变隙电感式压力传感器结构图

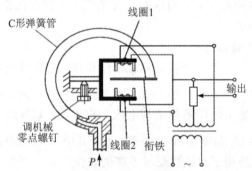

图 2.26 变隙式差动电感压力传感器结构图

2. 差动式电感测厚仪

差动式电感测厚仪由电桥式相敏检波测量电路组成，如图 2.27 所示。图中电感 L_1 和 L_2 为电感传感器的两个线圈，由 L_1、L_2 构成电桥的两相邻桥臂，另外两个桥臂是 C_1、C_2。桥路对角线输出端用 4 只二极管 $VD_1 \sim VD_4$ 和 4 只附加电阻 $R_1 \sim R_4$ 组成相敏检波电路，电流由电流表 M 指示。R_5 是调零电位器，R_6 用来调节电流表满刻度值。电桥电源由变压器 B 供电。变压器原边采用磁饱和交流稳压器，R_7 和 C_4、C_3 起滤波作用，SD 为指示灯。

当衔铁处于中间位置时，$L_1 = L_2$，电桥平衡，$U_c = U_d$，电流表 M 中无电流流过。

当试件的厚度发生变化时，$L_1 \neq L_2$，此时有两种情况：

(1) 若 $L_1 > L_2$，不论电源电压极性是 a 点为正，b 点为负（VD_1、VD_4 导通），还是 a 点为负，b 点为正（VD_2、VD_3 导通），d 点电位总是高于 c 点电位，M 的指针向一个方向偏转。

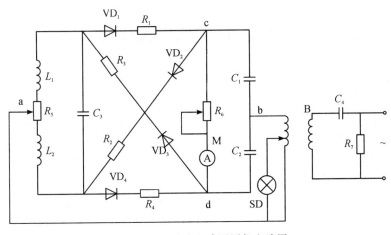

图 2.27　差动式电感测厚仪电路图

（2）若 $L_1 < L_2$，则 c 点电位总是高于 d 点电位，M 的指针向另一个方向偏转。

根据电流表的指针偏转方向和刻度就可以判定衔铁的位移方向，同时可以知道被测件的厚度发生了多大变化。

3. 差动变压器式加速度传感器

差动变压器式传感器可以直接用于测量位移，也可以测量与位移有关的任何机械量，如加速度、应变、比重、张力和厚度等。

图 2.28 为差动变压器式加速度传感器的结构图。它由悬臂梁和差动变压器构成。测量时，将悬臂梁底座及差动变压器的线圈骨架固定，而将衔铁的 A 端与被测体相连。当被测体带动衔铁振动，使其位移变化为 $\Delta x(t)$ 时，差动变压器的输出电压也会按相同规律变化。

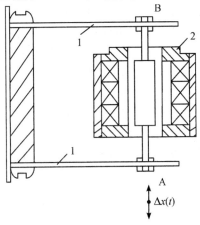

1—悬臂梁；2—差动变压器。

图 2.28　差动变压器式加速度传感器结构图

2.4　光电式传感器

2.4.1　工作原理

光电式传感器是一种测量装置，它将被测量的变化转换为光量的变化，并通过光电元件将光量的变化转换成电信号。光电式传感器的工作原理基于光电效应，该效应包括光电效应和光生伏特效应。由于光电测量方法灵活多样，可调参数众多，一般情况下具有无接触、分辨率高、可靠性高和反应快等特点。

光电式传感器通常由光源、光通路、光电元件和测量电路四部分组成，如图 2.29 所示。图中 X_1 表示被测量能直接引起光量变化的检测方式；X_2 表示被测量在光传播过程中控制光量的检测方式。

图 2.29　光电式传感器的组成

1. 光电效应

由光的粒子学说可知，光可以认为是由具有一定能量的粒子组成的，而每个光子所具有的能量 E 与其频率大小呈正比。光照射在物体上就可看成是一连串的具有能量 E 的粒子轰击在物体上。所谓光电效应，即物体吸收了能量为 E 的光后产生电效应的现象。从传感器的角度看，光电效应可分为外光电效应和内光电效应两大类型。

外光电效应是指在光的照射下，材料中的电子逸出表面的现象。光电管及光电倍增管的工作原理均属这一类。它们的光电发射极就是用具有这种特性的材料制造的。

光子是具有能量的粒子，每个光子具有的能量为

$$E = hf \tag{2.55}$$

式中，h 为普朗克常数，$h = 6.626 \times 10^{-34}$ J · s，f 为光的频率。

根据爱因斯坦假设：一个光子的能量只能给一个电子。因此，如果一个电子要从物体中逸出表面，那么光子能量 E 必须大于表面逸出功 A_0，这时逸出表面的电子具有的动能 E_k 为

$$E_k = \frac{1}{2}mv^2 = hf - A_0 \tag{2.56}$$

式中，m 为电子质量，v 为电子逸出的初速度。

式(2.56)称为光电效应方程，由该式可知：

（1）光电子能否产生，取决于光子的能量是否大于该物体的电子表面逸出功。

（2）在入射光的频谱成分不变时，产生的光电流与光强呈正比，光强越强意味着入射的光子数目越多，逸出的电子数目也就越多。

（3）光电子逸出物体表面时具有初始动能，因此光电管即使没加阳极电压，也会有光电流产生。为使光电流为零，必须加负的截止电压，而截止电压与入射光的频率呈正比。

内光电效应是指在光的照射下，材料的电阻率发生变化的现象。光敏电阻作用原理即属于此类。内光电效应产生的物理过程是：光照射到半导体材料上时，由于价带中的电子受到的能量大于或等于禁带宽度的光子轰击，由价带越过禁带跃入导带，因此材料中导带内的电子和价带内的空穴浓度增大，同时其自生电导增大。

由以上分析可知，材料的光导性能取决于禁带宽度，光子能量 hf 应大于禁带宽度 E，即 $hf = hc/\lambda \geqslant E$。其中 λ 为波长，c 为光速。对于半导体锗，$E = 0.7\ \text{eV}$。

2. 光生伏特效应

光生伏特效应是指在某些半导体材料中，当光线照射到该材料的结构中时，会产生电荷分离和形成电流的现象。也就是说，通过光子能量激发材料内部的电子，使其从价带跃迁到导带，产生自由电子和空穴，并形成光生电流。图 2.30(a) 为 PN 结处于热平衡状态时的势垒。当有光照射到 PN 结上时，若能量达到禁带宽度，价带中的电子跃升入导带，便产生电子空穴对，被光激发的电子在势垒附近电场梯度的作用下向 N 型侧迁移，而空穴向 P 型侧迁移。如果外电路处于开路，则结的两边由于光激发而附加的多数载流子，促使固有结压降降低，于是 P 型侧的电极对 N 型侧的电极的电压为 $+U$，如图 2.30（b）所示。

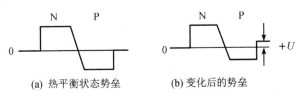

(a) 热平衡状态势垒   (b) 变化后的势垒

图 2.30 PN 结的光学壁垒

2.4.2 测量电路

测量电路由传感器电源电路和放大电路组成。由于光源发出的光强度对测量精度有很大影响，因此对传感器光源的供电电源电路应精心设计，以保证光源发出的光强度稳定。供电电源可以采用恒流源，也可以采用恒压源。采用恒流源时，由于要求稳流精度相当高，因此电源电路较复杂。经实验验证，采用恒压源也可满足高精度测量的需要，方法是多级稳压，并加限流电阻输出，经 2～3 min 预热即可。

放大电路由三个直流放大器组成，如图 2.31 所示。放大器 A_1 和 A_2 将敏感元件上、下两部分的电信号分别放大，其放大倍数均为 K_1，A_1 和 A_2 的输出分别为 U_1' 和 U_2'。A_3 是一个差动放大器，它以 A_1 和 A_2 的输出 U_1' 和 U_2' 为输入进行差动放大，它的放大倍数为 K_2，其输出电压为 U_o，整个放大电路的输入和输出关系为式

$$U_o = K_2(U_1' - U_2') = K_2 K_1(U_1 - U_2) \tag{2.57}$$

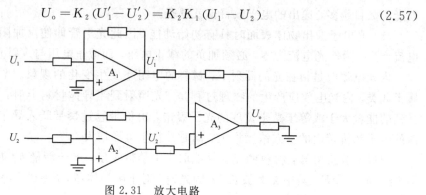

图 2.31　放大电路

2.4.3　典型应用

1. 光电显微镜

人眼可直接通过光电显微镜观测目标物图像，光电显微镜所观测到的图像也可通过图像传感器送入计算机，进行图像数字处理。光电显微镜的原理如图 2.32 所示。由光源发出的光经聚光镜将刻有十字线的载物台均匀地照亮。载物台位于准直物镜的焦平面上。因此，载物台上的十字线及目标物经析光镜 1 和物镜后，以平行光照射到被测目标的反光镜上；由反光镜反射的光线又经物镜和析光镜 1，向下经析光镜 2 后分成两路，一路送目镜，可用于目视观察；另一路经成像物镜成像在面阵电荷耦合器件（Charge Coupled Device，CDD）图像传感器上。当观察者对所成图像满意时，在阴板射线管（Cathode Ray Tube，CRT）彩色监视器上便得到所要求的清晰的图像。若不满意，操作者可键入信息，通过计算机发出指令信号到控制器，驱使载物台按操作者的意愿上下调焦或前、后、左、右移动，寻找所需要观测的目标物图像。此图像再由软件控制，采集到计算机，并经处理后再送到 CRT 显示，即完成了图像的显示、识别和处理。

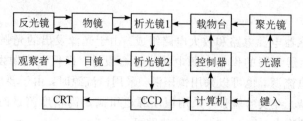

图 2.32　光电显微镜原理图

图 2.33 为 VTM-2010F 光电显微镜的实物图。

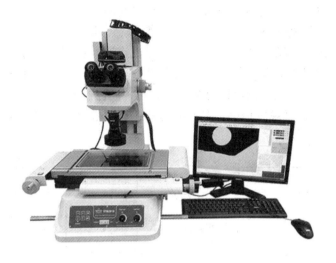

图 2.33　光电显微镜实物图

2. 智能型双面啮合检测仪

智能型双面啮合检测仪是通过对目前广泛应用的机械式双啮仪进行智能化改造而研制的一种自动化仪器。与机械式双啮仪相比，智能型双面啮合检测仪具有测量精度高、测量速度快、性能稳定可靠、使用方便等优点。在该仪器上采用光电式传感器进行位移量的测量，可以取得很好的效果。

智能型双面啮合检测仪由光电式传感器、测量电路、单片机系统、同步电机、打印机和机械式双啮仪组成。其工作原理是：单片机系统通过开关电路启动同步电机，以带动机械式双啮仪上的被测齿轮转动，从而使被测齿轮与标准齿轮的双啮中心距产生变化，这个位移量的变化由光电式传感器转变为电信号的变化，送入测量电路及单片机系统，由单片机系统进行 A/D 转换和数据处理。

3. 烟尘浊度监测仪

防治工业烟尘污染是环保的重要任务之一。为了消除工业烟尘污染，首先要知道烟尘排放量，因此，必须对烟尘源进行监测、自动显示和超标报警。

光传感器通常被放置在烟道中，用于检测光线的强度或光的能量。当烟道中的烟尘浓度增加时，烟尘颗粒会吸收光并使其减弱，因此到达光传感器的光强度会减少。通过测量光传感器输出信号的强度，可以间接反映烟道浊度的变化情况。这种基于光的测量方法被广泛应用于烟尘浊度监测和环境污染控制中，具有实时性、无接触性和高灵敏度的优点。通过光传感器的输出信号，可以监测烟道内烟尘浓度的变化，从而实现对烟气排放的监测和控制。

图 2.34 是吸收式烟尘浊度监测系统组成框图。为了检测出烟尘中对人体危害性最

大的亚微米颗粒的浊度，避免水蒸气和二氧化碳对光源衰减的影响，选取可见光（400～700 nm 波长的白炽光）作光源。光检测器为光谱响应范围为 400～600 nm 的光电管，用于获取随浊度变化的相应电信号。为了提高检测灵敏度，采用具有高增益、高输入阻抗、低零漂、高共模抑制比的运算放大器，对信号进行放大。刻度校正被用来进行调零与调满刻度，以保证测试准确性。显示器可显示瞬时值。报警器由多谐振荡器组成，当运算放大器输出的浊度信号超过规定值时，多谐振荡器工作，输出信号经放大后推动喇叭发出报警信号。

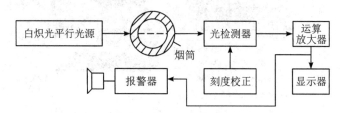

图 2.34　吸收式烟尘浊度监测系统组成框图

图 2.35 是杜拉格 D-R290 激光粉尘检测仪的实物图。

图 2.35　激光粉尘检测仪实物图

2.5　其他类型传感器简介

1. 热电式传感器

热电式传感器是将温度变化转换为电量变化的装置。它是利用某些材料或元件的性能随温度变化的特性来进行测量的。热电式传感器通常将被测温度转化为电阻、热电动势、热膨胀量、磁导率等的变化，再经过相应的测量电路输出电压或电流，然后由这些参数的变化来检测对象的温度变化。把温度变化转换为电势变化的热电式传感器称为热电偶；把温度变化转换为电阻值变化的热电式传感器称为热电阻。

大多数金属导体的电阻率随温度升高而增大，具有正的温度系数，这就是热电阻测温的基础。在工业上广泛应用的热电阻温度计一般用来测量 $-200 \sim +500℃$ 范围的温度，随着科学技术的发展，热电阻温度计的测量范围低温端可达 $1\,K(-272.15℃)$ 左右，高温端可达 $1000℃$。热电阻温度计的特点是精度高，适用于测低温。在 $560℃$ 以下的温度测量时，它的输出信号比热电偶的输出信号更容易被测量。

虽然大多数金属的电阻值随温度变化而变化，但是并不是所有的金属都能被制作成测量温度的热电阻。可作为热电阻材料的金属应具有如下特性：电阻温度系数大，电阻率大，热容量小；在整个测温范围内应具有稳定的物理和化学性质；电阻与温度的关系曲线最好近似于线性或为平滑的曲线；容易加工，可复制性强，价格便宜。

然而，同时符合上述要求的热电阻材料实际上是不常有的。目前应用较为广泛的热电阻材料是铂和铜，并且已被做成标准测温热电阻；当然，也有用镍、铁、铟等材料制成的测温热电阻。

2. 超声波传感器

超声波传感器是利用超声波的特性研制而成的传感器。超声波传感器具有成本低、安装维护方便、体积小、可实现非接触测量等特点，同时不易受电磁、烟雾、光线和被测对象颜色等影响，能在黑暗、有灰尘、有烟雾、电磁干扰和有毒环境下工作。因此它在工业领域得到了广泛的应用。

超声波传感器能实现声波与电信号的转换，又称为超声波换能器或超声波探头。超声波传感器包括发射换能器和接收换能器，既能发射超声波又能接收超声波的回波。其中发射换能器用于将其他形式的能量转换为超声波能量；接收换能器用于将超声波能量转换为易于检测的电信号。因此，在超声波检测装置中，一个超声波换能器往往既作为发射换能器，又作为接收换能器。

超声波探头按其结构可分为直探头、斜探头、双探头和液浸探头。超声波传感器按其工作原理又可分为压电式、磁致伸缩式、电磁式等多种。最常用的是压电式换能器，其次是磁致伸缩式换能器。

由于压电材料较脆，为了绝缘、密封、防腐蚀、阻抗匹配及防止不良环境的影响，压电元件常常装在一个外壳内而构成探头。压电式探头主要由压电晶片、吸收块（阻尼块）、保护膜等组成。压电晶片多为圆板形，其厚度与超声波频率呈反比。若晶片厚度为 $1\,mm$，则自然频率为 $1.89\,MHz$；若晶片厚度为 $0.7\,mm$，则自然频率为 $2.5\,MHz$。

利用超声波检测厚度的方法有共振法、干涉法、脉冲回波法等。图 2.36 为脉冲回波法检测厚度的原理框图。超声波探头与被测物体表面接触，主控制器控制发射电路，使探头发出的超声波到达被测物体底面后，反射回来形成的脉冲信号又被探头所接收，经放大器放大后加到示波器垂直偏转板上。标记发生器输出的是时间标记脉冲信号，也加到垂直偏转板上。

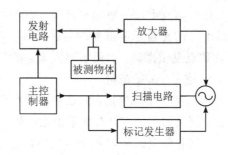

图 2.36　脉冲回波法检测厚度原理框图

图 2.37(a)为奥林巴斯 38DL PLUS 超声测厚仪，图 2.37(b)是配套的多种探头，图 2.37(c)展示了对铸造金属部件的厚度检测。

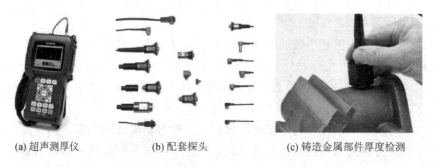

(a) 超声测厚仪　　　　　　(b) 配套探头　　　　　(c) 铸造金属部件厚度检测

图 2.37　超声测厚仪

3. 光纤传感器

光纤传感技术是伴随光导纤维和光纤通信技术的发展而形成的一门崭新的传感技术。光纤传感器的传感灵敏度要比传统传感器高许多，而且它可以在高电压、大噪声、高温、强腐蚀性等很多特殊情况下正常工作，还可以与光线遥感、遥测技术配合，形成光线遥感系统和光线遥测系统。光纤传感技术是许多经济、军事强国争相研究的高新技术，它可以应用于国民经济的很多领域。

光纤传感器是一种把被测量的状态转变为可测的光信号的装置。光纤传感器由光发送器、敏感元件（光纤或非光纤的）、光接收器、信号处理系统和光纤构成，如图 2.38 所示。由光发送器发出的光经光纤引导至敏感元件，光的某性质受到被测量的调制，已调光经接收光纤耦合到光接收器，使光信号变为电信号，最后经信号处理系统得到所期待的被测量。

图 2.38　光纤传感器示意图

光纤在传感器中起到光的传输作用，因此光纤传感器属于非功能性的传感器。光纤传感器的两个多模光纤分别用于光源发射和接收光强，其工作原理如图 2.39 所示。

反射式光纤传感器的输出特性曲线如图 2.40 所示，一般都选用线性范围较好的前坡作为测试区域。

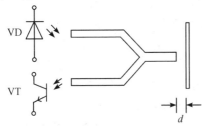

图 2.39　光纤传感器工作原理图

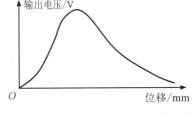

图 2.40　反射式光纤传感器输出特性曲线

图 2.41 是光纤位移传感器的实物图。

图 2.41　光纤位移传感器

2.6　传感器技术的发展趋势

近年来，随着对传感器技术新原理、新材料和新技术研究的不断深入，新品种、新结构、新应用不断涌现。在传感器技术的发展轨迹中，"五化"被认为是重要趋势之一。

（1）智能化，两种发展方向并进。一个方向是多种传感功能与数据处理、存储、双向通信等的集成，可以实现信号探测、变换处理、逻辑判断、功能计算、双向通信，以及内部自检、自校、自补偿、自诊断等功能。这种智能传感器具有低成本、高精度的信息采集、数据存储和通信、编程自动化和功能多样化等特点。例如，美国凌力尔特(Linear Technology Corporation)公司的智能传感器安装了 ARM 架构的 32 位处理器。另一个方向是软传感技术，即智能传感器与人工智能相结合。目前已出现了各种基于模糊推理、人工神经网络、专家系统等人工智能技术的高度智能传感器，并且已经在智能家居等领域得到了应用。例如，NEC 开发出了对大量的传感器监控实施简化的新方法——"不变量分析技术"，其已经在基础设施系统中投入使用。

（2）可移动化，无线传感网技术应用加快。无线传感网技术的关键是克服节点资源限制(包括能源供应、计算及通信能力、存储空间等)，并满足传感器网络扩展性、容错性等要求。该技术被美国麻省理工学院(MIT)的《技术评论》杂志评为对人类未来生活产生深远影响的十大新兴技术之首。目前研发重点主要在路由协议的设计、定位技术、时间同步技术、数据融合技术、嵌入式操作系统技术、网络安全技术和能量采集技术等方面。一些发达国家和城市已经在智能家居、精准农业、林业监测、军事、智能建筑和智能交通等领域对该技术进行了应用。例如，从 Voltree Power LLC 公司受美国农业部的委托，在加利福尼亚州的山林等处设置温度传感器，构建了传感器网络，旨在检测森林火情，减少火灾损失。

（3）微型化，MEMS 传感器研发异军突起。随着集成微电子机械加工技术的日趋成熟，MEMS 传感器将半导体加工工艺(如氧化、光刻、扩散、沉积和蚀刻等)引入传感器的生产制造中，实现了规模化生产，并为传感器微型化的发展提供了重要的技术支撑。近年来，日本、美国以及欧盟的一些国家等在半导体器件、微系统及微观结构、速度测量、微系统加工方法/设备、麦克风/扬声器、水平仪/测距仪/陀螺仪、光刻制版工艺和材料性质的测定/分析等技术领域取得了重要进展。目前，MEMS 传感器技术的研发主要有以下几个方向：① 在微型化的同时降低功耗；② 提高精度；③ 实现 MEMS 传感器的集成化及智慧化；④ 开发与光学、生物学等技术领域交叉融合的新型传感器，如与微光学结合的 MOMES 传感器，与生物技术、电化学结合的生物化学传感器，以及与纳米技术结合的纳米传感器。

（4）集成化，多功能一体化传感器受到广泛关注。传感器集成化包括两种：一种是同类型多个传感器的集成，即同一功能的多个传感元件用集成工艺在同一平面上排列，组成线性传感器(如 CCD 图像传感器)；另一种是多功能一体化，即几种不同的敏感元器件制作在同一硅片上，制成集成化多功能传感器。这种传感器具有集成度高、体积小，容易实现补偿和校正的特点，是目前传感器集成化发展的主要方向。例如，意法半导体公司提出把组合了多个传感器的模块作为传感器中枢来提高产品功能。东芝公司已经开发出晶圆级别的组合传感器，并于 2017 年 3 月发布能够同时检测脉搏、心电、体温及身体活动等 4 种生命体征信息的传感器模块"Silmee"，将数据无线发送至智能手机或平板电脑等设备。

（5）多样化，新材料技术的突破加快了多种新型传感器的涌现。新型敏感材料是传感器的技术基础，材料技术研发是性能提升、成本降低和技术升级的重要手段。除了传统的半导体材料、光导纤维等，有机敏感材料、陶瓷材料、超导、纳米和生物材料等成为研发热点，生物传感器、光纤传感器、气敏传感器、数字传感器等新型传感器不断涌现。光纤传感器是利用光纤本身的敏感功能或利用光纤传输光波的传感器，有灵敏度高、抗电磁干扰能力强、耐腐蚀、绝缘性好、体积小、耗电少等特点，目前已应用的光纤传感器可测量的物理量达 70 多种，发展前景广阔。气敏传感器能将被测气体浓度转换为与之有一定关系的电量输出，具有稳定性好、重复性好、动态特性好、响应迅速、使用维护方便等特点，应用领域非常广泛。据 BCC Research 公司指出，生物传感器和化学传感器有望成为增长最快的传感器细分领域。

课 后 思 考 题

1. 什么是金属材料的应变效应？什么是半导体材料的压阻效应？
2. 直流电桥是如何分类的？各类桥路输出电压与电桥灵敏度的关系如何？
3. 电容式传感器有哪些优点和缺点？其典型应用有哪些？
4. 电感式传感器分为哪几类？各有什么特点？
5. 说明差动式电感传感器和差动变压器工作原理的区别。
6. 光电效应可分为几类？说明其原理并指出相应的光电器件。
7. 光导纤维传光的必要条件是什么？光纤数值孔径 NA 的物理意义是什么？
8. 测温热电阻的金属材料应具有哪些特性？
9. 已知传感元件的应变片的电阻 $R=120\ \Omega$，$K=2.05$，应变为 $800\ \mu m/m$。要求：

(1) 计算 ΔR 和 $\Delta R/R$；

(2) 若电源电压 $U=3\ V$，求此时惠斯通电桥的输出电压 U。

10. 某热电偶的灵敏度为 $0.04\ mV/℃$，把该热电偶的测量端置于 $1200℃$ 的环境中，并且冷端指示温度为 $50℃$，试求该热电偶产生的热电势的大小。

参 考 文 献

[1] 邵华，洛桑郎加. 电阻应变式传感器测量性能分析[J]. 山东交通科技，2022(1)：19-21.

[2] 胡向东. 传感器与检测技术[M]. 4 版. 北京：机械工业出版社，2021.

[3] 吕栋腾. 机电设备控制与检测[M]. 北京：机械工业出版社，2021.

[4] 胡毅，林其斌，党小宇，等. 金属应变片电阻传感器测量性能分析[J]. 牡丹江师范学院学报：自然科学版，2018(4)：35-38.

[5] 齐晓华，朱一博，史冬梅. 交流电桥原理与应用浅析[J]. 渤海大学学报：自然科学版，2021，42(3)：253-258.

［6］ 钟火旺. 电容电感式传感器在现代工业生产中的应用［J］. 通信电源技术，2020，37（18）：253－255，258.

［7］ 夏守行，郑火胜. 现代传感器应用技术仿真与设计［M］. 南京：南京大学出版社，2022.

［8］ 张立娟. 热电式传感器温度自动控制系统探究［J］. 信息通信，2014，27(6)：97.

［9］ 黎敏，廖延彪. 光纤传感器及其应用技术［M］. 北京：科学出版社，2018.

［10］ 王涛. 光电传感器的原理及应用探讨［J］. 计算机产品与流通，2018(7)：64，122.

［11］ 王文成，管丰年，程志强. 传感器原理与工程应用［M］. 北京：机械工业出版社，2021.

智能信息感知技术

第3章 智能传感器信息感知技术

智能传感器信息感知技术作为智能传感器的核心技术，直接关系到传感器的性能和应用效果。本章将全面介绍智能传感器的信息感知关键技术，包括对智能传感器的定义、结构与功能进行概述，讲解 MEMS 技术在智能传感器中的应用，介绍智能传感器的校准技术，即如何提高传感器的精确度和测量准确性，并分析智能传感器在智能可穿戴设备、智能家居、智慧城市等领域的典型应用，以及基于当前技术发展状况，展望智能传感器未来的发展方向。

3.1 智能传感器概述

3.1.1 智能传感器的定义

从 20 世纪 80 年代中期开始，不少半导体制造商把微控制器（Microcontroller Unit，MCU）、数字信号处理器（Digital Signal Processing，DSP）或专用集成电路（Application Specific Integrated Circuit，ASIC）与传统的传感器结合起来，这种设计逐渐获得了广泛的应用并且发展成一个活跃而庞大的市场，同时也在科技领域开辟出关于智能传感技术的新领域。

智能传感器是由美国宇航局在宇航工业发展中首次开发出来的。宇宙飞船中有大量的传感器不断地向地面发送温度、位置、速度等数据。由于一台大型计算机很难同时处理较多的数据，因此研究者提出将 CPU 分散化的解决方案，这样就产生了智能传感器。随着微电子技术的发展，1983 年，美国 Honeywell 公司首次推出了过程工业中应用的智能压力传感器，在此之后，智能传感器产品的种类不断被丰富。

智能传感器是为了代替人和其他生物体的感觉器官并扩大其功能而设计、制作出来的一种装置，人和其他生物体的感觉器官有两个基本功能：一是检测对象的有无或检测对象发出的信号；二是判断、推理和鉴别对象的状态。前者称为"感知"，而后者称为"认知"。普通传感器具有对某一物体精确"感知"的本领，但不具备"认知"能力。智能传感器则可将"感知"和"认知"结合起来，起到人的"五感"作用。智能传感器的主要特征就是传感技术和信息处理技术相结合，也就是说，它具有一定的信息处理能力；而要具有这种能力，就必然要使用计算机技术，考虑到智能传感器的体积问题，当然只能使用微处理器。

在智能传感器的发展过程中，其结构、功能得到了不断的加强和完善，所以智能传感器至今尚无统一、确切的定义。但是，业界普遍认为智能传感器是利用传感技术和微处理器技术，在实现高性能检测的基础上，还具备记忆存储、信息处理、逻辑思维和推理判断等智能化功能的新型传感器。从某种意义来说，智能传感器已具备了人类的某些智能思维与行为。人类通过眼睛、鼻子、耳朵和皮肤来感知并获取外部环境信息，人类大脑对这些信息进行归纳、推理并积累形成知识与经验。当再次遇到相似的外部环境时，人类大脑根据积累的知识与经验对环境进行推理判断，作出相应反应。智能传感器与人类智能相类似，其传感器相当于人体的感觉器官，其微处理器相当于人体的大脑，可进行记忆存储、信息处理、逻辑思维和推理判断，存储设备存储知识和经验，以及采集的有用数据。简化的概念对比图可以参照图 3.1。

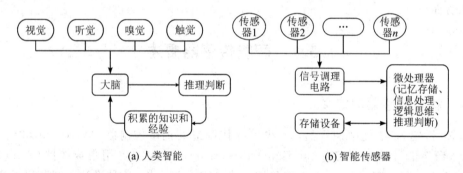

(a) 人类智能　　　　　　　　　　(b) 智能传感器

图 3.1　智能传感器与人类智能的对比

以下几个定义也被普遍应用。

（1）智能传感器是能够调节系统内部性能以优化获取外界数据的能力的传感器系统。在这一定义中，对环境的适应及补偿能力是智能传感器的核心。

（2）智能传感器是将敏感元件和信号处理器集成于单一集成电路中的器件。在这一定义中，对信号处理器的最低要求不是很明确。一般来说，系统中应包括基本的集成电路组件（信号调理器、模数转换器（ADC））、微处理器和通信接口等。

（3）智能传感器是除可正确表达被测对象参量外，还可提供更多功能的传感器，符合这个定义的传感器通常又称为灵巧传感器，典型的例子就是可集成到网络环境中应用的传感器。

尽管智能传感器有很多不同的定义，但是其主要组成部分基本是相同的。智能传感器的基本单元包括敏感元件或敏感元件阵列、激励控制单元、放大单元、模拟滤波单元、信号转换单元、补偿单元、数字信号处理单元、数字通信单元。

3.1.2 智能传感器的结构与功能

1. 智能传感器的结构

智能传感器主要由传感器、微处理器及相关电路组成，如图3.2所示。传感器将被测物理量、化学量等转换为相应的电信号，该信号被送到信号调理电路中，经过滤波放大、数模转换等处理后送到微处理器。微处理器对接收的信号进行计算、存储、数据分析和处理后，一方面通过反馈回路对传感器和信号调理电路进行调节，以实现对测量过程的调节和控制，另一方面将处理后的结果传送到输出接口，经过其处理后按照输出格式输出数字化的测量结果。其中微处理器可以是 MCU、DSP、ASIC、现场可编程逻辑门阵列（Field Programmable Gate Array，FPGA）或微型计算机。

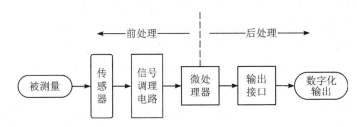

图 3.2　智能传感器的基本结构框架图

2. 智能传感器的功能

接下来以图3.3所示的智能称重传感器系统为例，介绍智能传感器的功能特点。称重传感器将被测目标的重量转换为电信号，该信号经过 A/D 转换为数字信号后输入单片机，此时测量的目标重量受温度、非线性等因素的影响，并不能较准确地反映被测目标的真正重量。所以，智能称重传感器可以加入温度传感器测量环境温度，同样通过 A/D 转换为电

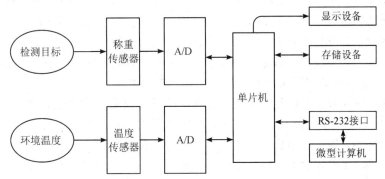

图 3.3　智能称重传感器系统原理图

信号输入单片机。存储设备用于存储非线性校正的数据。单片机对称重传感器测得的目标重量数据进行计算处理、消除非线性误差，同时根据温度传感器测得的环境温度进行温度补偿、零点自校正、数据校正，并将处理后的数据存入存储设备中，相关数据可以在显示设备上显示，以及通过 RS-232 接口与微型计算机进行数字化双向通信。

可见，由于引入了微处理器进行信息处理、推理判断，智能传感器除了具备传统传感器的检测功能，还具有数据处理、数据存储、数据通信等功能，其功能甚至已经延伸至仪器的领域，具体如下。

（1）补偿功能。这是智能传感器较为突出的功能。由于智能传感器内部集成了可用于对信号进行数字化处理的嵌入式微处理器，因此可实现对传感器性能的多方面补偿，如零点补偿、增益补偿、线性补偿、温度漂移补偿等。智能传感器利用微处理器对测量的数据进行计算，采用多次拟合、差值计算或神经网络算法对漂移和非线性等情况进行补偿，从而获得较精确的测量结果。此外，智能传感器还可以判断某传感器的信号是否在合理范围内、是否与某相邻传感器的检测结果相符，以及输出信号的变化速度是否合理、输出信号的变化是否准确等。例如，智能化的电容式压力传感器就可以在芯片上集成一个不随被测压力变化的参比电容，通过比较敏感电容与参比电容的输出信号的差别，实现传感器工作状态的自诊断。

（2）自校零、自标定、自校正、自适应量程功能。这是智能传感器的重要功能之一。操作者输入零值或某一标准量值后，智能传感器中的自动校准模块可以自动对传感器进行在线校准。智能传感器还可以通过对环境的判断自动调整零位和增益等参数，可以根据微处理器中的算法和可擦可编程只读存储器（Erasable Programmable Read-Only Memory，EPROM）中的计量特性数据与实测数据对比校对和在线校正。甚至部分智能传感器可以根据不同测量对象自动选择最合适的量程，以获取更准确的测量数据。

（3）自诊断（自检）功能。智能传感器在通电及工作过程中可以进行自检，利用检测电路或算法检查硬件资源（包括传感器和电路模块）和软件资源有无异常或故障。其中，传感器故障诊断是智能传感器自诊断技术的核心内容，对于传感数据异常、硬件故障及时报警，并进行故障定位、故障类型判别，以便采取相应措施。常用的传感器自诊断方法包括硬件冗余诊断法、基于数学模型的诊断法、基于信号处理的诊断法和基于人工智能的故障诊断法（包括基于专家系统的诊断法和基于神经网络的诊断法）。

（4）计算功能与数据存储记忆功能。智能传感器可以实现多种层次的计算功能，包括信号调理（如模拟与数字滤波）、信号转换（如 A/D 转换、V/F 转换）、逻辑控制（如产生系统所需的各种脉冲信号、采用数字合成方式输出稳定的激励信号）、数据压缩（如特征数据提取）、数据决策（如模式识别、数据分类）等，而且随着嵌入式微处理器系统功能的不断强化，许多复杂的算法（如模糊算法、基因算法等）都在智能传感器中有所应用。同时智能传感器也可以存储各种信息，如校正数据、工作日期等。

（5）双向通信和数字输出功能。数字式双向通信是智能传感器的关键标志之一。传统意义上的传感器系统是由专业人士针对某特定应用而设计实现的，其局限在于系统的集成度低（受设计者知识及能力限制，每个系统中所能采用的传感器的数目有限）、成本高及可扩展性差。智能传感器采用模块化、标准化的设计方法（包括传感器电气接口的标准化以及传输协议的标准化）解决了这一问题。基于各种通信网络协议的网络化，智能传感器已经成为分布式测控技术的一个重要发展方向。通信功能使得构建网络化的智能传感器成为可能。智能传感器的微处理器不仅能接收、处理传感器的测量数据，也能将控制信息发送至传感器，在测量过程中对传感器进行调节、控制。智能传感器的标准化数字输出接口可以与计算机或接口总线连接，进行通信与信息管理，还可以与计算机或网络适配器连接，进行远程通信与管理。

（6）组态功能。智能传感器中可设置多种模块化的硬件和软件，用户可通过微处理器发出指令，改变智能传感器的硬件模块和软件模块的组合状态，从而完成不同的测量功能。

3.1.3　智能传感器的实现途径

目前智能传感器的实现途径主要有三种，分别是非集成化实现、混合实现和集成化实现。由这三种方法制成的传感器分别为非集成化智能传感器、混合式智能传感器和集成化智能传感器，其技术难度依次增加，集成化程度依次递增，传感器智能化的程度也依次递增。

（1）非集成化智能传感器。非集成化智能传感器，又叫传感器的智能化，是指将传统的传感器（采用非集成化工艺制成的）与信号处理电路、带数据总线接口的微处理器组合在一起而构成的智能传感器。其集成度较低，技术壁垒低，不适用于微型化产品领域。

（2）混合式智能传感器。混合式智能传感器是指根据需求，将系统各集成化环节（敏感元件、信号调理电路、数字总线接口）以不同组合方式集成在不同的芯片上，并封装在一个外壳内的智能传感器，它是智能传感器的主要种类，被广泛应用。

（3）集成化智能传感器。集成化智能传感器是指利用集成电路工艺和 MEMS 技术将传感器敏感元件、信号调理电路、数据总线接口等系统模块集成到一块芯片上，并封装在一个外壳内的智能传感器。它内嵌了标准的通信协议和标准的数字接口，使传感器具有信号提取、信号处理、双向通信、逻辑判断和计算等多种功能。

集成化智能传感器是 21 世纪具有代表性的高新技术成果之一，也是当今国际科技界研究的热点。随着微电子技术的飞速发展和微米、纳米技术的问世，大规模集成电路工艺日臻完善，集成电路的集成度越来越高。各种数字电路芯片、模拟电路芯片、微处理器芯片和存储电路芯片的价格大幅下降，进一步促进了集成化智能传感器的落地应用。

除了以上三种主流的实现途径，智能传感器在技术上，还有以下 5 种实现途径。

（1）采用新的检测原理和结构。通过微机械精细加工工艺设计新型结构，使之能真实反映实测对象的完整信息，例如三轴加速度传感器和三轴陀螺仪就是利用这种方式实现传感器智能化的。

（2）应用人工智能材料。利用人工智能材料（例如半导体陶瓷、记忆合金、氧化物薄膜等）的自适应、自诊断、自完善、自调节、自修复和自学习等特性，制造智能传感器。

（3）采用软件化技术。传感器和微处理器相结合的智能传感器，可利用计算机软件编程的优势，实现对测量数据的信息处理功能。例如，运用软件计算实现非线性校正、自补偿、自校准，提高传感器的精度；用软件实现信号滤波，简化硬件并提高信噪比；运用人工智能、神经网络、模糊理论等，使传感器具有分析、判断、自学习等更智能的功能。

（4）采用多传感器信息融合技术。多传感器系统通过多个传感器获得更多种类和数量的传感数据，并经过处理得到多种信息，从而对环境进行更加全面和准确的描述。

（5）采用通信网络技术。智能传感器与通信网络技术相结合，可形成网络化智能传感器。网络化智能传感器使传感器由单一功能、单一检测向多功能和多点检测发展，从被动检测向主动进行信息处理方向发展，从就地测量向远距离实时在线测控发展。

3.2　MEMS 技术在智能传感器中的应用

高性能的传感探测系统是实现智能传感的关键，而要实现高灵敏度、高精度的传感探测，微型化和集成化对传感器至关重要。MEMS 技术恰好可以满足这一需求。MEMS 利用半导体制造技术可以批量生产各类微型传感器，如压力传感器、加速度传感器等。这些传感器体积小、性能优异，非常适合集成到智能传感系统中。本节将详细介绍 MEMS 技术的工作原理及其在智能传感器领域的各种应用情况。通过学习本节内容，可深入理解 MEMS 技术在促进智能传感器发展方面所起的重要作用。

3.2.1　MEMS 介绍

MEMS 的全称是微型电子机械系统（Micro-Electro Mechanical System），是指可批量制作的，将微型传感器、微型执行器、信号处理和控制电路、通信接口和电源等集成于一块或多块芯片上的微型器件或系统。MEMS 传感器是采用微电子和微机械加工技术制造出来的新型传感器。

MEMS 技术是多学科交叉的新兴领域，涉及精密机械、微电子材料科学、微细加工、系统与控制等技术学科和物理、化学、力学、生物学等基础学科。MEMS 可利用三维加工技术制造微米或纳米尺度的零件、部件，完成具备一定功能的复杂微细系统的加工，是实现片上系统的发展方向。MEMS 固有的低成本、微型化、可集成、多学科综合、广阔的应用前景等特点，使其成为当今高科技发展的热点之一。

3.2.2　MEMS 技术特点

MEMS 技术是指以微电子技术为基础，以单晶硅为主要基底材料，辅以硅加工、表面加工、X 射线深层光刻电铸成形(LIGA)及电镀、电火花加工等技术手段，进行毫米和亚毫米级的微零件、微传感器和微执行器的三维或准三维加工，并利用硅 IC 工艺的优势，制作出集成化的微型机电系统。

与传统的微电子技术和机械加工技术相比，MEMS 技术具有以下特点。

(1) 微型化。传统的机械加工技术是在厘米量级，但 MEMS 技术主要为微米量级加工，这就使得利用 MEMS 技术制作的器件在体积、重量、功耗方面大大减小，可携带性大大提高。

(2) 集成化。微型化的器件更加利于集成，从而组成各种功能阵列，甚至可以形成更加复杂的微系统。

(3) 硅基材料。MEMS 的器件主要是以硅作为加工材料，这就使制作器件的成本大幅度下降，大批量低成本的生产成为可能，而且硅的强度、硬度与铁相当，密度近似铝，热传导率接近钼和钨。

(4) 制作工艺与 IC 产品的主流工艺相似。

(5) MEMS 中的机械不限于力学中的机械，它包含一切具有能量转化、传输等功能的效应，包括力、热、光、磁、化学、生物等效应。

3.2.3　MEMS 理论基础

MEMS 与宏观机电系统相比，不是单纯的几何尺寸的缩小，其自身还具有传统理论难以作出解释和预测的特定规律。在这一方面的基础性研究，对于促进 MEMS 的发展是非常重要的。

尺寸效应是 MEMS 的许多物理现象中不同于宏观现象的一个重要原因，其主要特征表现在以下几个方面。

(1) 微构件材料的物理特性的变化。

(2) 力的尺寸效应和微结构的表面效应。在微小尺寸领域，与特征尺寸的高次方成比例的惯性力、电磁力等的作用相对减弱，而在传统理论中常常被忽略了的、与尺寸的低次方成比例的黏性力、弹性力、表面张力、静电力等的作用相对增强。

(3) 微摩擦与微润滑机制对微机械尺度的依赖性及传热与燃烧对微机械尺度的制约。此外，随着尺寸的减小，表面积与体积之比相对增大，因而热传导、化学反应等的速度将加快。

目前在 MEMS 理论基础的研究方面已取得了一些进展，但尚不系统。除了微摩擦学等分支，大多是在结合具体材料和器件的研制过程进行的。

随着微电子机械技术的发展，应该注重力的尺寸效应、微结构表面效应、微观摩擦机理、热传导、误差效应和微构件材料性能等的研究，而且随着尺寸的减小，需要进一步研究微动力学、微结构学等。

3.2.4 常见的 MEMS 传感器

1. MEMS 压力传感器

MEMS 压力传感器作为典型的 MEMS 传感器，在市场中占有很大的份额。MEMS 压力传感器是一种薄膜元件，受到压力时会产生变形，常常通过压阻或者电容的形式将形变转化为电信号，再经过转换元件和转换电路，输出与压力呈线性关系的电流或者电压信号。压阻式和电容式这两种方法都很流行，在工艺和性能上，压阻式工艺复杂，温度特性较差；而电容式除了具有低温度系数、零静态功耗等优势，还具有灵敏度高、线性度好、后续处理电路易于设计等优点。此外，除了电容式和压阻式，还有谐振式压力传感器等基于其他工作原理的 MEMS 压力传感器。MEMS 压力传感器的应用领域包括汽车、医疗和工业等，典型的应用有汽车的胎压监测。

2. MEMS 加速度传感器

MEMS 加速度传感器的原理随其应用的不同而不同。MEMS 加速度传感器有压阻式、电容式、压电式和谐振式等。以压阻式 MEMS 加速度传感器为例，介绍其制作方法。首先通过注入、推进、氧化的创新工艺来制作压敏电阻，然后采用 KOH 各向异性深腐蚀来形成质量块，并使用异向性腐蚀溶液（Anisotropic Etching Solution，AES）来释放梁和质量块，最后利用键合工艺来得到所需的"三明治"结构。

3. MEMS 陀螺仪

MEMS 陀螺仪的设计和工作原理可能各种各样，但是现阶段公开的 MEMS 陀螺仪均采用了振动物体传感角速度的原理。利用振动来诱导和探测科里奥利力而设计的 MEMS 陀螺仪没有旋转部件，不需要轴承，已被证明可以用微机械加工技术大批量生产。一般的 MEMS 陀螺仪由梳子结构的驱动部分和电容板形状的传感部分组成，有的设计中还带有去驱动和传感耦合的结构。MEMS 陀螺仪常用于测量汽车旋转速度，且能与加速度传感器一起组成主动控制系统。

4. MEMS 黏密度传感器

黏密度作为流体的重要特性，描述了流体的流动特性和质量关系。目前市面上的黏密度计，主要针对的应用领域包括实验室测量，流体黏度、密度、浓度、质量的监测或测量等，比较典型的包括燃油质量监测、食品包装气监测、焊接气体浓度监测，以及医药生产链的材料流体密度、浓度监测等。与传统的黏度测量方法（毛细管法、落球法和旋转法等）和密度测量方法（气量计、比重瓶和浮力法等）不同，MEMS 黏密度传感器常采用谐振式的微悬臂梁结构，通过让流体与悬臂之间发生谐振，利用谐振频率与流体黏密度之间的关系，结合转换模块，将流体的黏密度数据转换为数字信号。图3.4即为 MEMS 黏密度传感器。

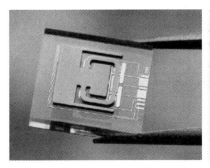

图 3.4　MEMS 黏密度传感器

3.3　智能传感器的校准

　　智能传感器可以提取所感兴趣的（被测量对象）非电信号，并且将这种信号转换成可被识别的电信号输出。为了实现这种功能，研究人员在设计时将传感元件和相关的接口电路集成在同一芯片上或同一个封装体中。传感元件将测量到的非电信号转换为电信号，随后接口电路对其做进一步处理，将其转换为外部检测系统或控制系统可直接识别的标准接口电路信号。在这些处理步骤中产生的误差会影响到系统整体的工作性能和数据的可靠性，因此，确定这些误差的大小是非常重要的。

3.3.1　CMOS 温度传感器的校准

　　CMOS 温度传感器的结构框图如图3.5所示。模拟感温前端电路产生 ΔU_{BE} 和 U_{BE} 两个温度相关的电压信号。这两个信号包含了所有有效的感温信息，随后由 ADC 将这两个电压转换成数字温度读数 D_{OUT}，最后通过数字接口电路与微处理器进行通信。

图 3.5　COMS 温度传感器结构框图

数字温度读数 D_{OUT} 的计算公式为

$$D_{OUT} = A\mu + B = A\,\frac{\alpha\,\Delta U_{BE}}{\alpha\,\Delta U_{BE} + U_{BE}} + B = A\,\frac{U_{PTAT}}{U_{REF}} + B \tag{3.1}$$

式中，α 是使 U_{REF} 成为与温度无关的带隙基准电压的增益因子，A 和 B 是将 μ 值转换成以摄氏度为单位的温度读数的缩放系数。带外部电压参考的温度传感器的电路原理图如图3.6所示。

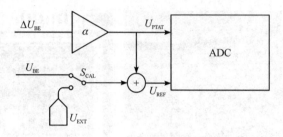

图 3.6　带外部电压参考的温度传感器电路

由于进程扩展，U_{BE} 不能在片上实现精确校准，同时 U_{BE} 的传播又是一个与绝对温度成比例（Proportional to Absolute Temperature，PTAT）的误差，因此需要一个能够调节 U_{BE} 的校准电路。校准电路原理图如图 3.7 所示。R_{CAL} 是一个校准电阻网络，它由 7 个二进制权重的电阻串联而成，每个电阻上通过并联一个开关来控制该路电阻是否被接入。让精确偏置电路产生的对 β 值敏感的 PTAT 电流流过 R_{CAL}，取 R_{CAL} 两端电压 U_{CAL} 作为校准电压来补偿 U_{BE}，可得 U_{CAL} 为

$$U_{CAL} = I_{bias} \cdot R_{CAL} = \frac{\beta}{\beta+1} \frac{\Delta U_{BE}}{R}(S_2 \cdot 2^6 + \cdots + S_7 \cdot 2^1 + S_8 2^0)R_0 \qquad (3.2)$$

其中，电阻 R_0 决定了校准的最小步长，开关信号 S_1 用于控制校准电压 U_{CAL} 的极性；开关信号 $S_2 \sim S_8$ 用于控制校准电压 U_{CAL} 的大小，β 为前向电流增益。U_{CAL} 和 U_{BE} 同时输入三角积分调变器（Delta-Sigma Modulator，DSM），需要一个单片机来实现自动校准，可在芯片外部设置实现。

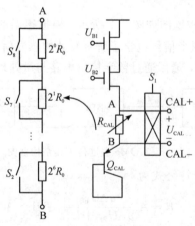

图 3.7　温度传感器校准电路

自动校准算法流程图如图 3.8 所示。使用此方法实现自动校准的具体过程如下：

（1）设置参考。根据图 3.8，通过设置开关信号 S_{CAL}，将外部参考电压 U_{EXT} 输入 DSM，ADC 完成一次转换。假定外部参考电压 U_{EXT} 足够精确，则 T_{REF} 足够精确且可作为温度参考。片外的 MCU 完成这个计算过程，然后将 T_{REF} 存储起来。

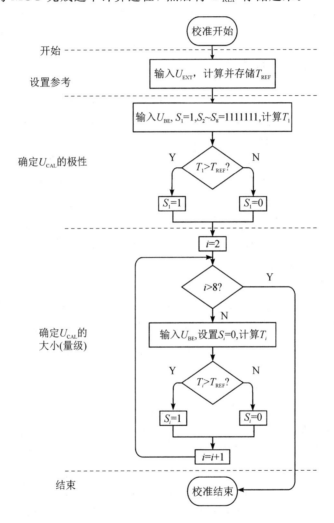

图 3.8　自动校准方法算法

（2）确定 U_{CAL} 的极性。切换 S_{CAL}，将 U_{BE} 输入 DSM，传感器进入正常工作模式。初始态下，S_1 被置为 1，表示正的 U_{CAL}，$S_2 \sim S_8$ 全部被置为 1，表示 $R_{\text{CAL}} = 0$。DSM ADC 完成一次转换，输出为 μ_1。经过合适的比例缩放，得到开氏温度 T_1。MCU 通过将 T_{REF} 和 T_1 进行比较，来决定 S_1 中的符号标志位为 1 还是为 0。这一过程决定了校准电压的极性，即

送入 DSM 的校准电压为正还是为负。

（3）确定 U_{CAL} 的大小。S_1 中的符号标志位被确定后，最高有效位 S_2 被置为 0，同时其他位保持不变。DSM ADC 完成一次转换，输出为 μ_2，并得到温度 T_2。MCU 通过将 T_{REF} 和 T_2 进行比较，来决定 S_2 是保持不变还是翻转。重复上述过程直到最低有效位 S_8 也被确定。当 $S_2 \sim S_8$ 都被确定后，校准电压的大小也就被确定了。此时，整个校准过程也就完成了。

3.3.2　基于递推多项式的校准

在智能传感器得到普遍应用的今天，如何校准智能传感器非线性误差成为提高传感器测量系统性能的关键。智能传感器非线性误差的校准方法主要有硬件补偿法和软件校准法。硬件补偿法存在补偿效率不高、拓展性差等缺点，为了充分利用智能传感器具有微处理单元的特点，软件校准法成为主流，特别是针对自身特性曲线非线性误差较大的传感器。

目前，软件校准法主要有插值法、查表法、多项式拟合法和 BP 神经网络法。插值法、查表法占用大量内存，影响微处理器运算速度，对于非线性误差较大的传感器校准的精度有限；BP 神经网络法自身存在网络不稳定、训练时间较长的不足，限制了其使用范围。因此在许多场合下，仍然需要寻求其他方法以达到更好的校准效果。从工程应用角度来看，较为成熟的方法还是多项式拟合法。多项式拟合法具有运算量小、速度快等优点，适合微处理器运算。但目前多项式拟合法主要还是基于最小二乘法，依靠规范化多项式拟合程序，需要的校准点多，多项式函数阶次较高。本小节介绍一种基于递推多项式的新校准方法。

基于递推多项式的校准属于智能传感器非线性校准技术范畴，其校准过程可以在智能化软件程序的引导下自动实施。设传感器输入-输出函数关系为 $y = f(x)$，x_i、y_i 和 p_i 分别为传感器的输入参考值、逼近多项式输出值和校准输出期望值，$i = 1, 2, \cdots, n$，其中 n 为校准点数量。与传统的基于最小二乘法的多项式拟合校准方法不同，基于递推多项式的校准先给出一个一次多项式（一般为端点线性函数），然后反复使用灵敏度/增益值，使多项式逐渐逼近传感器特性曲线函数，直到满足非线性误差校准要求。取线性多项式 $f(x) = k_0 x$ 作为起始点，经过零值校准后得到多项式 $f_1(x) = k_0 x + k_1$ 以及校准输出期望值 p_1，将传感器输入参考值 x_2 带入多项式 $f_1(x)$ 中，得到当前传感器输入参考值下的多项式输出值 $f_1(x_2)$ 以及校准输出期望值 p_2，由此可以计算得到 k_2，经过递推运算产生一个新的多项式 $f_2(x)$，依次类推，通过每一个单步迭代过程，将递推中的隐式计算逐步显示出来。其实质就是在对传感器已经调零的基础上，通过改变灵敏度/增益值，使产生的多项式不断逼近传感器特性曲线函数，直到满足传感器独立线性度要求。

可以看出，基于递推多项式的校准方法有几个不确定因素：传感器测量范围内校准点的选择，包括数量、数值和顺序；校准后能达到的最小非线性误差；校准方法对传感器的适应性。在递推多项式的计算过程中涉及传感器灵敏度/增益值的计算，以及实际校准中校准点数量、数值和顺序的选择，任何一个因素的微调都会影响最终的校准效果。

3.3.3 基于线性误差的校准

传感器的一个重要指标是数据的线性化。传感器一般存在一定的误差，归纳起来有线性误差和非线性误差。以前讨论较多的问题是非线性误差校准问题，但随着新技术、新工艺的不断发展，传感器本身的非线性误差已能被控制在一定的限度内。然而，一般来说，传感器在使用过程中都有温漂、时漂或某些参数发生变化的现象，如何减小这些现象给测量带来的误差呢？为保证测量的精度，通常测量仪器必须定期进行校准，而对于有些用户来说，在没有经过专门训练的情况下，要想校准得十分精确是一件非常难的事情。现在能否找到一种方法，不需要太多的技术，也能对传感器进行精确校准，用以消除传感器参数发生变化和时漂给测量带来的影响呢？

通过对一系列传感器进行测试，发现不同传感器间存在一定的分散性，即灵敏度不同。在实际测试中，每个传感器的线性度都很好，但不同传感器的负荷与输出电流有一定分散性。现以电化学气体传感器为例，对同一批次的三只量程相同的 CO 气体传感器进行测试，其输出曲线（理想情况下）如图 3.9 所示，其中 I_1、I_3 分别表示传感器 1、传感器 3 的输出电流。

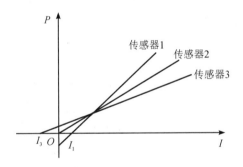

图 3.9　传感器输出曲线

传感器的输入-输出关系可表示为

$$I = P \times K' \tag{3.3}$$

式中，I 为传感器的输出电流；P 为被测气体的浓度；K' 为转换系数，即传感器的灵敏度。当把其用在仪器仪表中时，首先需要经过如图 3.10 所示的信号处理系统进行信号调理。

图 3.10　信号处理系统

经过调理后得到的静态输出(Y)和输入(X)的特性曲线,近似为一理想直线,可表示为

$$Y = (X - X_0) \times K \tag{3.4}$$

式中,Y 为加载气体的浓度值;X 为加载时经过处理后的传感器的输出值,即加载时对应的数字信号值;X_0 为空载时经过处理后的传感器的输出值,即空载时对应的数字信号值;K 为传感器的灵敏度系数,即直线的斜率。

由图 3.9 可以看出,不同传感器的 X_0 和 K 是不同的。例如,传感器 1 和传感器 3 在空载时期的输出电流是不同的,传感器 1 的输出电流 I_1 大于 0,传感器 3 的输出电流 I_3 小于 0,这些都会影响到零位置 X_0。在图 3.10 所示的信号处理系统中,即使是同一型号的放大器和 A/D 转换器件,它们的各个指标也会有所差别,这同样会影响到 X_0 和 K。总之,各种内在和外在因素的影响,势必造成式(3.4)中的 X_0 和 K 不同,这说明传感器存在一定的差异,即传感器的线性误差。因此,为保证测量的精度,每只传感器都要找到适合自己的 X_0 和 K,即对传感器的线性误差进行校准,最好通过智能化的处理手段实现自动校准。

自动校准原理的校准实质就是在一定的测量区间内找到适合传感器的 X_0 和 K 值。传感器的拟合曲线可用式(3.4)来表示,其中 K 可用下式来替代:

$$K = \frac{Y_{\text{Demarcate}}}{X_{\text{Demarcate}} - X_0} \tag{3.5}$$

式中,$Y_{\text{Demarcate}}$ 为标准气体的浓度值;$X_{\text{Demarcate}}$ 为加载标准气体时经过处理后的传感器的输出值,即加载标准气体对应的 AD 值。

显然,只要确定了 X_0 和 $X_{\text{Demarcate}}$,K 也就确定了。

(1)确定 X_0。

在空载时,通过微处理器采集经过 A/D 转换后的测量值。首先判断这个值是否在一定的区间(X_1,X_2)内,由于传感器个性的差异,不同传感器的 X_1 和 X_2 值是不同的,X_1 和 X_2 值通过做大量实验来确定。然后如果这个值在区间(X_1,X_2)内,则判断读入值的稳定度,所谓稳定度是指在一定的时间间隔内采集的值不再剧烈变化,并且趋向于某个值。如果稳定度也满足条件,则取稳定度时间间隔内的 n 个值,求其平均值。最后,把这个值存储为合法的 X_0 值,这样 X_0 值就确定了。在整个过程中如果有一处条件不满足,则此次操作失败,检查问题后重复整个过程。

(2)确定 $X_{\text{Demarcate}}$。

把式(3.5)代入式(3.4)得

$$Y = (X - X_0) \frac{Y_{\text{Demarcate}}}{X_{\text{Demarcate}} - X_0} \tag{3.6}$$

由气体传感器的特性可以知道 $X_{\text{Demarcate}}$ 应该满足一定的关系式:

$$\frac{Y_{\text{Demarcate}} \times (K' \Delta K) \times R_{\text{F}}}{U_{\text{REF}}} \times 2 X_{\text{Demarcate}} < \frac{Y_{\text{Demarcate}} (K' + \Delta K) \times R_{\text{F}}}{U_{\text{REF}}} \times 2 \tag{3.7}$$

式(3.7)中的 K' 和式(3.3)中 K' 的含义一样；ΔK 表示不同传感器的灵敏度变化；R_F 为放大器的放大倍数；U_{REF} 为 A/D 转换的基准电压。

当校准时，首先读取寄存器中存储的 $X_{Demarcate}$ 值，如果这个值不满足式(3.7)，则取由式(3.7)确定的区间的平均值。然后通入校准气体，利用式(3.6)来计算当前所通气体的浓度 Y，通过直观显示所通气体的浓度值，可让用户粗略地了解所通气体的信息。当通入一定的时间后，判断所采集的 X 值是否满足式(3.7)确定的区间。如果满足，说明所通气体正确，则把当前的 X 值赋予 $X_{Demarcate}$，之后不断调整 $X_{Demarcate}$ 值，刷新显示的气体信息。接着判断采集值的稳定度，这里稳定度的含义与确定 X_0 过程中的稳定度的含义相同。如果稳定度也满足条件，则取稳定度时间间隔内的 n 个值，求其平均值。最后，把这个值存储为合法的 $X_{Demarcate}$ 值，这样 $X_{Demarcate}$ 值也被确定了。同样，在整个过程中如果有一处条件不满足，则此次操作失败，检查问题后重复整个过程。

根据上述自动校准原理，利用微处理器的数据采集和处理能力，编写应用软件来实现对传感器的自动标准。软件采用 C 语言编写。首先，调用信号采样子程序，对放大电路的输出电压进行 A/D 转换。然后，把数字量输送到具有数字处理能力的微处理器中，接着由微处理器执行传感器的校准过程。它主要包括传感器的学习和灵敏度计算两个过程。灵敏度可利用式(3.5)计算。传感器的学习过程主要分为两步：零位学习和校准点学习。编写这两个学习程序时，最主要的是判断子程序，它直接决定校准的精确度，判断的条件利用上述原理约束即可，其流程图如图 3.11 所示。自动校准程序的流程图如图 3.12 所示，如果需要多点校准，把程序稍加修改即可。由于整个过程不需要人工操作，如果将仪器放入温度箱中，很容易获得和温度有关的校准数据，为后期对传感器进行温度补偿打下基础。

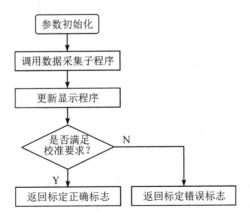

图 3.11　传感器校准判断子程序

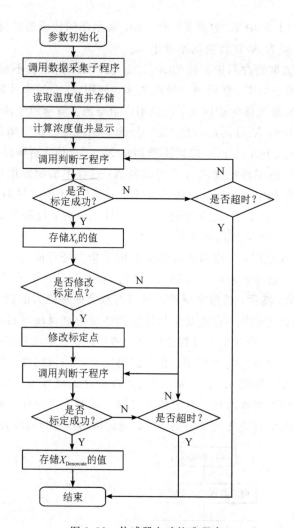

图 3.12　传感器自动校准程序

3.3.4　智能倾角传感器的校准

倾角传感器又称作倾斜仪、测斜仪、水平仪、倾角计，经常用于测量系统的水平角度变化。水平仪经历了从过去简单的水泡水平仪到现在的电子水平仪的发展过程，这是自动化和电子测量技术发展的结果。水平仪作为一种检测工具，已成为桥梁架设、铁路铺设、土木工程、石油钻井、航空航海、工业自动化、智能平台、机械加工等领域不可缺少的重要测量工具。智能倾角传感器在传统倾角传感器的基础上引入微处理器，通过微处理器进行检测和信息处理。智能倾角传感器具有自动采集数据、自校准、标准化数字输出等功能。智能倾角传感器能将角度转换为模拟电压,其电压输出信号可用来表示载体的倾斜度,或者作为平台自动跟踪调整的输入信号,还可用于自动监测俯(仰)角、平台水平度,汽车四轮定位以及为人工升降机超过倾斜角度时提供警戒信号等。

　　智能倾角传感器以电容为敏感元件,通过测量两电容极板间电介质(水)的变化来得到角度的变化。如图 3.13 所示,设半圆形面积为 S,水平状态如图 3.13(a)所示。

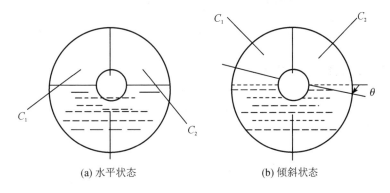

(a) 水平状态　　　　　　　　　(b) 倾斜状态

图 3.13　智能倾角传感器原理

倾斜状态如图 3.13(b)所示。当有倾角时,有

$$
\begin{cases}
C_1 = \dfrac{\varepsilon_0 \varepsilon_{r空}\left(\dfrac{1}{2}-\dfrac{\theta}{\pi}\right)\times S}{d} + \dfrac{\varepsilon_0 \varepsilon_{r水}\left(\dfrac{1}{2}+\dfrac{\theta}{\pi}\right)\times S}{d} \\[4mm]
C_2 = \dfrac{\varepsilon_0 \varepsilon_{r空}\left(\dfrac{1}{2}+\dfrac{\theta}{\pi}\right)\times S}{d} + \dfrac{\varepsilon_0 \varepsilon_{r水}\left(\dfrac{1}{2}-\dfrac{\theta}{\pi}\right)\times S}{d} \\[4mm]
\Delta C = C_1 - C_2 = (\varepsilon_{r水}-\varepsilon_{r空})\dfrac{2\varepsilon_0 \theta S}{\pi d} \\[4mm]
\theta = \dfrac{\Delta C \pi d}{\varepsilon_0(\varepsilon_{r水}-\varepsilon_{r空})\cdot 2S}
\end{cases}
\tag{3.8}
$$

　　由式(3.8)可以看出,倾斜角 θ 与两极板间电容的变化量 ΔC 呈正比关系。ΔC 经 555 振荡电路转变为与其呈正比关系的电压量,该电压量可作为 A/D 转换器件 AD7710 的输入信号,采集后的数据输入单片机 89C51,经过运算处理后送到液晶显示模块 LCM 进行显示。

　　本节中采用查表法进行非线性校正。首先,根据实际标定好的传感器特性曲线,在测量范围内将传感器输出电压的测量范围分成若干等分区间,使参数由小到大按顺序变化时,得出许多实测数据点。然后以传感器输出电压为自变量,角度值为因变量构成一张数据表,把这张表存放在 ROM 中。测量时首先要判断输入被测量 θ_i 的电压值 u_i 是在哪一段，然后根据这一段的斜率进行线性插值，即得到输出值 θ_j。以图 3.14 三段为例进行说明，折点坐标值为(u_1,θ_1)、(u_2,u_2)、(u_3,θ_3)和(u_4,θ_4)。各线段的输出表达式为

$$\begin{cases} \theta(\text{I}) = \theta_1 + \dfrac{\theta_2 - \theta_1}{u_2 - u_1}(u_i - u_1) \\[2mm] \theta(\text{II}) = \theta_2 + \dfrac{\theta_3 - \theta_2}{u_3 - u_2}(u_i - u_2) \\[2mm] \theta(\text{III}) = \theta_3 + \dfrac{\theta_4 - \theta_3}{u_4 - u_3}(u_i - u_3) \end{cases} \qquad (3.9)$$

测量系统的输出表达式通式为

$$\theta = \theta_k + \frac{\theta_{k+1} - \theta_k}{u_{k+1} - u_k}(u_i - u_k) \qquad (3.10)$$

其中，k 为折点的序号，$k = 1,2,3,4$。

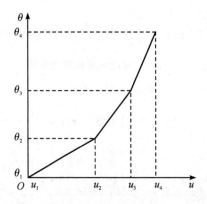

图 3.14 非线性校正例图

数据采集系统在每一特定的周期内发出指令，控制多路转换器执行三步测量法，使自校环节接通不同的输入信号，即：

（1）校零。输入信号为零点标准值，输出值为 $y_0 = a_0$。

（2）标定。输入信号为标准值 U_R，输出值为 y_R。

（3）测量。输入信号为传感器的输出 U_x，输出值为 y_x。

于是被校环节的增益 a_1 为

$$a_1 = S + \Delta a_1 = \frac{y_R - y_0}{U_R} \qquad (3.11)$$

式中，S 表示标准灵敏度。则被测信号 U_x 为

$$U_x = \frac{y_x - y_0}{a_1} = \frac{y_x - y_0}{y_R - y_0}U_R$$

该方法可实时测量零点 y_0 和标定灵敏度 a_1。

从温度传感器获得电压 U_T，经多路开关送至 V/F 变换器，经 V/F 变换后成为数字化的"温度字"，进入 89C51，经记数后得到数字式 U_x，然后用已经过自校零的电压 U_x 替换 U_T，可消除温度引起的误差。传感器的智能化实现流程如图 3.15。

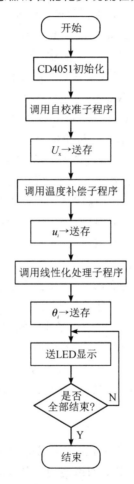

图 3.15　传感器的智能化流程

3.4　智能传感器的应用

　　智能传感器拥有非常广泛和多样化的应用场景。这些小巧而智能的装置为我们创造了更加便捷、智能化的生活方式。随着技术不断进步，智能传感器将继续挖掘新的应用领域，使人类的生活更加便捷，推动社会可持续发展。无论是改善健康、提升生活质量，还是推动创新与发展，智能传感器都将继续为我们的未来注入更多可能性。本节将介绍智能传感器在智能可穿戴设备、智能家居、智慧城市、智能交通四个场景下的应用。

3.4.1　智能可穿戴设备

在很多可穿戴设备中，传感器都是核心器件。例如，智能手表和智能手环是围绕人体健康追踪和运动数据而构建的产品，并逐渐朝着与医疗保健相关的方向发展。虚拟现实（VR）、增强现实（AR）和混合现实（MR）设备依靠一整套传感器（包括 RGB 摄像头、惯性导航系统、3D 摄像头、力度/压力传感器等组合），使得用户能够与周围环境及虚拟内容进行交互。其他可穿戴产品（例如电子皮肤贴片、TWS 耳机、智能服装等）的原理也都相似，需要一套核心传感器实现人与环境的交互。智能可穿戴设备包括处理器和存储器、电源、无线通信、传感器、执行器五大模块。其中，传感器是五大模块的核心要素，是人与物沟通的"芯"。得益于传感器技术的进步，可穿戴设备可以实现更精准的数据监测。

可穿戴设备中集成了很多种传感器，其中主要包括：

（1）运动型传感器：包括陀螺仪、加速度计、压力传感器和磁力计等。它们主要用在手环等设备中，主要功能是在智能设备中完成运动监测、导航和人机交互。通过运动型传感器对人体活动情况的随时记录和分析，用户可以知道自己跑步的步数、骑车的距离、睡眠时间和能量的消耗等运动和身体数据。

（2）生物型传感器：包括血糖传感器、血压传感器、心电传感器、体温传感器、脑电波传感器、肌电传感器等。生物传感器可用于采集人体信号，信号经过处理后即可完成健康预警和病情的监控功能，主要用于医疗电子设备中，例如血压计等。

（3）环境传感器：包括温湿度传感器、紫外线传感器、颗粒物传感器、气体传感器、pH传感器、气压传感器等。环境传感器可通过测试环境数据完成环境监测、天气预报和健康提醒，主要用于 PM2.5 便携式检测仪、便携式个人综合环境监测终端等设备中。

3.4.2　智能家居

智能家居（Smart Home）是以住宅为载体，将安防监控、家电控制、灯光控制、背景音乐、语音声控融为一体，通过综合布线、网络通信、安全防范、自动控制和音视频等技术将家居生活有关的设备智能地联系起来，以集中管理，从而提供更具便捷性、舒适性、安全性、节能性的家庭生活环境。

智能家居系统由传感器、执行器、控制中枢、通信网络等部分组成，通过各种类型的传感器获取室内环境的各种数据，目前在家庭中使用比较多的传感器有以下几种：

（1）温度传感器：温度传感器可以根据季节的变化或者用户的需求来调整温度。通过温度传感器可以采集温度信息，将温度信息传递给计算机系统，进而通过中央控制体系传输给空调，实现智能家居的温度控制。

（2）图像传感器：在智能家居系统中，通过 PC 端的监控，可以将信息发送给用户的手机或者电脑，实现远程监控。在智能监控中，利用图像传感器可以进行光电转换。摄像头主要由 CCD 或 CMOS 传感器组成，可以实现对智能家居的全面控制。

（3）光电传感器：通过光电传感器可以实现对智能家居的全面控制。利用光阻可以设计自动照明灯，通过红外线感应系统，可以实现对居家的便利化照明，不需要人为进行控制。另外，在光电传感器的运用中，通过红外线传感器可以实现对水龙头、温度计湿度等多种条件的控制，这样可以节约相应的资源，且会提升用户的享受。

（4）空气传感器：空气传感器则可以为用户实时监测空气质量，一旦超出安全指标即可触发家中的空气净化设备来净化空气，为家人营造健康的空气环境。空气传感器可嵌入各种与空气中悬浮颗粒物浓度相关的仪器仪表或环境改善设备，实时监测空气质量。

3.4.3　智慧城市

智慧城市是指使用信息和通信技术（ICT）框架来改善城市管理并鼓励经济增长的城市。ICT 与连接的网络（IoT）进行交互，它可以接收，分析和传输有关当前状况和事件的数据。物联网包括可使城市更高效或更易访问的任何设备，包括手机、智能车辆、安全摄像机，以及嵌入在道路中的传感器等。

智慧城市的三个主要特征是物理和技术基础设施、环境监测和响应能力，以及为公民提供的智慧服务。一个智慧的城市由三个层次构成。第一层是技术基础，其中包括大量的智能手机和通过高速通信网络连接的传感器；第二层由特定应用组成，要将原始数据转换为警报、洞察和行动都需要适当的工具；第三层是城市、企业和公众的利用情况。许多应用只有在被广泛采用并设法改变行为的情况下才能成功，比如引导人们在下班时间使用公共交通、改变路线、减少能源和水的消耗，或在一天中的不同时间段使用，以及通过预防性自我保健减少医疗保健系统的压力等。麦肯锡全球分析机构提出的智慧城市三个层次在智慧城市中，传感器、摄像头、无线设备和数据中心的网络构成了关键的基础架构。其中传感器是智能基础架构的核心，是智能控制系统的重要组成部分。未来智慧城市主要利用下列四大传感器技术来扩展其智慧功能。

（1）电子传感器：电子传感器部署在环境监视传感器和速度计传感器中，这些传感器通常部署在智慧城市网络中以执行各种任务，例如监视电源和电流水平以进行故障检测。

（2）红外传感器：红外传感器有助于在动态和不稳定的环境中无偏见地生成数据，从而有助于智慧城市中的决策。

（3）热传感器：热传感器对能量分布进行精确跟踪，而其他智能传感器则可以管理需求侧能量。

（4）接近传感器和激光雷达传感器：帮助开发自动车辆系统，这对于使城市完全智能化至关重要。

3.4.4　智能交通

　　智能交通就是利用各种智能技术和装备，推动交通的数字化、网联化和智能化。其中，网联化对于智能交通的发展至关重要。利用物联网，可以让交通各环节和各方面成功联网，不仅能有效增强交通监管、升级交通服务，同时还能进一步完善现有交通业态。智能交通系统(ITS)在城市交通中的应用主要体现在微观的交通信息采集、交通控制和诱导等方面，通过有效使用和管理交通信息，可提高交通系统的效率。智能交通系统主要是由信息采集子系统、策略控制子系统、执行子系统等组成的。其中，信息采集子系统通过传感器采集车辆和路面信息，策略控制子系统根据设定的目标(如通行量最大或平均候车时间最短等)运用相关方法(例如模糊控制、遗传算法等)计算出最佳方案，并输出控制信号给执行子系统(一般是交通信号控制器)，以引导和控制车辆的通行，达到预设的目标。

　　在智能交通系统中，传感器就如同人的五官一样，发挥着不可替代的重要作用，并且在交通运输的各个领域有着广泛的应用。例如，由无线传感器构成的传感网络具备优良特性，可以为智能交通系统的信息采集提供一种有效手段，而且可以检测路口各个方向上的车辆，并根据检测结果，进一步简化、改进信号控制算法并提高交通效率。此外，无线传感器网络还可以应用于执行子系统中的控制子系统和引导子系统等方面，如改进信号控制器，实现智能交通系统的公交优先功能。而位置传感器有助于实现节能、减排等功能。

　　在智能交通的实现中，主要用到的智能传感器有：

　　(1)激光雷达传感器：激光雷达传感器利用光学雷达技术，发射激光脉冲信号，根据反射信号检测目标距离和速度。它具有全天候工作能力和高精度的优点。在智能交通系统中，激光雷达传感器常布置在路口或路段上空，对过往车辆进行扫描监测，获得车辆的驶入和驶出时间、车速、车型及车道分布情况。这些信息可汇总为交通流量和车道占有率数据，用来判断路段的交通状况和拥堵程度，进行道路交通调度。

　　(2)视频图像传感器：视频图像传感器由图像探测器组成，如CCD或CMOS芯片，可捕捉道路视频图像信息。结合图像识别和计算机视觉算法，可实现对过往车辆的检测和分类统计。视频图像传感器还可分析车辆运动轨迹，判断交通事件。智能交通系统中的视频图像传感器通常设置在路口及交通要点，收集交通流量和事件信息。

　　(3)RFID电子标签：RFID是一种非接触式自动识别技术。车载RFID标签可存储车辆识别码，路边RFID读写器可以无线读取标签信息，实现车辆识别。RFID技术应用在智能交通系统中，可用于车辆识别、电子收费、车辆定位跟踪等。通过RFID可实现对过往车辆的自动监测，获得车流量和车辆特征信息，这个过程不需要人工参与，因此可避免错误。

　　(4)GPS定位传感器：GPS定位传感器可实时获取车辆的纬度、经度坐标，以及行驶速度。车载GPS可上传车辆位置数据，与数字地图结合用于车辆监测和交通态势分析。例如，应用于公交车队和货运车队，GPS可进行车队调度管理，传输车辆位置给调度中心，进行冷链物流监控。GPS 为智能交通提供了移动节点的定位跟踪功能。

3.5 智能传感器的发展趋势

1. 高精度

随着自动化生产模式的再扩大，对智能传感器的技术水平要求也在不断提高。高精度的智能传感器是生产自动化的可靠性的有效保障，研制出具有灵敏度高、精确度高、响应速度快、互换性好的新型智能传感器是未来发展的必然趋势。

2. 高可靠性、宽温度范围

由于智能传感器的可靠性对电子设备的抗干扰等性能具有直接的影响，因此我们需要研究发现新型材料，并利用新型材料研制基本传感器。因为基本传感器是智能传感器的基础，它的制作及其性能对整个智能传感器影响甚大。纯硅材料具有优良的物理特性，能够方便地制成各种集成传感器。此外，功能陶瓷、石英、记忆合金等优质材料都可用来研制高可靠性、宽温度范围的智能传感器，以抵抗电磁对它的干扰。

3. 微型化

当下，各种控制仪器设备在功能越来越强的同时，还要求体积的微型化，智能传感器当然也不是一个例外。这就要求发展新型材料及微细的加工技术。近年来，微加工技术日趋成熟，可以加工高性能的微结构传感器，ASIC 制作技术也可用于制造智能传感器，来研制出体积非常小、互换性可靠性都较好的智能传感器。

4. 微功耗及无源化

智能传感器是利用非电量向电量转化的原理制成的，电源是其正常工作的必备品，因此一旦到野外现场或远离电网的工作环境，电池供电或太阳能供电将成为智能传感器应用的电源，这种供电方式既可以节省能源，又可以提高系统寿命，这也就决定了研制微功耗的传感器及无源传感器将是智能传感器必然的发展方向。

5. 智能化、数字化

由于我国自动化技术的进步，智能传感器的功能已不再受传统的功能的束缚，对智能传感器的要求不再仅仅是输出单一的模拟信号，而是经过微电脑处理好后的数字信号，这些数字信号有的附带一定的控制功能，这也是智能传感器发展的趋势。

6. 网络化

近年来，网络的作用和优势已经逐步凸显出来，智能传感器的网络化也占有越来越重要的位置。网络化的智能传感器不仅会促进我国电子科技的不断发展与进步，更能把智能传感器在全球范围内进行普及。

课后思考题

1. 什么叫智能传感器？智能传感器有哪些实现方式？
2. 与传统传感器相比，智能传感器具有哪些特点？
3. 常用传感器如何智能化？
4. 智能传感器的主要功能是什么？
5. 智能传感器今后有哪些发展方向？
6. 如何对智能传感器进行校准？
7. 智能传感器在物联网的发展过程中起到了什么作用？

参 考 文 献

[1] 江燕良，王振华，李莎莎. 一种基于 FPGA 的智能传感器采集单元的设计[J]. 电子设计工程，2018，26(10)：155 - 159.

[2] 李亚，杜彬，魏鹤怡，等. 智能压力传感器补偿方法研究[J]. 自动化与仪器仪表，2022(2)：18 - 21.

[3] 王泳鋆，杨志红，贾蒙蒙. 智能传感器在物联网中的应用探究[J]. 中国新通信，2022，24(4)：74 - 76.

[4] 陈威铭. 浅谈智能传感器在物联网中的应用[J]. 新课程(下)，2017(2)：372.

[5] 李林. 基于 I^2C 总线的智能传感器设计[J]. 山西电子技术，2019(3)：27 - 29，61.

[6] 车炯晖，呼明亮，王皎. 一种航空智能传感器设计方案[J]. 电脑知识与技术，2015，11(8)：166 - 167，174.

[7] 康健力，王浩，吴骅刚，等. 智能压力传感器校准和烧录系统设计与测试[J]. 中国集成电路，2022，31(9)：57 - 64.

[8] 陈猛，郑一鸣，陈非凡. 电阻式传感器智能感知节点误差校准方法研究[J]. 仪表技术与传感器，2022(8)：94 - 99.

[9] 余学锋，于杰，张斌，等. 智能传感器递推多项式校准方法设计与分析[J]. 测试技术学报，2016，30(6)：529 - 533.

[10] 施晓东，杨世坤. 多传感器信息融合研究综述[J]. 通信与信息技术，2022(6)：34 - 41.

[11] 李海英，何高明，蒋琳琼. 传感器在智慧农业中的应用[J]. 南方农机，2022，53(22)：75 - 77.

[12] 胡瑄. 智能传感器在汽车电子中的应用[J]. 时代汽车，2022(22)：150 - 152.

第二篇
智能信息感知技术

第4章 智能生物信息感知技术

智能信息感知技术中，许多灵感都来自生物界中生物的智能信息感知技术，对生物智能的计算模拟也是人工智能的终极目标。因此，了解生物的智能信息感知机理是我们进行智能信息感知技术研究的必经之路。本章将以生物不同感知方式为例，介绍智能生物信息感知技术的相关基础知识。若对该部分内容已有了解，可以跳过该部分，直接进入后面章节的学习。

4.1 生物感知系统概述

4.1.1 生物感知系统基本概念

自然界中所有动物、植物和微生物都是成功的工程师，它们随着生物系统的微妙发展缓慢进化，最大限度地感知和调制信号。值得注意的是，随着时间的流逝，人类在不断发展的过程中进化出了五种感觉(听觉、视觉、味觉、嗅觉和触觉)系统，如图 4.1 所示，从而使人能够通过听、看、尝、闻和触摸的方式不断地与外界环境相互适应和相互协调。

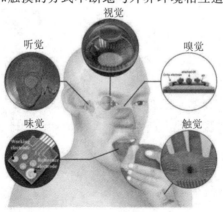

图 4.1 人体感觉系统

生物感知系统主要是由神经系统组成的，神经系统主要由位于颅腔内的脑、椎管内的脊髓以及遍布全身各个部位的周围神经组成。神经系统通过感受器接收体内和体外的刺激，并产生各种反应，从而调节和控制全身各器官系统的活动，使人体本身成为一个完整的对立统一体。此外，人体内部各个器官系统的正常运行状态必须和外界环境相适应，以维持自身的稳定生存。通常机体通过一系列的功能活动来适应多变的外界环境，这种能力高度依赖于神经系统的调节。因此，人类的神经系统在机体内处于主导地位，神经系统构成了一切生理活动和思维活动的物质基础。

神经系统按其形态和所在部位可分为中枢神经系统和周围神经系统两类。中枢神经系统包括脑和脊髓，周围神经系统包括与脑和脊髓相连的脑神经、脊神经和内脏神经（又称为植物神经）。神经系统按其性质可分为躯体神经和内脏神经，它们都含有感觉神经和运动神经两种成分。躯体神经的中枢部分在脑和脊髓内，脑和脊髓周围的部分神经构成脑神经和脊神经。内脏神经的中枢部分也在脑和脊髓内，其周围部分除了脑神经和脊神经，还有相对独立的内脏神经周围部分。

人们常常形象地将 CPU 比喻为计算机的大脑，计算机和人类的神经系统有几分相似之处。那么，反过来可以粗略地认为人的脊髓就是连接到 CPU 的总线，而周围神经系统中的运动神经对应计算机中的控制总线，感觉神经对应计算机中的数据总线。人脑是目前已发现的最复杂的非线性网络系统，虽然通过目前的先进生物研究手段，人类已经对人脑的部分功能的生物机制有所了解，但距离真正的彻底剖析，还需要走很长的路才能达到。

4.1.2　生物感知系统控制机制

1. 神经系统的多级控制结构

生物感知系统相当于一个完善的多级计算机系统。如图 4.2 所示，与一般的多级计算机系统的不同之处在于神经系统存在几个专门的高级协调控制器，这些高级协调控制器将同类信息和控制命令有效地组织起来，使之能被充分利用。其中，小脑作为运动协调中心，丘脑作为感觉信息协调中心，而且下丘脑则为内环境控制的协调中心。由于小脑对运动的协调是动态的协调，而且协调的内容繁多，因此它的体积比较大。下丘脑是协调内环境的，而内环境的基本要求是可预知的，大致上由遗传因素确定，而且一般对反应速度要求不高，因此下丘脑对内环境的协调可以认为是静态协调，下丘脑的体积很小。各控制器现有的生理结构是长期进化的结果，与其功能要求是一致的。

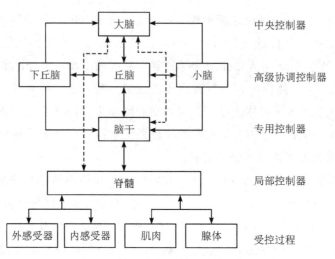

图 4.2　神经系统的多级控制示意图

2. 多通路并行机制

从信息传递和处理的角度看，神经系统除了有多级控制结构实现逐级协调和级间协调，还有多通路并行传递和处理的特点。多通路并行传递不仅表现在多种感觉信息同时分别由不同的通路向中枢传递，而且在同一感觉通路内，又有许多并行的神经纤维同时向上传输。这种机制提高了信息传递的可靠性，并且提供了"硬件"受损伤时的代偿功能。但是，多种通路同时存在有可能造成相互干扰，为了有效传输信息，必须进行选择和控制。

在不同感觉模态间或同一感觉的不同区域，都存在上级对下一级结构的反向调制，这种调制称为离中控制。离中控制是感觉通路中一种重要的针对传入信息的选择控制方式。离中控制的基本原理是：不同类的信息同时传入，在到达较高级的中枢后，经过评价和整合，确定出哪一个通路是重要的，则只有这一个通路可向中枢传递，脑干的下行抑制纤维会抑制其他通路，从而减少中枢的负担，并突出了重要信息的传达。

人脑通过多级控制结构逐级协调和传递信息，又有反向调制的存在，使得神经系统上、下级间有效协调工作，从而实现人脑的整体功能。

4.2　生物视觉感知基本原理

生物视觉感知是生物体根据外界在眼部的成像分析周围景物（例如发现树上的苹果）的过程，也就是从图像中得到对观察者有用的描述信息的过程。总的来说，生物视觉感知是一个有明确输入和输出信息的处理过程。生物视觉感知通路是人类获取外部信息的重要途径，人类所接收的大部分外界信息是通过视觉感知得到的。

4.2.1　人眼视觉

外界可见光(波长 400~750 nm)通过人眼的折光系统(包括角膜、房水、晶状体、玻璃体)折射成像到视网膜上,经过视网膜上的感光系统产生感受器电位,该电位以电紧张的方式扩散,促使该处神经递质谷氨酸的释放,引起双极细胞兴奋,双极细胞又引起神经节细胞兴奋,神经节细胞的轴突合成视神经,最终将视觉信息传递到大脑视觉中枢,形成视觉。人眼视觉的形成过程可简要描述为:光线→角膜→瞳孔→晶状体(折射光线)→玻璃体(支撑、固定眼球)→视网膜(形成物像)→视神经(传导视觉信息)→大脑视觉中枢(形成视觉)。

当我们注视一个物体时,物体反射的光会通过角膜的透明前层进入眼睛。角膜会在光线穿过充满角膜后方区域的含水物质(称为房水)之前使光线发生弯曲。从折射表面到平行光的汇聚点的距离称为焦距。焦距的倒数记为屈光度,角膜的屈光度大约为 42,这意味着平行光束接触角膜后会汇聚在其后约 2.4 cm 处,大约为角膜和视网膜之间的距离,如图 4.3 所示。

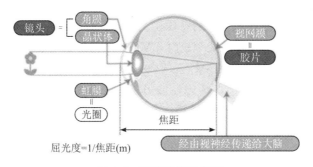

图 4.3　眼睛结构示意图

4.2.2　大脑视觉信息处理

视觉通路的传导是从视网膜上神经节细胞层这一级神经元开始的。神经节细胞的轴突形成视束。视束的神经纤维分成三个子束,第一束来自外侧(颞侧)的半个视网膜,第二束来自内侧(鼻侧)的半个视网膜,第三束来自视网膜的中央部分。人的视束纤维在其往后的过程中有一部分发生交叉——即来自每一视网膜鼻半侧的纤维在视交叉处交叉,而来自视网膜颞侧部分的神经纤维不交叉,交叉的纤维与另一颞半侧不交叉的纤维合并后继续通向外膝核。由外膝核发出的纤维称为视辐射,最后到达大脑皮层的枕叶,即纹状区。

4.2.3　光学图像传感器

光学图像传感器主要分为 CCD(Charge Coupled Device,电荷耦合器件)图像传感器、CMOS(Complementary Metal-Oxide Semiconductor,互补金属氧化物半导体)图像传感器

和 CIS(Contact Image Sensor，接触式图像传感器)三种。

CCD 图像传感器由一种高感光度的半导体材料制成，能把光线转变成电荷，并将电荷通过 A/D 转换器转换成数字信号"0"或"1"。CCD 图像传感器具有光电转换、信息存储延时和将电信号按顺序传输等功能，并且具有低照度效果好、信噪比高、通透感强、色彩还原能力佳等优点，在科学、教育、医学、商业、工业和军事等领域得到了广泛应用。

CMOS 图像传感器是一种采用一般半导体电路最常用的 CMOS 工艺，将光敏元件、放大器、A/D 转换器、存储器、数字信号处理器和计算机接口电路等集成在一块硅片上的图像传感器。

CCD 图像传感器与 CMOS 图像传感器是被普遍采用的两种图像传感器，两者都是利用光电二极管进行光电转换，并将图像转换为数字信号的。CCD 图像传感器与 CMOS 图像传感器的主要差异是数字数据传输的方式不同。CCD 图像传感器每一行的每一个像素的电荷数据都会依次传送到下一个像素中，由最底端部分输出，再经由传感器边缘的放大器进行放大输出；CMOS 图像传感器中，每个像素都会邻接一个放大器及 A/D 转换器，用类似内存电路的方式将数据输出。

造成这种差异的原因在于：CCD 的特殊工艺可保证数据在传输时不失真，因此各个像素的数据可汇聚至边缘再进行放大处理；而 CMOS 工艺的数据在传输距离较长时会产生噪声，因此，必须先放大，再整合各个像素的数据。

CCD 图像传感器与 CMOS 图像传感器的另一个主要差异是电荷读取方式不同。对于 CCD 图像传感器，光通过光电二极管转换为电荷，然后电荷通过传感器芯片传递到转换器，最终信号被放大，因此电路较为复杂，速度较慢。对于 CMOS 图像传感器，光通过光电二极管的光电转换后直接产生电压信号，信号电荷不需要转移，因此 CMOS 图像传感器的集成度高、体积小。

综上所述，CCD 图像传感器在灵敏度、分辨率、噪声控制等方面都优于 CMOS 图像传感器，而 CMOS 图像传感器则具有成本低、功耗低以及整合度高的优点。不过，随着 CCD 与 CMOS 传感器技术的进步，两者的差异有逐渐缩小的趋势。例如，CCD 图像传感器一直在功耗上做改进，以应用于移动通信市场；而 CMOS 图像传感器则在不断地改善分辨率与灵敏度方面的不足，以应用于更高端的图像产品。

除了 CCD 图像传感器和 CMOS 图像传感器，还有一种常用的图像传感器，即接触式图像传感器(CIS)。CIS 被用在扫描仪中，它将感光单元紧密排列，直接收集被扫描物体反射的光线信息。由于其本身造价低廉，又不需要透镜组，因此可以制作出结构更为紧凑的扫描仪，使成本大大降低。但是，由于 CIS 属于接触式扫描(必须与被扫描物体保持很近的距离)，只能使用 LED 光源，分辨率以及色彩表现目前都赶不上 CCD 图像传感器。

4.2.4 仿生视觉传感器

神经学和认知心理学的研究表明，80%以上的外界信息是通过视觉的传递到达大脑的。人眼作为一个复杂的视觉系统，它是通过感知电磁射线来实现视觉感觉的。在这个过程中，外界传入眼睛的光线被聚焦在视网膜上，并通过感光棒和视锥接收。受到这些启发，可以通过制作电子系统来模拟这些专门的视觉感受器。目前常用光电探测器模拟人眼对光刺激的感觉功能，它是一种形式简单的半导体 P-N 结光电二极管。光电探测器通过吸收光子在耗竭区产生的电子空穴对，将光子转换为电流最终实现对光的感应。此外，考虑到人眼的光感受器还具有半球形的排列结构，该结构使人类更好地收集入射光线以获取物体的形状和尺寸等信息。而与之相比，目前所生产的光电探测器大部分都是刚性的，无法实现对半球形人眼的模拟，因此需要更好的光电探测器结构。

基于人眼的光感受器具有半球形结构的特征，科学家们提出了将有机半导体的光电探测器和连接器件转移到具有 3D 结构的曲线衬底上，去建立一个半球形阵列以增加像素密度和填充因子，从而实现对人眼感受器的模拟。根据这个方法，有人采用一种简单的方法制备了半球形的光电探测器阵列。一个半球形硅基衬底上集成了密集、紧凑的阵列，其中有超过 250 个光电探测器。在这里，半导体阵列被预先设计成一个二十面体的网状结构，可以方便折叠成球体。这种几何结构的例子可以在足球和富勒烯分子中找到。该几何设计制作完成后，网格就会被折叠成一个半球，并与网格中像素的边缘完美匹配。

此外，与哺乳动物的眼睛不同，大多数昆虫的复眼是由凸面半球形的光感受器组成的，并且复眼中的每个探测单元都有自己的光学透镜和光感受器，它们被密集地放置在一个大阵列中。虽然昆虫复眼的分辨率不像哺乳动物的眼睛那么好，但这种复合类型更擅长通过更宽的视角来检测运动物体。为了模仿这种复眼的功能，可通过蛇形互连将可拉伸光电二极管和隔离二极管阵列印刷到弹性体基板上，并使用液压执行器将其变形为凸半球。在这里，液压执行器均匀施加压力，使其形成一个由许多光电探测器像素组成的几乎全半球的形状，这与昆虫的眼睛相似。在这个系统中，凸微透镜及其支撑柱放置在每个像素的顶部，分别对应于单个大眼窝的角膜透镜和晶体锥。一个额外的黑色基质弹性体层被覆盖在上面，以模拟复眼筛选色素。这样就实现了对广角视场和低球差的条件下运动物体的完美成像。

4.3 生物听觉感知基本原理

4.3.1 人耳听觉

人的耳朵是由外耳、中耳和内耳三部分组成的，如图 4.4 所示。人的耳朵具有产生听觉和平衡觉的功能。正常人的耳朵大约可分辨出 40 万种不同的声音，这些声音有些小到只能使耳膜移动氢分子直径的十分之一。

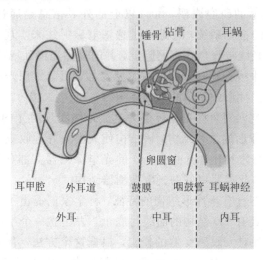

图 4.4　人耳结构

当声音发出时，周围的空气分子产生了一连串的振动，这些振动就是声波，从声源向外传播。当声音到达外耳后，声音通过耳郭的集音作用传入外耳道并到达鼓膜。鼓膜是外耳和中耳的分界线，厚度和纸一样薄，但非常强韧。当声波撞击鼓膜时，就会引起鼓膜的振动。与鼓膜内表面相连的听小骨也跟着振动起来。听小骨是鼓室内的 3 个小骨，包括镫骨、砧骨和锤骨。听小骨实际上形成了一个杠杆系统，把声音放大并传入内耳，听小骨中的镫骨连接在一个极小的薄膜上，该薄膜称作卵圆窗。当镫骨振动时，卵圆窗也跟着振动起来。卵圆窗的另一边是充满了液体的耳蜗管道。当卵圆窗振动时，液体也开始流动。耳蜗里有数以千计的毛细胞，它们的顶部长有很细小的纤毛。当液体流动时，这些细胞的纤毛受到冲击，经过一系列生物电变化，毛细胞把声音信号转变成生物电信号，这些信号经过听神经传递到大脑。大脑把送达的信息加以加工、整合，从而形成听觉。听觉的形成过程可简单描述为：外耳（耳郭收集，外耳道传输）→中耳（能量转换，传输）→内耳（感音）→听神经→听中枢。

4.3.2　声音传感器

声音是以波的形式在介质中传播的。根据物体振动所产生波的频率的高低，可将声波分为普通声波和超声波。振动频率低于 20 kHz 的声波为普通声波，高于 20 kHz 的声波为超声。超声波不能被人耳所察觉，但在自然界中和普通声波一样可能被听到。

声音传感器的作用相当于一个话筒（麦克风），根据物体的振动（比如振动膜）来检测声波。话筒可以设计成压力式、速率式和混合式三种类型。压力式话筒是全方向的，无论哪个方向传来的声音，这类话筒产生的响应都是相同的，这是因为空气压力是无方向量（标量）。与压力式话筒恰好相反，速率式话筒是有方向的，根据声音的方向不同存在最大响应。无论是压力式话筒还是速率式话筒，更多的是从结构设计角度考虑，而与声音检测方法无关。比如，如果振动膜的两侧都是开放的，则它将主要受空气速率的影响；如果振动膜仅一侧是开放的，则它将主要受压力的影响。在话筒中，可以利用不同形式的振动膜构成各种形式的检测系统。

主流的声音传感器有以下 3 类。

（1）动圈式麦克风：人声通过空气使振动膜振动，在振动膜上的线圈绕组和环绕在动圈式音头的磁铁形成磁力场切割，进而形成微弱的电流。

（2）铝带式麦克风：原理和动圈式麦克风类似，通过将一根很小的铝带作为振动膜来产生信号。当铝带随着气压的变化而移动时，会干扰磁场，从而产生信号。

（3）电容式麦克风：声音的振动带动了电容器的一个极板（超薄金属膜）振动，此极板的振动改变了两个极板间的距离，进而改变了电容值。当电容值变大时，电源对电容器充电；当电容值变小时，电容器则放电，从而使电路中产生电流，并将声音信号转变为电信号。

4.3.3　仿生听觉传感器

听觉系统是由耳朵、听觉神经和听觉中枢构成的一个系统。哺乳动物的耳朵通过声波的气压振动使鼓膜以不同的频率和振幅振动，并通过听小骨将这种振动传递到耳蜗毛细胞，进而转化成电信号。在这个过程中，耳蜗是一个非常重要的系统，其具有一个极其复杂的结构，可以将振动信号放大几百倍，甚至可以对最微小的声音进行选择性的识别。其他动物（如蜘蛛、蟑螂、蝎子和蟋蟀）也拥有听觉系统，并且还具有独特功能，如用来与配偶交流、发现附近的敌人和猎物等。在它们的听觉系统中，振动感受器具有一些特殊的结构，例如在听觉感受器上的有序裂纹结构或钟状感受器上的毛发结构，这些特殊的结构都能伴随着无穷小的机械刺激而振荡并且刺激着感觉神经。上述这些听觉系统的例子说明了振动是一种信息共享和身份识别的重要通信方式。因此，为了治愈那些因听觉系统故障而导致沟通障碍的患者，开发低成本、低功耗、轻量化、稳定的人工听觉系统替代听觉系统是非常必要的。同时人工听觉系统还可以让机器人定位和跟踪声音，以及使其具有高度复杂的通信能力，如分离同时发出的声源和识别同时发出的语音。

如上所述，我们知道听觉的生理基础是机械感觉，同时听觉系统还具有很高的灵敏度，能够检测 20～20 000 Hz 范围内的振动。如果采用电子设备来模仿这种感知振动的能力，就需要将精巧的材料和结构与复杂且非常规的光刻图案技术结合起来。目前对人工听觉传感器的研究已经有了突破性的进展，各种不同类型的人工听觉传感器相继被开发，这些传感器的结构遵循人耳的结构，具有高效和高灵敏度的探测机制，可以实现对 20 000 Hz 的声音的探测。

使用纳米微结构和压电材料制作的柔性振动传感器，可以很好地模拟人类的听觉系统。科学家们通过调节基底的宽度、厚度、刚度和长度等参数来控制共振频率，其范围可以从 20 Hz 调至 20 kHz。适当尺寸和厚度的压电材料可以在特定频率下振动产生电信号，从而实现对声音的响应。如图 4.5(a)所示，利用梯形硅基膜作为基底膜，压电材料作为敏感材料制作了声学传感器，模拟了天然毛细胞的功能。在该传感器中，当传感器弯曲到亚微米时，敏感材料即超薄的压电薄膜装置会产生压电势。

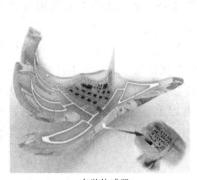 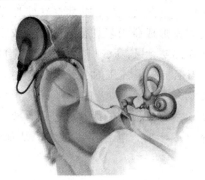

(a) 声学传感器　　　　　　　　　(b) 类鼓膜的仿生听觉传感器

图 4.5　仿生听觉传感器

此外，摩擦电材料是用来模拟听觉系统的另外一种重要材料，而与压电材料不同，使用摩擦电材料制备的传感器仿生的是听觉系统中的鼓膜。鼓膜是将空气(外耳)中的声音振动转换并放大为流体(中耳)中的振动的一种器官。为了很好地模拟鼓膜，研究者们采用了椭圆形设计并结合基于聚四氟乙烯的摩擦电材料制造了一个类鼓膜的仿生听觉传感器，如图 4.5(b)所示。该仿生听觉传感器通过将聚四氟乙烯薄膜蚀刻成纳米线来增加与背面涂有氧化铟锡涂层的尼龙衬底的摩擦力。此外，纳米尺寸的导线的使用为该器件的静电感应和摩擦电灵敏度创造了更好的接触。因此该传感器能够检测 100～3200 Hz 的频率范围内快速变化的振动。由于该器件具有很高的灵敏度，因此其还能进行语音识别。

4.4　生物触觉传感基本原理

4.4.1　触压觉

给皮肤施以触、压等机械刺激所引起的感觉中，微弱的机械刺激使皮肤触觉感受器兴奋而引起的感觉称为触觉；较强的机械刺激使深部组织变形而引起的感觉称为压觉。两者相比，触觉的适应性快，刺激阈值低，比较敏感。两者在性质上类似，可以统称为触压觉。此外，5～40次每秒的机械振动还可以刺激皮肤产生振动感觉，可能与触觉感受器有关。

触点和压点在皮肤表面的分布密度以及大脑皮层对应的感受区域面积与该部位对触、压觉的敏感程度呈正相关。人的触压觉感受器在鼻、口唇和指尖的分布密度较高。人们可以通过快速触摸来准确地识别三维物体。触压觉感受器可以为游离神经末梢、毛囊感受器、帕西尼氏小体、鲁菲尼小体、默克尔细胞、迈斯纳小体，如图4.6所示。

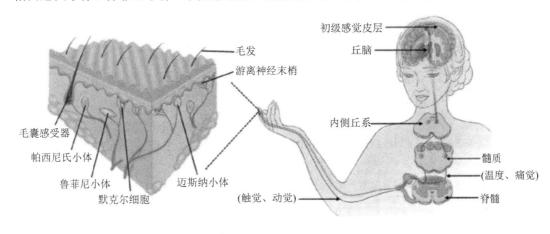

图 4.6　人体触觉系统

4.4.2　触觉传感器

触觉有广义和狭义之分。广义的触觉包括触觉、压觉、力觉、滑觉、冷热觉等。狭义的触觉包括机械手与对象接触面上的力感觉。从功能的角度分类，触觉传感器大致可分为接触觉传感器、力-力矩觉传感器、压觉传感器和滑觉传感器等。

主流触觉传感器根据其作用原理主要分为以下5类。

（1）电容式触觉传感器。其原理是外力使极板间的相对距离发生变化，从而使电容值发生变化，通过检测电容值变化量来测量触觉力。

（2）电感式触觉传感器。其原理是利用电磁感应原理把压力作用转换成线圈的自感系数和互感系数的变化，再由电路转换为电压或电流的变化量输出。

（3）光电式触觉传感器。它是基于全内反射原理进行研制的，通常由光源和光电探测器构成。当施加在界面上的压力发生变化时，传感器敏感元件的反射强度和光源频率也会发生相应变化。

（4）压阻式触觉传感器。它是根据半导体材料的压阻效应制成的传感器，其基片可直接作为测量传感元件，扩散电阻在基片内接成电桥形式。当基片受到外力作用而产生形变时，各电阻值将发生变化，电桥就会产生相应的不平衡输出。

（5）压电式触觉传感器。在压力作用下压电材料两端面间出现电位差；反之，若施加电压，则产生机械应力。

5 类触觉传感器的优缺点比较，如表 4.1 所示。

表 4.1　5 类触觉传感器的优缺点比较

触觉传感器类型	优　　点	缺　　点
电容式	测量量程大；线性好；制造成本低；实时性高	物理尺寸大；不易集成化；易受噪声影响；稳定性差
电感式触觉传感器	制造成本低；测量量程大	磁场分布难以控制，分辨率低；不同接触点的一致性差
光电式触觉传感器	灵敏度高；响应快；空间分辨率较高；电磁干扰影响较小	多力共同作用时，线性较差；数据实时性差；标定困难
压阻式触觉传感器	灵敏度较高；过载承受能力强	压敏电阻漏电流稳定性差；体积大，不易实现微型化；功耗高；易受噪声影响；接触表面易碎
压电式触觉传感器	动态范围宽；有较好的耐用性	易受热响应效应影响

上述传感器由于简单有效，在触觉应用中往往被优先选用。随着智能机器人、人工智能、虚拟现实等技术领域的快速发展，传统的触觉传感器已难以满足应用需求，触觉传感器呈现出全局检测、多维力检测，以及微型化、智能化和网络化的发展趋势。

4.4.3　仿生触觉传感器——电子皮肤

皮肤是人类最大的器官，由许多复杂的感受器共同构成，可以提供极其敏感的触摸感觉。人类的皮肤可以感知最微小的物理压力，可以进行变形（如弯曲、拉伸和压缩），并且还具有自我愈合的能力。同时，它还能够区分压力和应变，并能以空间分布的方式检测附近的温度，这些都显示了皮肤传感机制的复杂性和非凡性。因此，如果要制造一套完整的人造皮肤来模仿人体皮肤，就不能像模拟上述的感觉系统一样，通过制作一个单一仿生传感器来实现仿生，而是需要多个不同类型传感器的集成，同时还需要具有一些特殊功能，如自愈等。为了准确地模拟人体皮肤，先从压力感受器、应变感受器和温度感受器三个方面逐一介绍电子皮肤装置，然后再讨论集成的多功能电子皮肤。

1. 压力感受器启发的电子皮肤

压力是触觉的一个关键组成部分，提供了物体在探测区域的受力强度信息。在人体中压力感受器密集地分布在皮肤上，根据人体皮肤的触觉感知方面的相关报道，仅人的手部就分布着大约 17 000 个压力感受器。这些压力感受器主要由梅氏小体、环层小体、鲁菲尼小体和梅克尔触盘构成，其尺寸在几十微米至几毫米之间，在手部皮肤中的分布密度高达

140 个/cm²。这些密集的压力感受器使得人体能够对压力做出空间映射。受到皮肤的压力感应机制的启发，压力传感器的开发得到了发展。目前的压力传感器可以分为电容式、电阻式和压电式三种形式。这三种压力传感器还可以通过控制三维结构（如金字塔、圆顶等）来调节灵敏度，并且能够检测非常小的压力。同时，研究人员还通过开发超薄模式的集成电路，制作了大量的压力传感器阵列，用于模拟皮肤对压力的空间映射。

虽然电子皮肤的发展取得了卓越的成绩，但大多数电子皮肤的开发和研究都缺乏对压力和张力的区分，这主要是由于压力传感器产生的信号对两种刺激类型都有反应。因此，要想完美地复制人类皮肤的感觉系统，就需要开发灵活或可伸缩的压力传感器，从而解决自身变形而引起的内应力所导致的机械感觉。目前，科学家们提出了一种通过可拉伸的电子元件或电路来解决变形时的应变和应力的可靠方法。该方法通过融合可拉伸形式的电子材料，产生了一种在拉伸时不会改变电荷传输移动性的电子电路，进而增加电子皮肤的相容性。

2. 应变感受器启发的电子皮肤

应变感受器是皮肤上另一种重要的感受器，主要负责检测皮肤的横向变形。应变传感器常被用来模拟皮肤的这种敏感性，目前已经发展出多种实现机制，如压阻材料、微流体、重叠纳米结构材料和随机裂纹扩展。在这些机制的传感器中延展性、灵敏度、线性度、滞后、响应/恢复时间、超调行为和动态耐久性是衡量它们性能的重要指标。由于人类的触觉系统需要检测各种类型的诱发应力，如剪应力、扭转应力和拉伸应力等，因此当电子皮肤应用在如皮肤假体和机械手上时，就需要应变传感器具有这些高性能的指标，能够感知和区分不同的诱发应力类型。

在各种应变传感器中，可穿戴应变传感器的发展较为突出，相应的应变系数、高拉伸性和区分不同应力的能力也都得到了巨大的提高，这也使得可穿戴应变传感器在人体上的应用，甚至是在人机交互的实际应用中取得了突破性的进展。目前已经有应变传感器应用在人体的皮肤部位，如经常经历大量拉伸的手指关节、膝盖和腕部等，并且由于传感器具有超高的灵敏度（应变系数在 2％应变下为 16 000），它能够准确地检测关节弯曲时的应变和应力。

3. 温度感受器启发的电子皮肤

与压力和张力不同，皮肤上的温度是由皮肤温度感受器测得的。这种感受器存在于身体的其他部位，如角膜、舌头和膀胱，同时该感受器被分为感知热和感知冷两种类型。虽然目前对于生物体在响应温度变化时的激活机制尚不完全清楚，但通过薄膜电子技术制作仿生传感器来模拟生物精确的温度监测系统是很容易实现的。应用材料和设计技术的不同，使得仿生温度传感器对温度变化的反应不同。目前最简单的温度传感装置形式是通过薄膜导体或半导体实现的，其原理是利用材料的电阻随温度变化的性质。随着科技的发展，温度传感器对人体皮肤的温度感受器的模拟已经能够应用于皮肤假体和皮肤热成像上，并且在人工温度传感设备和临床相关信息上也取得了重要进展。

4. 多功能电子皮肤

随着不同机制的电子皮肤研究的进步，可以很容易地实现对人体皮肤单独检测压力、应变和温度的模拟。同时，灵活和可伸缩的压力传感器已经具有超越生物触摸感受器的最高灵敏度和定量数据采集能力。然而，对于大多数仿生设备而言，它们还是缺乏同时区分不同刺激的能力，这是完全模仿人类皮肤的触觉感知能力的重要要求。目前，通过将压力、应变和温度传感器系统或其他非传统的传感器系统组合到一个电子皮肤中的研究已经取得了突破性的进展。各种多功能电子皮肤层出不穷，甚至已经创造出能够检测人类感觉的多功能仿生假手。该假手是一种基于硅纳米膜的压力传感器、应变传感器和温度传感器的集成形式，其几何形状能够适应皮肤的弯曲和拉伸。

为了防止不同传感器的信号干扰，科学家使用纯无源元件（如电阻和电容）设计了一种可以同时记录多个信息的输入的多功能电子皮肤。该电子皮肤具有高度延展性和适应性的多种传感器矩阵网络，可以测量温度、面内应变、湿度、光、磁场、压力和邻近度，此外还具有可调的传感范围和大面积扩展能力。这种电子皮肤的独特之处在于它是在一个相对较小的皮肤区域内，形成了一个高密度的皮肤多功能传感器阵列。

基于上述叙述，虽然仿生传感器件已经取得了大量优秀的成绩。但是对于人体感觉系统检测外部刺激的精确性的仿生还需要提高。同时，感觉系统是极其复杂的，一个感觉系统可能同时对两种刺激进行精确的检测，如舌头检测味道和温度，皮肤检测压力和温度等。这就需要我们不但要通过传感器材料和结构的设计来提高精确度，同时还要通过不同种的传感器相互集成来模拟感觉系统的这种同时检测不同刺激的功能。

课 后 思 考 题

1. 请简述生物感知系统的组成。

2. 请简述生物的感知机制。

3. 人眼由哪三层构成？主要有哪些结构？

4. 当你在烈日下行走一段时间后走进电影院，最开始什么也看不见，但是过一会儿对电影院的光就能适应了，在这一过程中，眼球中的哪个结构在发挥作用？它是怎样变化的？

5. 人耳能听到鼓面被敲击后发出的声音，而听不到手臂上下挥动发出的声音，这是为什么？

6. 人们是怎样通过皮肤而产生感觉的？

7. 什么是触压觉？触压觉是怎样产生的？并简述压力传感器的工作原理。

智能信息感知技术

参 考 文 献

[1] PAUL A Y, PAUL H Y, DANIEL L T. 临床神经科学基础[M]. 谢琰臣，李海峰，译. 2版. 北京：人民卫生出版社，2012.

[2] JUNG Y H, PARK B, KIM J U, et al. Bioinspired electronics for artificial sensory systems[J]. Advanced Materials，2019，31(34)：1803637.1 - 1803637.22.

[3] 韩崇昭，韩德强，介婧. 从生物感知认知到系统工程方法论[J]. 系统工程理论与实践，2008(28)：75 - 93.

[4] 赵芝龄，卢俊霖，樊尚春. 传感技术中的仿生与智能[J]. 计测技术，2011，31(4)：42 - 48.

[5] MORATAL D . Principles of Computational Modelling in Neuroscience[M]. Cambridge University Press，2011.

[6] 徐江涛，张培文，邹佳伟，等. 仿生视觉传感器研究[J]. 微纳电子与智能制造，2019(3)：23 - 31.

[7] 郭伟. 基于听觉神经原理的语音信号处理[D]. 上海：上海交通大学，2009.

[8] 周丽丽，姚欣茹，汤征宇，等. 触觉信息处理及其脑机制[J]. 科技导报，2017，35(19)：37 - 43.

[9] 宋爱国. 机器人触觉传感器发展概述[J]. 测控技术，2020，39(5)：1 - 8.

[10] 曹建国，周建辉，缪存孝，等. 电子皮肤触觉传感器研究进展与发展趋势[J]. 哈尔滨工业大学学报，2017，49(1)：1 - 13.

第 4 章 智能生物信息感知技术

人通过感官从自然界获取各种信息，其中通过视觉获取的信息最多。视觉传感器扩展了人的视觉范围，使人能够看到视觉范围以外的微观和宏观世界。随着视觉技术的发展，信息获取方法从一维发展到二维及三维，传感器件由简单的一维光电器件发展到二维的面阵。现如今利用CCD和CMOS等二维图形器件制成的视觉传感器不仅具有更高的精度、更大的光谱范围、更高的灵敏度和更快的扫描速率，而且还具有尺寸小、功耗低和工作可靠的特点。同时，随着机器视觉与人工智能的逐渐发展，机器视觉与图像传感器芯片的结合将成为"智能图像传感器"未来发展的趋势。

5.1　光学图像信息感知技术基础

5.1.1　光学图像传感器的发展与成像原理

1. 光学图像传感器的发展

图像传感器的作用是将拍摄的图像转换为电信号，以便进行远距离传输和显示。最早设计图像传感器时，尚未出现固态元件中的晶体管类元件，因此当时只能使用收音机等设备中采用的真空管作为放大电信号的元件。

1934 年出现的光电摄像管是最早的图像传感器，它的灵敏度、信噪比较低，图像质量较差，没有得到实际应用。1947 年开发出的超正析像管在灵敏度上得到了很大提高。1954 年的高灵敏度摄像管在成本、体积上都有很大进步，并在电视产业中得到了广泛的应用。到了 1965 年，氧化铅摄像管问世，使彩色电视摄像事业得到了一次飞跃，但由于当时技术上的原因，这种晶体管在性能上还有很大的不足。

20 世纪 60 年代末期，固体图像传感器得到了迅速发展。CMOS 图像传感器和 CCD 图像传感器的研究几乎是同时起步的，但由于受当时工艺水平的限制，CMOS 图像传感器具有像敏单元尺寸小、填充率低、成像质量差等缺点，从而制约了它的发展，只在一些低端领域有所应用。而 CCD 图像传感器具有体积小、质量轻、功耗低、量子效率高、动态范围大、寿命长等优良性能，在广播电视、机器视觉、安全保卫等领域得到了广泛应用和发展，在数码相机领域更是得到了全面的应用。

1982 年，Nobukazu Teranishi 等人提出了一种钳位光电二极管结构。至此，CCD 图像传感器的两大核心技术——电荷耦合器件与钳位光电二极管（Pinned Photodiode，PPD）已经全部问世。

1993 年，一种全新的固态图像传感器技术在美国喷气推进实验室应运而生。该技术是基于有源像素（Active Pixel Sensor，APS）结构的 CMOS 图像传感器技术，它区别于之前基于无源像素的 CMOS 图像传感器，其每个像素之内集成了一个电荷电压转换节点以及一个放大器，使得 CMOS 图像传感器的灵敏度与噪声等性能有了质的飞跃。

在这之后的 20 年中，基于有源像素结构的 CMOS 图像传感器技术得到了快速发展，由于它具有低功耗、高集成度、高性能等特性，如今几乎已经完全取代了 CCD 图像传感器，在大部分应用领域得到了广泛应用。

2. 光学图像传感器的成像原理

图像传感器将拍摄对象通过"摄影"表现。人眼构造如图 5.1 所示，物体的形状透过晶状体（镜头）与虹膜（光圈）在视网膜上成像，当这种刺激传达到脑部时，人们就会感觉到图像的存在。如图 5.2 所示，如果图像传感器能够执行上述过程，即通过照相机的镜头将图像成像在胶卷的感光表面，就可以进行摄影。换句话说，就是在图像传感器的摄影面上成像，接着将表示光强弱的电信号与图像信号结合，提取出图像信号。

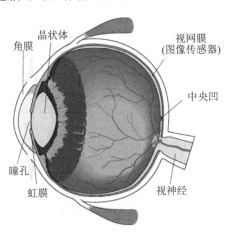

图 5.1　人眼构造

将受光摄影面接收的光转换成电信号，称为光电转换。当半导体等材料受光时，随着光能的变化，材料表面电荷（电子或空穴）的能量状态发生变化的现象，也遵循光电效应的原理。

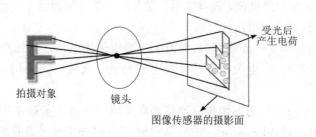

受光后产生电荷

拍摄对象　　镜头

图像传感器的摄影面

图 5.2　拍摄对象-镜头-摄影面

1) 信号的读出

图像传感器利用光电转换的原理，将拍摄对象在摄影面上产生的光转换为电荷，但要如何取出信号呢？简单地说，如图 5.3(a)所示，将摄影面以像素为单位细分，只要各像素分别连接信号读出线即可取出信号。然而，为了符合目前电视机的分辨率，必须连接约三十万条信号读出线，这在实际应用中显然很难实现。为了减少信号读出线，研究人员提出 b 汇总每列像素并依次读出的方法，如图 5.3(b)所示。

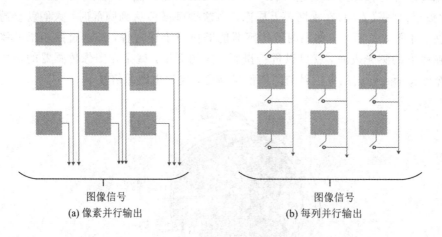

图像信号

(a) 像素并行输出

图像信号

(b) 每列并行输出

图 5.3　信号的读取方法

2) 图像信号的传输

从图 5.4 可知，电视机是通过扫描方式使画面发光并产生图像的。图像信号可利用 525 条扫描线和 60 场每秒的隔行扫描形成。为了获得适当的分辨率，采用了 6 MHz 的传输带宽。在有限的电波带宽内，为了得到传送视觉上看起来美观、动作顺畅的图像，必须将画面分解为线状，成为一条条的图像信号。因此，与从图像传感器读取信号的方法类似，最适合图像信号传输的方法是与上述的扫描过程配合。

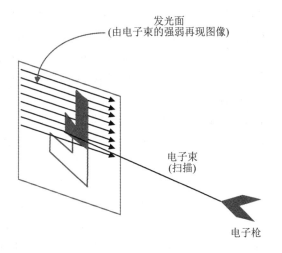

图 5.4　电视扫描

3）光电转换与扫描

图像传感器读取光在摄影面上产生电荷的机制可以通过图 5.5 的概念图来表现。就电视机而言，用于读取和再生图像的图像传感器需要满足以下两个要点：

（1）感光的摄影面进行光电转换，产生电荷。

（2）产生的电荷在摄影面经扫描后可作为信号输出。

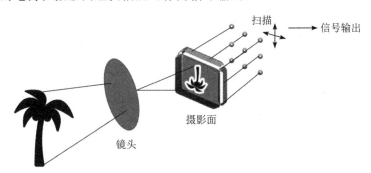

图 5.5　摄影的概念图

5.1.2　光学图像传感器的硬件基础

1. 图像传感器的基本结构

图像传感器一般分为 CCD 图像传感器和 CMOS 图像传感器两种。

1）CCD 图像传感器

CCD 是美国贝尔实验室的 W. S. Boyle 和 G. E. Smith 等人发明的一种感光半导体芯

片，可用于捕捉图像。它广泛应用于扫描仪、复印机、摄像机和无胶片相机等设备中。CCD的工作原理类似于胶卷相机，即光学图像（即实际场景）通过镜头投射到 CCD 上。然而，与胶卷相机不同的是，CCD 没有曝光能力，也不能记录和存储图像数据。但是，它能将图像数据实时传送至 A/D 转换器、信号处理器和存储设备。CCD 具有可重复拍摄和及时调整的能力，其影像可以无限次复制而不降低质量，并且方便永久保存。

CCD 是在 MOS 晶体管的基础上发展而来的，其基本结构是 MOS 电容器结构，如图5.6(a) 所示。它由一行行紧密排列在 P 型硅衬底上的 MOS 电容器阵列组成。在这个结构中，通过在硅衬底表面生成一层 SiO_2（氧化硅），然后在 SiO_2 表面蒸镀一层金属（如铝），在衬底和金属电极之间施加一个偏置电压（称为栅电压），形成了一个 MOS 电容器。

目前，CCD 常使用光敏二极管代替过去的 MOS 电容器。光敏二极管通过在 P 型硅衬底上扩散一个 N+ 区域形成 P-N 结二极管。通过反向偏置多晶硅中的二极管，可以形成一个定向电荷区（又称为耗尽区）。在这个定向电荷区中，光生电子和空穴分离，光生电子被收集在空间电荷区中。空间电荷区对于带负电的电子来说是一个势能特别低的区域，通常被称为势阱。图 5.6(b) 是势阱的示意图，投射光产生的光生电荷就存储在势阱中。势阱容量是势阱能够存储的最大电荷量，与所施加的栅电压近似呈正比。与 MOS 电容器相比，光敏二极管具有更高的灵敏度、更宽的光谱响应范围、更好的蓝光响应和更低的暗电流。将一系列 MOS 电容器或光敏二极管排列起来，并以两相、三相或四相工作方式将相应的电极并联在一起，在每组电极上加上一定时序的驱动脉冲，就能实现 CCD 的基本功能。

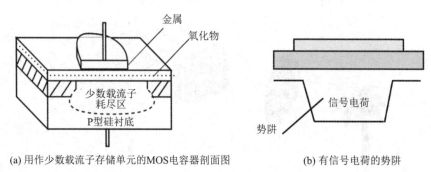

(a) 用作少数载流子存储单元的MOS电容器剖面图　　　　　(b) 有信号电荷的势阱

图 5.6　CCD 结构

2) CMOS 图像传感器

CMOS 原本是计算机系统中的一种重要芯片，用于保存系统引导所需的大量数据。在20 世纪 70 年代初，有人发现将 CMOS 引入半导体光敏二极管后，它也可以用作感光传感器。但在当时，CMOS 在分辨率、噪声、功耗和成像质量等方面都不如 CCD，因此没有得到广泛发展。随着 CMOS 工艺技术的进步，采用标准 CMOS 工艺可以生产高质量、低成本的 CMOS 图像传感器。这种器件易于大规模生产，其低功耗和低成本的特点是制造商们梦寐以求的。如今，CCD 和 CMOS 两种技术共存，但 CMOS 已经取代 CCD 成为图像传感器的主流技术。

最基本的 CMOS 图像传感器的制作方法是：首先，取由一块杂质浓度较低的 P 型硅片作为衬底，在其表面通过扩散的方法制作两个高掺杂的 N＋型区域作为电极，即场效应管的源极和漏极。然后，在硅表面使用高温氧化的方法覆盖一层 SiO_2 绝缘层，并在源极和漏极之间的绝缘层上方蒸镀一层金属铝作为场效应管的栅极。最后，在金属铝的上方放置一个光敏二极管，这就构成了最基本的 CMOS 图像传感器。

为使 CMOS 图像传感器工作，必须将 P 型硅衬底与源极接通负极，漏极接通正极。当光敏二极管上没有图像光信号照射时，源极和漏极之间没有电流通过，因此没有信号输出。当图像光信号照射到光敏二极管上时，光敏元件中的价带电子受到能量激发后跃迁到导带，形成图像光电子，从而在源极和漏极之间形成电流通路，并输出图像电信号。入射的图像光信号越强，激发的导电粒子（电子与空穴）越多，从而使得源极和漏极之间的电流越大，输出信号也越大。因此，输出信号的大小直接反映了入射光信号的强度。在 CMOS 图像传感器中，电信号是直接从 CMOS 晶体管开关阵列中读取的，而不需要像 CCD 图像传感器那样逐行读取。

3）技术性能对比

在信息读取方式上，CCD 图像传感器需要在同步信号控制下逐位地转移和读取存储的电荷信息。这就需要时钟控制电路和三组不同的电源来配合，整个电路相对较为复杂。而 CMOS 图像传感器在光电转换后直接产生电流或电压信号，信号读取非常简单。

就速度而言，CCD 图像传感器需要按行逐位地输出信息，速度较慢，并且需要同步时钟进行控制。而 CMOS 图像传感器可以在采集光信号的同时输出电信号，并能同时处理各单元的图像信息，速度比 CCD 图像传感器快得多。

在电源和耗电量方面，CCD 图像传感器通常需要三组电源供电，因此耗电量较大。而 CMOS 图像传感器只需要一个电源供电，耗电量非常小，通常只是 CCD 图像传感器的 1/10 到 1/8，因此在节能方面具有明显的优势。

在成像质量方面，CCD 图像传感器具有一定的优势。CCD 制作技术起步早且成熟，而且 CCD 图像传感器使用 PN 结或 SiO_2 隔离层来隔离噪声，相对于 CMOS 图像传感器在成像质量方面有一定的优势。由于 CMOS 图像传感器具有高集成度，各光电传感元件和电路之间的距离非常近，因此受到光、电和磁干扰的影响较大，噪声对图像质量产生较大的影响。因此，在一段时间内，CMOS 图像传感器无法实际应用。然而，CMOS 电路消噪技术的不断发展，为生产高密度优质的 CMOS 图像传感器提供了良好的条件。

2. 传输接口与技术标准

随着人们对图像显示质量要求的不断提升，传统的以模拟方式传输和显示多媒体信号的技术已无法满足需求。消费类数字视频设备，尤其是高清数字电视的广泛应用，推动了新的标准(如 HDMI)的发展。这些新标准更适应市场对带宽、内容保护和音频支持等方面的需求。接下来将从传统模拟视频接口开始，简要介绍几种数字视频接口技术和标准。

1) VGA 标准

VGA(Video Graphics Array，视频图形阵列)又称为 D-SUB 接口，是 IBM 于 1987 年提出的一种使用模拟信号的电脑显示标准。在 DVI 和 HDMI 出现之前，VGA 是主流的视频传输接口，但在目前新型的台式机显卡和笔记本上使用较少。VGA 接口包含 15 个针脚，分为 3 排，每排 5 个孔，是显卡上最常见的接口类型。它传输红色、绿色、蓝色的模拟信号以及同步信号(水平和垂直信号)。

在 VGA 接口中，芯片组将存储在显存中的数字格式的图像信号经过 D/A 转换器转换为红色(R)、绿色(G)、蓝色(B)的模拟信号，以及行同步信号和场同步信号，并输出到显示设备进行成像。显示器通过光栅扫描的方式工作，电子束按照从左到右、从上到下的顺序进行扫描。在扫描过程中，受到行同步信号的控制，电子束逐点向右移动，完成一行的扫描。行频指的是完成一行扫描所需时间的倒数。同时，在行同步周期的脉冲内，电子束回到屏幕的左侧，并受到场同步信号的控制，从上到下进行扫描，完成一帧信号的扫描。场频指的是完成一帧信号的扫描所需时间的倒数。最终，通过不同像素的组合，形成显示图像。具体的扫描过程如图 5.7 所示。

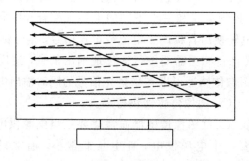

图 5.7　VGA 扫描过程

在扫描过程中，每个像素点都会被单独处理，以显示相应的色彩信息。完成一帧图像的扫描后，开始下一帧图像的扫描，如此循环进行。当扫描速度足够快时，结合人眼的视觉暂留特性，会看到一幅完整的图像，而不是闪烁的像素点。这就是 VGA 显示的原理。

2) DVI 标准

DVI(Digital Visual Interface，数字视频接口)是由数字显示工作组 DDWG(Digital Display Working Group)于 1999 年 4 月推出的用于 PC 和 VGA 显示器间连接的传输非压缩实时视频的接口标准。它是基于 TMDS(Transition Minimized Differential Signaling，最小化传输差分信号)技术来传输数字信号的，TMDS 连接图如图 5.8 所示。

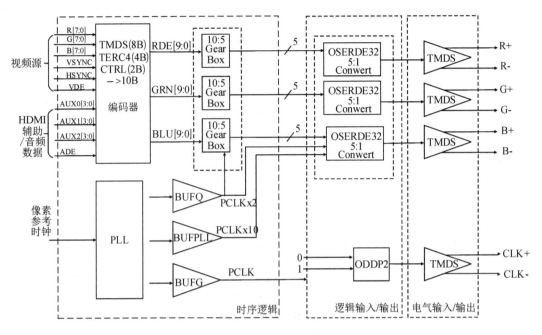

图 5.8　TMDS 连接图

TMDS 是一种用于数字视频传输的技术，它包括 3 个 RGB 数据通道和 1 个时钟通道，4 个通道组成一个 TMDS 连接（又称为 Single-link 连接）。TMDS 技术将 8 位的 RGB 视频数据转换成 10 位的最小化差分信号，并保持 DC 平衡（即通过编码保证数字信号传输时直流分量接近零的一种技术手段），然后进行串行传输。接收端设备将串行数据解串行化为并行数据，然后再转换成 8 位视频信号进行显示。因此，传输数字 RGB 数据需要使用 3 个转换最小化差分采样信号来构成一个 TMDS 连接。每个 TMDS 通道提供 165 MHz 的带宽，单个 10 位的 TMDS 通道速率可达 1.65 Gb/s，3 个 TMDS 通道的总速率可达 4.95 Gb/s。这种传输速率能够支持 $1600 \times 1200@85$ Hz 的 UXGA 或 $2048 \times 1536@75$ Hz 的 QXGA 图像，以及 720p、1080i、1080p 的 HDTV 视频信号的实时无压缩传输。然而，DVI 接口由于连接头较大、不支持音频信号传输以及传输距离有限（仅为 5～7 m），逐渐被 HDMI 接口所取代。

3）HDMI 标准

2002 年 4 月，HDMI（High Definition Multimedia interface）工作组开发出 HDMI（高清晰度多媒体接口）标准，改进了 DVI 标准的不足。图 5.9 为 HDMI 接收和发送的物理结构图。

HDMI 标准是 DVI 标准的升级和增强版，它支持音频信号传输，可以简单理解为"DVI＋音频＝HDMI"。HDMI 接口的大小与 USB 相当，支持最长 15 m 的传输距离，并向

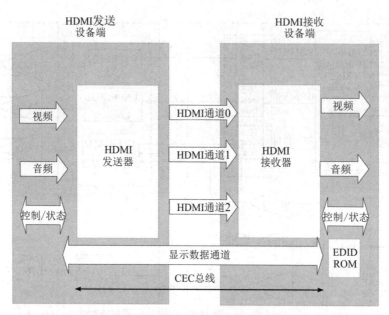

图 5.9　HDMI 接收和发送的物理结构

下兼容 DVI 接口。HDMI 还支持 VESA 组织的高带宽数字内容保护（High-bandwidth Digital Content Protection，HDCP）技术，用于防止非法拷贝内容，同时支持 VESA 组织的扩展显示识别数据（Extended Display Identification Data，EDID）、显示数据通道（Display Data Channel，DDC）和监视同步协议（Display Monitor Timing，DMT）等标准。

　　HDMI 也采用了 TMDS 编码方式。TMDS 包括 RGB 或 YPbPr 色彩数据和时钟，共计 4 个通道（即一个连接），每个通道的带宽为 165 MHz(4.95 Gb/s)。DDC 用于读取接收端的 EDID，其中包含了显示能力等信息。HDMI 设备还利用 DDC 线进行 HDCP 认证，这是一种基于硬件 ID 的加密系统，发送端和接收端之间通过一定的间隔进行认证。HDMI 通过这种强大的内容保护技术，可以立即中断图像和音频信号传输，以防止未经授权者使用。如图 5.9 所示，HDMI 发送器将视频和音频信号转换并合成为 HDMI 接收器可接收的信号格式，然后进行 HDCP 加密处理和 TMDS 编码，将并行的视频和音频数据转换为最小化差分信号进行串行传输。在接收端，处理顺序与发送端的相反。

5.2　光学图像传感数据处理技术

5.2.1　成像过程信息处理

　　成像过程是指通过图像信号处理和成像系统等光学系统将影像聚焦在成像元件上，并将影像存储到存储介质中的过程。在这一处理过程中，图像信号要经过去噪、压缩、传输和编解码等过程。

1. 图像信号的去噪

1）噪声来源

图像传感器将光信号转换为电信号并进行量化输出的过程中，常受到各种噪声的干扰，影响最终成像质量。因此，噪声对图像传感器的发展具有严重的限制。在噪声分析中，通常将噪声分为时间域噪声和空间域噪声。

时间域噪声又称为随机噪声，主要包括热噪声、散粒噪声和低频噪声。热噪声是由电子随机运动的不确定性引起的，是 MOS 器件固有的噪声，这种噪声在时间上服从高斯分布。图像传感器中的热噪声主要来源于复位管引入的复位噪声和读出电路的热噪声。散粒噪声在时间上服从泊松分布。低频噪声是由有源器件中载流子密度的随机波动引起的，这种噪声在时间上服从对数正态分布。图像传感器中的低频噪声主要来源于像素内源跟随器和列放大电路。

空间域噪声又称为固定模式噪声（Fixed Pattern Noise，FPN），是由工艺缺陷等因素引起的，具有不随时间变化且仅与空间位置有关的特点。图像传感器中的固定模式噪声主要包括像素 FPN 和读出电路 FPN。像素 FPN 是由暗电流的非一致性和像素缺陷引起的光响应不一致性所导致的。读出电路 FPN 是由信号在读出和放大过程中产生的读出噪声所引起的。

这些噪声对图像传感器的性能和成像质量有着严重影响，因此在图像传感器设计和优化过程中需要考虑有效的噪声抑制和补偿方法。

2）去噪算法

空间域图像去噪方法利用像素的空间相关性来平滑噪声图像。最初被用于去除图像中噪声的方法包括均值滤波和中值滤波等，这些方法可以在一定程度上消除噪声，但图像的纹理细节保留效果有限。因此，一些非线性滤波器被引入，用于图像降噪。

1998 年，斯坦福大学的 C. Tomasi 提出了双边滤波器，该方法通过非线性组合邻近像素的值来平滑图像，同时保留边缘信息。2005 年，巴利阿里群岛大学的 Buades 等人提出了非局部均值滤波器，这是一种经典的空间域去噪方法。该方法考虑了每个像素周围的邻域像素块，并通过非局部方式计算图像本身的相似性，从而实现更好的降噪效果。2010 年，微软亚洲研究院的 He Kaiming 等人提出了引导滤波器，该方法利用输出图像和引导图像之间的局部线性关系，在滤波窗口上进行噪声消除，同时保持边缘信息。

在空间域中，图像信息和噪声通常难以区分，但在变换域中却很容易区分。因此，变换域去噪方法得到了广泛的研究和应用。其中，小波变换在图像去噪领域得到了广泛应用。小波变换将图像分解为不同尺度的空间，并在这些空间中展示出图像信息和噪声的不同特性。基于这些特性，小波变换具有较好的降噪能力。然而，固定的小波变换无法为包含复杂奇点的图像提供自适应的稀疏表示。因此，2006 年，以色列理工学院的 Michael Elad 等人提出了字典学习算法，该算法可以自适应地从待处理图像中学习合适的稀疏变换基。字典学习算法先通过字典训练，利用 K 次奇异值分解（K-Singular Value Decomposition，K-SVD）得到一个有效描述图像内容的字典。然后，对含噪声的图像块通过该字典进行映射和表示，最后使用这些稀疏表示系数和完备字典可以重构图像，从而去除噪声。

这些方法在图像去噪领域具有重要意义，它们通过在空间域或变换域中利用图像特性和噪声特性来有效地抑制噪声并恢复图像。

2. 图像信号的压缩

随着计算机技术和网络通信技术的飞速发展，实时可视化通信、多媒体通信、网络电视、视频监控等业务越来越受到大家的关注，因此图像压缩技术也成为研究的重点。

图像压缩是图像存储、处理和传输的基础，它是指用尽可能少的数据来进行图像的存储和传输。图像数据是可以被压缩的，支持这一理论的依据有两个，一是允许图像编码有一定的失真，二是图像数据具有一定的冗余性。

大多数情况下，并不要求压缩后的图像和原图完全相同，而是允许有少量失真，只要这些失真不被人眼察觉就可以接受。这给压缩比的提高提供了有利的条件，可允许的失真愈多，可实现的压缩效率就愈高。

图像数据具有可压缩性，还因为图像数据存在大量统计性质的多余度，而去除这部分图像数据并不会影响视觉上的图像质量，甚至去掉一些图像细节对实际图像的质量也没有致命的影响。正因为如此，在保持图像质量的条件下，可以对待存储的图像数据进行压缩，从而大大节约存储空间，并在图像传输时减少信道容量的需求。

数据压缩的一般过程如图 5.10 所示。数据压缩包括编码和解码两个步骤。信源数据经过源编码器进行压缩编码，将其减少到存储设备和传输介质所支持的水平。通道编码器将压缩后的位流转换为适合存储和传输的信号。解码子系统由通道解码器和源解码器构成，执行通道编码和源编码的逆过程，以重新构建图像。

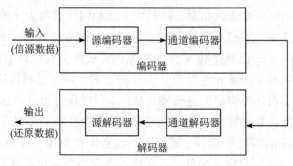

图 5.10　数据压缩示意图

1）图像压缩的目的

图像压缩的目的是消除图像中的大量冗余信息，用尽可能少的字节数来表示原始数据，以提高图像传输的效率，减少图像的存储量。

2）图像压缩的可行性

图像压缩具有可行性，这是因为图像数据是高度相关的。首先，大多数图像内相邻像素之间有较大的相关性，存在很大的冗余度，即空间冗余度。其次，序列图像前后帧之间也有较大的相关性，即时间冗余度。最后，若用相同码长表示不同出现概率的符号也会造成比特数的浪费，即存在符号冗余度。另外，允许图像编码有一定的失真也是图像可压缩的一个重要原因。

3）图像压缩的意义

由于图像具有很大的信息量，在目前的计算机系统的条件下，要想实现实时处理，就必须对图像进行压缩。如果图像信息不进行压缩，则占用信道较宽，会使传输成本变得昂贵。

3. 图像信号的传输

图像是对景物在某种介质上的再现，例如图片、电影、传真、电视等媒介可以传递图像信息。将图像信息传输到远处或存储图像信息的过程称为图像传输。图像传输有模拟和数字两种方式，其中数字方式是主要的传输方式。

模拟图像信号经过数字化后形成 PCM 信号，然后通过信源编码进行数据压缩和信道编码以及差错控制，得到数字信号。这种数字信号所占据的频带通常从直流和低频开始，又被称为数字基带信号。

数字基带信号可以通过基带传输和调制传输两种方式进行传输。在某些有线信道中，数字基带信号可以直接传送，这种传输称为基带传输。而在无线信道和光信道中，数字基带信号必须经过调制，将信号频谱搬移到高频才能在信道中进行传输。

1）数字基带信号码型选择的原则

数字基带信号码型选择的原则如下：

（1）码型的频谱中直流、低频和高频分量应尽量少；

（2）应包含定时信息；

（3）码型变换设备要简单可靠；

（4）码型具有一定的检错能力；

（5）发生误码时要求码型不会造成误码扩散；

（6）码型变换过程不受信源统计特性的影响。

2）常用的数字基带信号的码型

常用的数字基带信号的码型如下：

（1）单极性码。码型简单，但存在直流分量且信号能量大部分集中于低频部分，主要用于设备内部的传输，较少用在信道传输中。

（2）双极性半占空码。"1"码的极性是交替反转的，称为 AMI 码。编码方法："0"仍为"0"，"1"交替编码为"＋1"和"－1"。这种编码的特点是，无直流分量，低频、高频分量较少，节省信号频带，码型具有一定的检错能力，无时钟信息。

（3）三阶高密度双极性码（HDB3）。这种码型是双极性半占空码的变形，用来避免序列中连续出现 n 个以上连续"0"的情况，从而解决了由于连"0"码过多而影响定时信息提取的问题。

3）数字调制技术

数字调制是调制信号为离散数字型的正弦波调制。一般常用的是键控载波的调制方法，包括（幅度键控（ASK）、移频键控（FSK）、移相键控（PSK））以及正交幅度调制（QAM）方法。

4）图像的传输方式

图像的传输方式如下：

（1）微波传输。微波是一种具有极高频率（通常为 300 MHz～300 GHz）、波长很短（通常为 1 mm～1 m）的电磁波。在微波传输中，传送模拟视频信号常采用调频的方式，传送数字视频信号常采用多相位键控和多电平正交调制（MQAM）的方式。常用的载波频率为 4 GHz、6 GHz、12 GHz 等。相邻两微波站之间的距离一般为 50 km 左右。

（2）卫星传输。卫星电视广播目前存在分配式卫星电视、一传一卫星电视直播和数字视频压缩电视直播三种形式。模拟传输时，调制方式常采用调频方式；数字传输时，调制方式常采用多进制相位键控和正交调幅的调制方式。载波频段常选 4 GHz 或 6 GHz、12 GHz 或/14 GHz 等，其带宽约为 500 MHz。

（3）光纤传输。光纤传输系统主要由光纤（或光缆）和中继器组成。在短距离传输系统中，一般不需要中继器。图像光纤传输方式也有模拟传输和数字传输两种。

4. 图像信号的编解码

数字图像需要大量的数据来表示，因此需要对其进行数据压缩。在压缩的过程中，对传输介质、传输方法和存储介质等都提出了较高的要求。图像的编解码方式也是关键的技术之一。针对不同类型的多媒体数据冗余，有各种不同的编码方法。根据解码后的数据是否与原始数据完全一致，编码方法可以分为无损编码和有损编码两种。

无损编码又称为无失真编码，指解码后的数据与原始数据完全相同，压缩比相对较小。常用的编码方法主要包括预测编码、变换编码、统计编码以及其他一些编码方法。其中，统计编码是一种无损编码方法，而其他编码方法基本上属于有损编码。

1）预测编码

预测编码是指根据离散信号之间存在的相关性，利用前面的一个或多个信号对下一个信号进行预测，然后对实际值和预测值的差进行编码的方法。预测编码分为帧内预测编码和帧间预测编码两种类型。

（1）帧内预测编码。帧内预测编码反映了同一帧图像内，相邻像素之间的空间相关性较强，因而任何一个像素的亮度值，均可根据与它相邻的已被编码的像素的编码值来进行预测。帧内预测编码包括差分脉冲编码调制和自适应差分脉冲编码调制。图 5.11 为差分脉冲编码调制示意图。其中，x_k 为输入信号，$\hat{x}_k$ 为根据前 $k-1$ 个信号预测出的第 k 个信号，二者求差得到的 e_k 为输入值与预测值之间的误差，即预测误差。e_k 经过一个量化器，量化为 $\hat{e}_k$，编码后作为输出送入译码器得到 e'_k。与此同时，将量化后的误差 $\hat{e}_k$ 与当前输入信号的预测值 $\hat{x}_k$ 求和，得到重建信号 $\hat{x}'_k$，预测器将重建信号与前 k 个信号的重建信号进行线性组合，得到下一个预测信号。需要注意的是，接收端的预测器与发送端的完全相同。

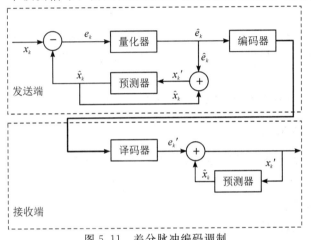

图 5.11　差分脉冲编码调制

（2）帧间预测编码。在 MPEG 压缩标准中采用了帧间预测编码，这是由于运动图像各帧之间有很强的时间相关性。例如，在电视图像传送中，相邻帧的时间间隔只有 $1/30$ s，大多数像素的亮度信号在帧间的变化是不大的，利用帧间预测编码技术就可减少帧序列内图像信号的冗余。图 5.12 为帧间预测方法示意图。其中，$f_t(x,y)$ 表示当前图像，$e_t(x,y)$ 表示当前图像与预测图像的差值，$e'_t(x,y)$ 表示反量化后的差值，$\overline{f}_t(x,y)$ 表示运动补偿后当前图像的预测值，差值和预测值求和后得到 $f'_t(x,y)$。

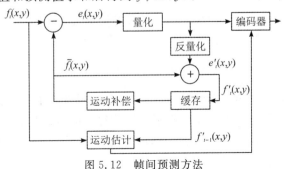

图 5.12　帧间预测方法

2）变换编码

变换编码是指先对输入信号进行某种函数变换，从信号的一种表示空间变换到信号的另一种表示空间，然后在变换后的域上，对变换后的信号进行编码的方法。变换编码过程如图5.13所示。

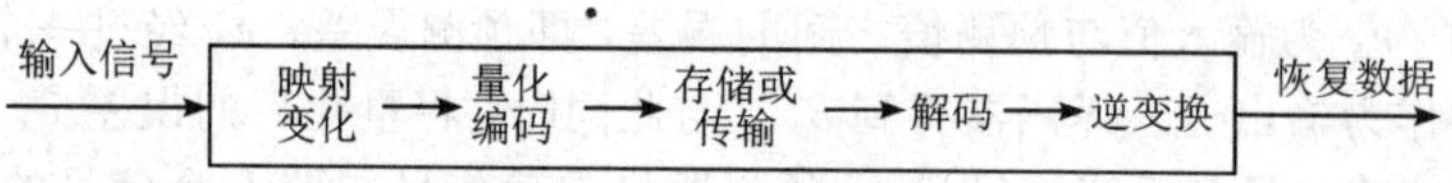

输入信号 → 映射变化 → 量化编码 → 存储或传输 → 解码 → 逆变换 → 恢复数据

图5.13　变换编码过程

3）统计编码

统计编码主要针对无记忆信源，根据信息码字出现概率的分布特征进行压缩编码，以寻找概率与码字长度间的最优匹配。统计编码又可分为定长编码和变长编码。

4）其他编码

其他的编码方法还有矢量量化编码、子带编码、分形编码等。

5.2.2　成像后信息处理

随着计算机与网络技术的快速发展，视频监控技术已经发展到了一个数字化的全新时代，并且应用于众多领域，其中的信息处理技术备受关注。

1. 图像去噪

图像去噪是决定图像质量较为主要的因素之一，同时也是信息处理中非常关键的内容。要去除噪声，必须明确信号传输过程，并采用合理的去噪方法。在实际应用过程中，图像传感器受到多种客观条件的限制，这会导致信号在经过模/数转换器时引入一些噪声。噪声的存在会导致图像变得模糊。目前已经提出了多种图像去噪方法，常见的有空间域去噪方法、小波去噪方法和基于偏微分方程的去噪方法。

1）空间域去噪方法

空间域去噪方法有算术均值滤波法和中值滤波法。

（1）算术均值滤波法。

算术均值滤波法将图像中的一个像素及其邻域中所有像素的灰度平均值赋予邻域中心像素，从而达到平滑的目的。对于滤波器，有如下表达式：

$$g(x,y) = \frac{1}{m \times n} \sum_{(x,y) \in S} f'(x,y) \tag{5.1}$$

其中，$f'(x,y)$是含有白噪声的图像，$g(x,y)$是经过局部算术平均法处理以后的图像，S是以(x,y)点为中心，尺寸为$m \times n$的矩形子图像窗口的坐标组。平滑后的图像$g(x,y)$中的每个像素的灰度值均由包含在(x,y)邻域中的所有$f'(x,y)$的灰度值的均值来确定，因而能消除一定的噪声。

（2）中值滤波法。

中值滤波法是一种空间域非线性滤波方法，其处理过程是将以待处理像素点为中心的邻域中的所有像素点的灰度值进行排序，并将中间值（即中值）赋给待处理像素点。这种滤波方法通常使用一个称为模板或窗口的区域，模板的大小和形状对滤波效果会产生显著影响。常见的模板形状包括正方形、十字形、圆形等，而模板的大小通常选择 3×3 或 5×5。在实际应用中，可以逐步调整模板的形状和大小，直到获得满意的滤波效果为止。

2）小波去噪方法

小波去噪的基本原理是先在小波域中将原始图像通过小波变换对含噪的小波系数进行去噪，然后经过逆变换得到滤除噪声后的原始信息。小波去噪方法主要有小波模极大值方法与小波阈值算法。小波模极大值方法的具体算法如下：

（1）对含噪信号进行不同尺度的小波变换，并求出每个尺度上变换系数的模极大值。

（2）从最大尺度开始，确定一个阈值 T，把该尺度上模极大值小于 T 的极值点去掉，得到最大尺度上的一组新的模极大值点。

（3）作出尺度 $j=J$ 上保留的每个极大值点的一个邻域 N，在 $j=J-1$ 尺度上找出与邻域 N 内的极值点相对应的传播点（极值点）并将其保留，去掉其他极值点，从而得到 $j=J-1$ 尺度上的一组新极值点。

（4）重复步骤（3），直到 $j=2$。

（5）在 $j=2$ 时保存的极值点位置上，找出 $j=1$ 时对应的极值点，并且去掉其他极值点。

（6）利用多尺度上保留的极值点的小波系数，采取适当方法重构。

3）基于偏微分方程的去噪方法

由于基于偏微分方程的图像去噪方法正处于发展和完善的阶段，很多学者也都在研究图像去噪中的偏微分方程模型，并且提出了很多方法。常见的偏微分方程模型有 P-M 模型、全变分（Total Variation，TV）模型，接下来详细论述 TV 模型。

全变分（TV）模型是由 Rudin、Osher and Fatemi 提出的，已成为图像去噪以及图像复原中较为成功的方法之一。TV 模型的成功之处就在于利用了自然图像内在的正则性，易于从噪声图像的解中反映真实图像的几何正则性，比如边界的平滑性。

令 $f(x,y)$ 为原始的清晰图像，$f_0(x,y)$ 为被噪声污染的图像，即

$$f_0(x,y) = f(x,y) + n(x,y) \tag{5.2}$$

式中，$n(x,y)$ 为具有零均值、方差为 0 的随机噪声。通常有噪声图像的全变分明显比无噪声图像的全变分大，最小化全变分可以消除噪声。因此基于全变分的图像降噪可以归结为如下最小化问题：

$$\min \mathrm{TV}(f) = \int_{\Omega} \sqrt{|\nabla f|^2} \, \mathrm{d}x\mathrm{d}y = \int_{\Omega} \sqrt{f_x^2 + f_y^2} \, \mathrm{d}x\mathrm{d}y \tag{5.3}$$

其中，Ω 表示图像的定义域，像素点 $(x,y) \in \Omega$。式(5.3)满足约束条件：

$$\int_{\Omega} f \, \mathrm{d}x \, \mathrm{d}y = \int_{\Omega} f_0 \, \mathrm{d}x \, \mathrm{d}y \tag{5.4}$$

$$\frac{1}{|\Omega|} \int_{\Omega} (f - f_0)^2 \, \mathrm{d}x \, \mathrm{d}y = \sigma^2 \tag{5.5}$$

式(5.3)可以等价于下式：

$$\frac{\lambda}{2} \int_{\Omega} (f - f_0)^2 \, \mathrm{d}x \, \mathrm{d}y + \int_{\Omega} \sqrt{f_x^2 + f_y^2} \, \mathrm{d}x \, \mathrm{d}y \tag{5.6}$$

式中，第1项为数据保真项，它主要起保留原图像特性和降低图像失真度的作用；第2项为正则化项，参数 λ 为入规整参数，对平衡去噪与平滑起重要作用，它依赖于噪声水平。其导出的欧拉-拉格朗日方程为

$$-\nabla \cdot \left(\frac{\nabla f}{|\nabla f|} \right) + \lambda (f - f_0) = 0 \tag{5.7}$$

从式(5.7)中可以看出，扩散系数为 $\frac{1}{|\nabla f|}$。在图像边缘处，$|\nabla f|$ 较大，扩散系数较小，因此沿边缘方向的扩散较弱，从而保留了边缘；在平滑区域，$|\nabla f|$ 较小，扩散系数较大，因此在图像平滑区域的扩散能力较强，从而去除了噪声。

从而可以得出结论：全变分最小化可以抑制噪声。

4）去噪方法比较

算术均值滤波法具有简单、快速的优点，但往往会导致图像产生一定程度的模糊。中值滤波法则具有运算简单、易于实现、执行效率高的特点，对于椒盐噪声有良好的去噪效果，并且能够保持图像的细节。然而，相对于算术均值滤波法，中值滤波法在处理随机噪声时的能力稍差，并且对于具有复杂结构的图像，中值滤波法可能会在去除噪声的同时损失锐角、线段等图像信息，从而破坏图像的几何结构。

小波模极大值去噪方法对噪声的依赖性小，比较适合低信噪比的信号。缺点是计算速度慢，小波分解尺度的选择比较难。

基于 TV 模型的去噪方法在去噪的同时能很好地保留图像的边缘，但该模型有时会将噪声当成边缘，从而使恢复的图像产生假的边缘。

2. 图像去模糊

相机在曝光时，由于相机与拍摄物体之间的相对运动以及拍摄物体与相机光心距离的不合适，会导致拍摄图像的模糊。图像模糊的原因是在曝光时间内，不同时刻拍摄的图像在同一像素点的值叠加，导致图像最终失去重要细节。模糊降质图像恢复技术是指从一幅模糊图像中恢复出对应的清晰图像的相关技术，又称为图像去模糊技术。

图像模糊的成因可以用以下的数学模型进行描述：

$$f = x \otimes k + n \tag{5.8}$$

其中，f 表示观察到的模糊图像；x 表示清晰图像；$\otimes$ 表示卷积算子；k 表示点扩散函数，又可称为模糊核或者卷积核；n 表示噪声。点扩散函数是一个二维的函数，其中所有非零元素的和为 1。从上述模型可以看出，图像的模糊过程可以用清晰图像与点扩散函数卷积的形式来表示。针对不同因素造成的图像模糊，点扩散函数 k 的结构不同。造成图像模糊的因素主要有散焦模糊、线性运动模糊与复杂模糊几种。接下来介绍三种常见的去模糊算法。

1）维纳滤波算法

维纳滤波又被称为最小均方误差滤波，其基本滤波思路是使估计出的清晰图像与原始模糊图像的均方误差最小。该算法是一种基于图像频域的方法，可以用以下数学模型来表示：

$$\hat{F}(u, v) = \left[\frac{H^*(u, v)}{|H(u, v)|^2 + S_\eta(u, v) / S_f(u, v)} \right] G(u, v) \tag{5.9}$$

其中，$\hat{F}(u, v)$ 表示复原图像的傅里叶变换，相应的复原图像可以通过计算它的逆傅里叶变换得到；$H(u, v)$ 表示卷积核的傅里叶变换；$H^*(u, v)$ 表示 $H(u, v)$ 的共轭；$S_\eta(u, v)$ 表示噪声的功率谱；$S_f(u, v)$ 表示模糊图像的功率谱；$G(u, v)$ 表示模糊图像的傅里叶变换。从其结构上可以看出，式(5.9)由两项相乘构成，中括号内的部分可以看作一个滤波器，与之相乘的部分是模糊图像的傅里叶变换。该形式与经典的图像滤波算法比较类似。

2）RL(Richardson-Lucy)滤波算法

基于 RL 滤波的图像复原算法假设模糊图像的噪声分布服从一个泊松分布，在卷积核和模糊图像已知的情况下，待恢复清晰图像的概率分布也符合一个泊松分布，该分布可以表示为

$$p(f|x) = \prod_{u,v} \frac{(k \otimes x)^{f(u,v)} e^{-(k \otimes x)}}{f(u, v)!} \tag{5.10}$$

其中，$p(f|x)$ 表示发生 $f(u,v)$ 次事件的概率；$k \otimes x$ 是单位时间或单位空间内事件的平均发生率；e 是自然对数的底；$f(u,v)!$ 表示 $f(u,v)$ 的阶乘。

通过求解使得该分布取得最大值的各项参数，便可得到复原图像。用下面的数学模型表示恢复出的清晰图像，其具体计算公式为

$$x^{n+1} = \left[\frac{f}{k \otimes x^n} \otimes k^* \right] x^n \tag{5.11}$$

其中，k^* 表示 k 的伴随算子，$k^*(x, y) = k(-x, -y)$，n 表示迭代次数。

3）总变分算法

总变分算法是基于正则化的图像去模糊算法中最经典的一种，该类算法通过抑制图像的梯度变化的总和来达到恢复图像的目的。其具体的数学模型如下：

$$x = \arg \min_x \left\{ \| x \otimes k \|_2^2 + \alpha \sum \sqrt{\| \nabla x \|^2 + \beta^2} \right\} \tag{5.12}$$

其中，∇x 指的是图像 x 的梯度；α 是正则化参数，其作用是调节正则化项在整个最优化目标函数中的比值；β 是一个非零的参数，其作用是避免正则化项为零；$\sum$ 表示对图像中每一个像素点求和。针对该模型的求解可以直接利用梯度下降算法，也可以对式(5.12)直接求导，然后求得使导数为零的 x，x 即为恢复的图像。该算法结构简单、求解快速、效果良好，已获得了很好的应用，是基于正则化的图像复原算法中最具有代表性的一种。

3. 图像 HDR(高动态范围)

高动态范围(High Dynamic Range，HDR)技术因其能够提供更广泛的亮度范围和细节信息，近年来已成为国内外研究的热门领域。接下来主要从 HDR 成像、HDR 内容合成和 HDR 显示技术等方面进行论述。

1) HDR 成像技术

当使用普通摄像设备在真实的自然场景中进行拍摄时，经常会出现曝光不足或曝光过度的情况。这是因为图像传感器的动态范围远小于自然场景中光照的动态范围。在光照对比明显的场景中，直接使用普通摄像设备拍摄的图像或视频往往无法同时捕捉到场景中所有亮度等级的细节。目前，获取 HDR 图像的方法主要是先通过调节曝光参数来获得一系列曝光度不同的低动态范围(Low Dynamic Range，LDR)图像，然后使用图像融合技术将这些 LDR 图像合成为一幅 HDR 图像。现有的 LDR 图像获取方式主要有同时曝光和分时曝光两种方法。

2) HDR 内容合成技术

当拍摄图像，尤其是视频时，相机运动或场景中物体运动是常见的情况。因此，在获取 LDR 图像序列后，需要使用图像配准技术对其进行补偿。Ward 等人提出了基于像素值的中值门限位图匹配法，它利用均值二值化图像进行配准。该方法计算快速，适用于实时相机运动补偿。1999 年，Lowe 提出了著名的 SIFT 算法，并在 2004 年对其进行改进。Tomaszewska 和 Mantiuk 等人基于 SIFT 算法提出了适用于多曝光图像序列的配准算法，该算法可以有效避免在 HDR 帧合成过程中因运动而产生的模糊现象。Guthier 等人提出了一种利用直方图进行配准的算法，该算法扩展了 Ward 提出的方法，并利用图形处理单元(GPU)进行并行计算，提高了计算速度，但在处理旋转运动时的效果不理想。

如果在图像融合之前未完全消除物体运动带来的影响，最终合成的 HDR 图像上可能会出现一种被称为"鬼影"的伪影，如图 5.14 所示。为了消除这些"鬼影"，Reinhard 等人提出了一种方法。该方法根据像素局部方差找到鬼影区域，并结合直方图在 LDR 图像序列中找到在该区域曝光理想的参考图像，然后对该区域进行填补。

图 5.14 含"鬼影"的伪影图

对得到的不同曝光度的 LDR 图像序列进行配准后，就可以通过图像融合得到 HDR 图像。Debevec 提出了一种恢复相机响应函数的方法，通过该方法可以获取场景的亮度分布，然后使用简单的权重函数计算场景的辐射照度。Goshtasby 提出了一种对多曝光图像进行分块的图像融合算法。该算法将图像分割为多个块，并根据预先设定的曝光质量指标对每个块进行评估，然后选择曝光质量最佳的块进行拼接。Mertens 等人提出了一种基于塔形变换的融合算法。该算法将图像分解为多层不同分辨率的子图像，并为每一层分配不同的权重，然后进行融合。这种算法可以同时考虑到图像的整体和细节信息，从而得到多尺度、多分辨率的融合结果。

3）HDR 显示技术

经过图像配准、图像融合和鬼影去除后，曝光度不同的 LDR 图像序列可以合成为一帧 HDR 图像。显示 HDR 图像或视频有两种方式。一种方式是将获取的 HDR 图像或视频经过一定的压缩后显示在普通显示器上。为了在普通显示器上显示高动态范围的内容，可以使用色调映射（Tone Mapping）技术将自然场景的高动态范围映射到普通显示器的动态范围内。另一种方式是使用真正的高动态范围显示器进行显示。这要求显示器的动态范围不能小于 HDR 图像或视频的动态范围，这样就可以直接在显示器上播放 HDR 图像或视频，无须进行压缩。近年来，许多学者已经提出了针对这两种方式的软件和硬件方案，以满足 HDR 图像和视频的显示需求。

5.3　光学图像传感器的智能化发展

在以机械化、电气化和信息化为核心的三次工业革命后，以智能化为核心的第四次工业革命正席卷全球，其核心技术包括基于智能传感器的实时感知技术以及基于大数据和模型分析的智能分析技术。这使得机器能够像人一样实时感知并处理外部信息。智能视觉感知技术是智能化的重要组成部分。近十年来，随着机器视觉、人工智能等技术的发展，智能设备和智能应用系统受到越来越多的关注，并逐渐应用于生活的各个方面。其中较为重要且常见的应用之一是智能视觉感知应用，它广泛应用于智能家居、可穿戴设备、物联网节点等领域。智能视觉感知技术的关键在于实现光学图像传感器的智能化。为了实现光学图像传感器的智能化，传感模块不仅需要具备传统意义上传感器基本的感知能力，还需要具备计算和处理能力，甚至具备无线网络通信功能。为了实现这些功能，可以引入边缘计算技术，使得每个模块都具备数据分析和处理能力。此外，引入智能数据传输技术可以减小传感器和处理器之间的数据传输压力，大幅提高传输效率。

5.3.1　光学传感器结合边缘计算技术

传统视觉应用系统的信号处理流程如图 5.15 所示。前端的图像传感器负责拍摄并获取图像，将连续的图像信息转换为模拟信号，然后通过模/数转换器（ADC）将其转换为数字信号。数字信号存储在图像传感器的外部，并通过数字信号处理器进行高密度计算，或者通过专用芯片实现特定应用算法。然而，这样的视觉应用系统通常具有较高的功耗，并且高频率的计算和存储会对系统造成重负荷。智能视觉感知应用的终端设备（如可穿戴眼镜、手表、智能家居和 AR/VR 设备）通常是由电池供电的，能源供给非常有限。如果直接使用传统的图像传感器来实时运行智能算法（如图像检测和识别），将会大幅缩短待机时间，从而影响用户体验。因此，降低智能视觉感知应用在嵌入式设备中的功耗是迫切需要解决的问题。

图 5.15　传统视觉应用系统的信号处理流程

　　传统的视觉应用系统在降低功耗方面存在以下几个问题。首先，图像传感器获取的图像数据量大且冗余度高。智能视觉终端常用的 CMOS 图像传感器的分辨率从几十万到上千万不等，帧率不低于 30 帧/秒。简单计算可知，每秒处理的图像数据量可达到数百万级，这对数字信号处理系统的存储和计算带来了巨大负担。其次，数字信号处理系统的能效提升受到限制。尽管集成电路制造技术不断进步，可以在同样的芯片面积上制造更多电路，并出现了新的计算架构来提高数字系统的能效，但随着 Dennard 缩放比例定律的终结和摩尔定律趋于极限，数字系统的能效提升已经无法满足更复杂的算法应用需求。

　　这些问题在智能视觉感知应用的嵌入式终端中更加突出。例如，人脸检测与识别、虚拟现实与增强现实以及摄像头常开的物联网节点等应用，具有摄像头长时间开启、图像数据量大和智能算法复杂的特点。这会导致待机时间大量减少，从而影响用户体验。因此，传统的视觉应用系统的信号处理流程无法满足嵌入式终端的能效需求，功耗问题日益严峻。

　　为了解决功耗问题，提供了一种结合边缘计算的解决方案。边缘计算是指将部分数据处理功能封装在传感器芯片或接近芯片的位置，使传感器具备一定的智能能力。通过在传感器端进行数据处理，开发者可以实现更快的数据处理速度、更高的系统效率和更强的数据隐私保护。同时，边缘计算可以降低数据传输延迟，节省系统功耗，减少物联网网络带宽需求，并降低系统硬件实现成本，从而在传感器端实现物联网的硬件创新。

　　基于此，研究者提出了一种新的智能视觉感知处理架构，以降低整个系统的平均功耗。该架构在传感器前端模拟域进行计算，并提取粗特征，如图 5.16 所示。也就是说，像素阵列输出的模拟信号在模拟域中直接进行预处理，提取前期特征，无须经过 A/D 转换和数据接口，从而避免了大数据量的处理，减少了数据转换的功耗。提取的粗特征所含信息量较少，但足够进行后续的信号处理。与传统的信号处理架构相比，模拟域计算具有两个优势。

首先，它解决了传统信号处理流程中大数据量的问题。模拟域预处理无须 A/D 转换，直接在模拟电路中进行，大大降低了数据转换和接口的成本。其次，模拟电路处理的能效比数字电路高，能够减少处理部分的能耗。模拟电路可以用一个电压或电流代表多比特数据，并且基本的加减运算在模拟电路中也容易实现。尽管模拟域计算的精度不如数字系统，并且容易受到工艺偏差的影响，但在智能视觉感知应用中，对复杂信号处理前的低精度模拟预处理已经足够，而粗特征可以在后续的信号处理中使用。

图 5.16　智能视觉感知处理架构

通过引入边缘计算和模拟域计算，可以有效降低智能视觉感知应用在嵌入式设备中的功耗，解决功耗瓶颈问题。

5.3.2　光学传感器结合智能数据传输

在传统的机器视觉芯片解决方案中，图像感知和数据处理在不同的硬件上完成，图像传感器提供图像信号，而处理器或者 AI 加速芯片执行相关算法。然而，在强调低功耗和能效比的移动端或 IoT 智能设备中，这样的做法将会造成能量的浪费，并且难以处理一些需要常开的应用场景，因为在传感器端和处理器之间存在大量的数据传输任务。例如，在目前流行的手机端机器视觉解决方案中，手机 SoC（片上系统）中的主处理器（AP）打开图像传感器，图像传感器将图像信号发送给 SoC，然后由 SoC 中的处理器或 GPU 运行算法，并输出结果。在这个过程中，图像传感器必须将图像传送给 SoC，这需要使用 MIPI 等接口，故存在额外的功耗开销。

数据传输的速率主要用比特率和码流表示。比特率是指每秒传送的比特数，单位为 b/s。比特率越高，传输的数据量越大。比特是二进制中最小的单位，要么是 0，要么是 1。比特率与视频压缩的关系是，比特率越高，音频和视频的质量越好，但编码后的文件越大。码流指的是视频文件在单位时间内使用的数据流量，也称为码率。码流是视频编码中控制画面质量的重要参数。在相同的分辨率下，视频文件的码流越大，压缩比越小，画面质量越高。

高码流会造成数据传输的延迟过高，而光学传感器结合智能数据传输可以解决这个问题。具体来说，通过对传感器端的数据进行预处理，可以减少传感器端与处理器之间的数据传输量，从而降低数据传输延迟，并大幅降低系统的功耗。传感器端数据预处理减少数据传输量的实现方法主要有两种：事件驱动数据采集和感存算一体化。

1. 事件驱动数据采集

在传统的图像传感器中，帧率是固定的（通常为数十帧每秒到上百帧每秒），即无论外部条件如何变化，图像传感器都会以相同的帧率采集图像并传输给机器视觉算法。然而，在工业检测（如振动监测）和智能驾驶等应用中，采用固定帧率得到的图像并不是最优的图像。具体来说，工业检测和智能驾驶中，机器视觉更关注事件。当没有发生任何事件时（例如图像没有变化时），即使以很低的帧率采集图像甚至不采集图像也是可以的。然而，当发生事件时（例如工业设备开始振动、智能驾驶过程中出现其他车辆时），使用数十帧每秒的帧率显然不够，必须以千帧每秒甚至更高的帧率采集图像。

在这种需求下，事件驱动视觉传感器应运而生。它是一种为机器视觉专门设计的新型智能图像传感器。顾名思义，事件驱动视觉传感器关注"事件"，因此在检测到相关事件发生时，可以以非常高的帧率（1000～10 000 帧/秒）采集图像；而在没有事件发生时，则可以以很低的帧率采集图像以降低功耗。

2. 感存算一体化

通过 3D 堆叠技术，可以将传感器单元、内存和计算单元集成在一个芯片内部，实现对图像信号的感知、存储和计算等功能的一体化。其好处是低延迟、低功耗和更安全。低延迟是因为 3D 集成使得传感器单元与计算单元的物理距离更近，数据传输更快。低功耗是因为任务运行中大部分的功耗来自传感器单元与计算单元之间频繁的数据搬运，而将传感器单元和计算单元集成在一个芯片内，减少了数据传输开销。更安全是因为获得的图像数据不会离开整个传感器芯片，只输出神经网络的运行结果，保护了原始数据的安全。

华盛顿大学的 Li Mo 和 Peng Ruoming 等人提出了一种感存算一体的多功能黑磷图像传感器。该多功能黑磷图像传感器由少层黑磷（black Phosphorus，bP）制成的可编程光电晶体管（Programmable Phototransistors，PPT）阵列构成，能够响应 $1.5～3.1~\mu m$ 范围的红外光谱。bP-PPT 的可编程性和存储性源于栅极电介质堆栈中存储的电荷，该电荷具有较长的保留时间，能有效地调节栅极电导和光响应率。该图像传感器不仅可以编程，还能通过电和光两种方式进行调制，实现光电传感器计算、电子内存计算和光学远程编程一体化。bP-PPT 作为光学前端，既可以用于捕捉红外多光谱图像，也可以执行图像处理和分类任务。该感存算一体的黑磷图像传感器在家居、农业和工业领域的分布式感知和远距离感知等方面具有重要应用前景。

5.4　智能光学图像感知技术的应用

5.4.1　智能图像感知与智能驾驶

1. 自动驾驶视觉感知发展

自动驾驶的核心技术之一是环境感知技术，而基于视觉的环境感知技术在深度学习的推动下取得了巨大的进展。早期的自动驾驶感知方案主要依赖激光雷达，并结合高精度地图来实现自动驾驶，但是激光雷达的成本和长期可靠性是需要解决的两大难题。激光雷达作为目前业界感知精度较高、可靠性较好的传感器，采用了"重感知，轻计算"的模式，通过传感器的高可靠性和高精度减轻了后续计算任务和决策的压力。高精度地图可以看作是一种隐形的传感器，对定位提供有力支持，有利于快速开发自动驾驶原型车。然而，这种方案存在成本高、外形因素大和可靠性较低等问题，在量产时面临挑战。

相比之下，图像传感器在各类传感器中具有较高的信息密度，可提供丰富的纹理和色彩信息，非常适合基于深度学习进行目标识别和分类。在已经实现量产的自动驾驶系统中，图像传感器是传感器组合中较为关键的组成部分。毫米波雷达和超声波雷达仍然是必要的，但更多起到了避障、全工况能力补充和功能安全满足的作用。特斯拉的 CEO 马斯克于 2018 年甚至公开表示激光雷达并非必需，特斯拉将坚持使用摄像头、毫米波雷达和超声波雷达的组合来开发自动驾驶系统。这个观点在业界引起了很大争议，但特斯拉作为自动驾驶研发的引领者，其表态从侧面反映了视觉在感知技术中的核心地位。

目前，自动驾驶的视觉感知主要集中在车辆对环境的感知上。然而，L2/L3 级别的自动驾驶需要实现人机共驾，确保在自动驾驶和人工驾驶模式之间可靠地切换。在这种情况下，对车辆驾驶员的感知就变得至关重要。

图 5.17 展示了自动驾驶切换过程。一项来自美国的研究表明，在进行模式切换时，人类驾驶员平均需要 17 s 的时间才能可靠地接管车辆，而在极端情况下甚至可能无法接管。因此，基于视觉感知的驾驶员监测系统(DMS)变得尤为必要。

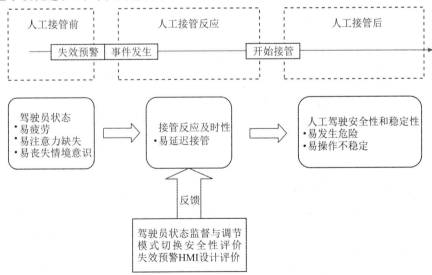

图 5.17 自动驾驶模式切换过程

DMS 可以实现以下功能：

（1）疲劳状态监测：同时监测人眼、头部以及方向盘动作。

（2）注意力监测：监测视线离开路面的时间，确保该时间不超过 1.6 s。

（3）动态调整先进驾驶员辅助系统（Advanced Driver Assistance Systems，ADAS）：根据监测结果进行报警策略和执行器操作策略的调整。

（4）自动驾驶/人工驾驶模式切换：实现自动驾驶和人工驾驶模式之间的切换。

（5）情绪监测：监测驾驶员的情绪状态，如路怒和分心等。

抬头显示器（Heads-Up Display，HUD）是 DMS 的另一个关键应用，通过 DMS 可以实现基于 AI 技术的眼球跟踪，这为增强现实 HUD 提供了基础技术。通过增强现实 HUD，可以直观地显示自动驾驶的路径规划和环境感知结果，提升驾驶员对自动驾驶系统的认知，特别是对其能力边界的认知，从而避免过度依赖自动驾驶系统。

近年来，图像传感器在自动驾驶领域取得了长足的发展。许多创新技术的出现颠覆了对图像传感器的传统认识。这些技术包括动态图像感知、夜视能力、超高像素密度、高动态范围以及面向功能安全和数据完整性的防攻击设计等。这些进展为自动驾驶的应用开辟了新的道路，进一步巩固了图像传感器在自动驾驶感知领域的核心地位。接下来，我们将分析车载图像传感器领域的几个突出趋势和进展。

2. 车载图像传感器的发展趋势

1）动态图像传感器（DVS）

DVS 的工作原理类似于青蛙眼睛的成像原理，它对光强的变化非常敏感，因此非常适合连续感知移动目标。传统的 CMOS 图像传感器是间隔采集图像的，即按帧进行采集，所以图像抓取是不连续的，记录的是像素点在曝光时间内的总亮度值（积分）。然而，积分的方式经常会导致快速运动物体的运动特征丢失，而这对于运动物体的检测是非常重要的。DVS 更像是在"微分"，它检测每个像素点的光强是否随时间发生微小的变化。如果单个像素点的数据没有变化，传感器将只保留之前的记录数值。这种实时监测动态信息的能力可以直接去除冗余的背景图像数据，为机器视觉提供精确的输入。

DVS 结合了传感和计算的能力，视频流不再受帧率的限制，图像信息以事件和动态触发为驱动，在图像处理器上完成光流和一系列预处理，从而显著提高了整个机器视觉系统对物理世界的敏感度和响应能力。更重要的是，DVS 具有超高的记录速率和极低的功耗。以三星的 DVS 为例，它能够处理 2000 帧每秒的视频，且仅耗费 300 mW 的功耗，而这对于传统的 CMOS 图像传感器来说是难以想象的。目前，顶级的传统 CMOS 图像传感器的帧率也只能达到 120 帧每秒。

DVS 对于自动驾驶的视觉感知具有革命性的影响，它将从根本上提升对运动目标的感知能力，极大地降低计算、信号传输、存储、处理的成本。其意义不亚于早期激光雷达对自动驾驶的影响。在这一领域，三星于 2016 年推出了 DVS 产品，并与 IBM 的 TrueNorth 处理器结合，开发出模拟人眼的电子眼。中国初创公司芯仑光电也推出了一系列的 DVS 产品，其中，芯片 CeleX-IV 采用 0.18 μm CMOS 图像传感器工艺，具有 50 万像素（768×640）的分辨率。它可以提供三种工作模式，分别是传统的"图像模式"、专为机器视觉而设计的"动态模式"，以及在传感器端原生提供的"光流模式"。

2）低照度下感知能力持续提升

目前，领先的图像传感器供应商（如 Onsemi 和索尼）已经开发出能够在 0.1 lx 的极低照度下成像的传感器，该传感器能够在没有路灯的情况下识别车辆和行人。图像传感器的感知范围也已从可见光谱延伸到近红外光谱（NIR）。近年来，NIR 成像技术取得了巨大的进步，彻底改变了人们对于图像传感器夜视能力的认知。NIR 对于机器视觉具有天然优势，因为在夜间，NIR 光子比可见光子更多，而且 NIR 不需要可见光源，因此不会干扰人类对环境的感知。对于车内的感知应用，如眼动追踪、面部识别、手势控制和人脸识别，NIR 具有重要意义。近红外成像的有效范围与其灵敏度直接相关，并由量子效率（QE）和调制传递函数（MTF）两个关键性的测量参数确定。图像传感器的 QE 表示其捕获光子并转换为电子的比率。QE 越高，NIR 照明所能达到的距离越远，并且图像亮度越高。MTF 用于衡量图像传感器在特定分辨率下将物体的对比度传输到图像中的能力。MTF 越高，图像越清晰。目前，安森美、豪威等公司取得了 850 nm 波长下的 NIR 灵敏度的突破性进展，相较于之前提升了 4 倍以上，既提高了 QE，又避免了 MTF 的降低，使得图像传感器在低光照甚至无光照的情况下具备可靠的感知能力。

3）像素密度持续增加

像素密度的提升不仅仅是简单的数量变化，它直接影响整个自动驾驶传感器组合系统的构建。举个例子，对于前视感知，需要在纵向上能够看得足够远，在横向上能够看得足够广。然而，这两个指标实际上是相互矛盾的。在图像传感器的像素密度固定的情况下，只能通过使用不同视场角（FOV）的镜头组合来实现这一要求。因此，需要使用多个前视摄像头。例如，基于 Mobileye EyeQ4 的设计就使用了三个不同 FOV 的摄像头，以满足纵向距离和横向视角的要求。如果使用具有 800 万像素级别的图像传感器，就可以简化为只需要两个摄像头；如果使用具有 1200 万像素级别的图像传感器，甚至只需要一个摄像头就能满足前视感知的要求，从而大大降低成本并简化外形设计。同时，随着自动驾驶所需车速的提高，远距离目标探测的要求更加严格，领先的车厂已经要求在 200 m 的距离内能够识别 20 cm×20 cm 的目标，以便为路径规划提供足够的时间余量，这也需要由超高密度传感器来实现（小视场角的镜头也有帮助，但会增加成本并提高结构复杂度）。目前，在量产车上广泛使用的是 130 万像素的图像传感器，而索尼在 2017 年推出的 IMX324 将车规级图像传感器的像素密度提升到 742 万像素。与此同时，业界正在开发 1200 万像素的车规级图像传感器。

4) 面向自动驾驶的定制化设计

相比于人类视觉感知，面向自动驾驶的机器视觉算法对图像传感器的要求有着显著的不同，因此需要进行专门的优化设计。这包括以下几个关键属性：

（1）LED 频闪消除。目前 LED 广泛用作汽车前灯、尾灯和道路交通信号灯等。然而，LED 属于脉冲光源，在成像时有很大概率会造成成像缺失。为了确保可靠性，图像传感器需要经过专门设计来消除 LED 频闪的影响。

（2）ISO 26262 标准的功能安全需求。通常情况下，图像传感器至少需要满足 ASIL B 级别的功能安全要求。这意味着当传感器出现任何问题或潜在错误时，需要提醒系统处理器进行相应处理。

（3）抗攻击特性。随着自动驾驶汽车广泛联网，对于防止黑客攻击的要求变得异常迫切。这不仅需要在通信链路上进行保护，还需要从本地节点开始确保信息安全。因此，对于图像传感器的数据完整性要求也变得非常重要。业界已经开始为图像传感器增加防攻击特性，以确保图像不会被篡改或破坏。

以上这些要求表明，在自动驾驶应用中，图像传感器需要针对特定需求进行专门的优化设计，以满足其特殊的功能和安全性要求。

5) 动态范围持续扩大

高动态范围（HDR）是图像传感器面向自动驾驶应用的关键指标之一，反映了在极高光照比例情况下对环境的感知能力。典型场景包括隧道、晴天的夜间等。在这些场景中，明暗对比极大。当车辆快速穿过隧道时，由于隧道内部较暗而外部较亮，图像传感器若不能快速适应这种光线变化，画面可能出现眩光和过曝的情况，这对图像传感器的动态范围是一个严峻的考验。目前，先进的车规级 CMOS 图像传感器的动态范围已经达到 120 dB，且正在研发中的图像传感器甚至可以达到高达 160 dB 的动态范围。

5.4.2 智能图像感知与智能安防

1. 安防视觉感知发展

随着人工智能的快速发展，人脸识别、视频结构化和大数据分析等技术不断完善，原本用途单一的安防产品的功能逐步走向多元化。同时，安防产业开始与交通、社区、港务等多个领域进行融合，安防的边界越来越模糊，安防产业已经进入一个全新的泛安防时代。

传统的安防解决的是"看得见""看得清"的问题，而智能安防要解决"看得懂"的问题。以往靠人工方式去查看视频，现在智能安防会把"车水马龙"类的有用信息记录下来，而把"风吹草动"类的无用信息过滤掉。例如，针对在电梯里的火情识别、社区的高空抛物监控，依靠人力监控难免有疏忽或延时，但是 AI 具有"关注车水马龙，忽略风吹草动"的能力，可以马上识别并预警公共安全风险，提高安全管理效率。

安防"智能化"就是将原有的依靠人来分析、查看的数据通过 AI 算法实现自动识别分析，将海量数据转化为有分析结果的有效信息。以视频分析为例，智能安防系统通过对视频图像的自动分析和处理，可以识别不同的人、物体、环境状态，发现监控画面中的异常情况，实时警报和反馈信息。对目前的视频监控系统实现智能化升级，提升对数据的有效利用，这是其智能化的最大价值。从更广的层面上来说，智能安防盘活了已有的视频监控数据，发挥了数据的潜力，并且在一定程度上替代和减少了人力作业。

智能安防的成像性能不断提升。例如，在大场景中识别人脸及车牌等关键信息时，摄像头图像传感器分辨率的提升必不可少。现如今，主流的摄像头图像传感器的分辨率已经从原先的几十万像素提升到几百万像素，甚至达到 4 K 和 8 K 的分辨率，以实现更高清和更全面的观察。此外，低照度成像、高动态范围、高温适用性以及色彩呈现力等性能的精进也将进一步促进智能化升级。

与此同时，一些厂商开始为摄像头图像传感器芯片增加本地处理和计算能力，让摄像头变得更加智能化。

2. 安防传感器智能化

1）传感器与边缘 AI 的融合让摄像头更智能

伴随着人工智能的普及，安防监控行业对 CMOS 图像传感器的成像清晰度和场景覆盖率提出了持续提升的要求，推动了分辨率从 720p 到 1080p 再到 2 K/4 K 的升级。此外，图像传感器的暗光成像、产品性能、色彩表现力以及近红外成像性能等方面的提升也为泛安防化的发展提供了支持。

在人工智能进一步发展的阶段，图像传感器的服务对象逐渐转向机器和智能后端平台，其成像要求也从人眼的观察转变为提供快速捕捉（高帧率）、无形变（全局快门）和非可见光成像（近红外感度 NIR＋技术）等，以提供更可靠且精细的图像基础。思特威的 SmartGS 技术巧妙地将 BSI 像素设计工艺与全局快门图像传感器设计相结合，提供更佳的信噪比、更高的灵敏度和更大的动态范围。通过全局快门的曝光方式，确保图像不会因物体高速运动而产生失真，进一步为智能交通系统（ITS）、人脸检测和生物识别等需要边缘 AI 计算的新兴应用提供了更优质的图像信息。

为了给图像传感器的智能化升级奠定坚实基础，思特威还开发了集成人工智能算法的"AI 智能传感器平台"。该平台可以在图像传感器上集成边缘 AI 计算，有效提高关键区域（如人脸或车牌）的分辨率，降低延迟，并具备高帧率和超低功耗的特点。它可以解决人脸识别、高级驾驶辅助系统、无人驾驶、机器人等先进人工智能应用中由于帧率不足、分辨率不足而导致的响应速度慢、延迟高和识别率低等问题，提升整个人工智能系统的能效比。

2）"数据就地处理"需要更智能的视觉处理器

从视觉 AI 分析的过程来看，在需要实时/近实时处理或涉及数据隐私的场景中，通常会使用智能边缘平台进行 AI 推理和识别。数据需要传输到云端或服务器进行集中处理和计算的情况通常可以分为两类：一是监管或其他法规要求，二是需要利用数据进行重复训练和模型迭代。

以人脸识别为例，人脸检测和抓拍通常在本地设备端进行实时处理。而对抓拍到的人脸进行识别的任务，可能涉及与十万级或更大规模的数据库进行比对，这时可以将其交给云端，在更大的计算能力下快速完成运算。

"数据就地处理"的需求使得边缘计算迅速发展。除了云端和前端 AI 芯片市场，边缘端已成为许多 AI 芯片创企的突破口。目前市场上的边缘计算主要面向处理 4～16 路视频分析(如车路协同、加油站等典型应用场景)，或支持约 200 路小型数据中心(如采油厂、变电站等典型应用场景)。在这些场景中，用户需求明确，市场对低延迟、数据隐私、低成本和超低能耗的可用性越来越关注。对于工业、车路协同等具有大量数据且要求低延迟响应的应用场景，芯片的算力性价比成为核心考量因素。

亿智开发的 AI SoC 芯片 SV826 和 SV823 主要针对的是安防应用方面的视频编解码 AI 摄像机产品。这些芯片采用智能 H.265＋编码技术，支持最高 4 K 超高清视频录像；集成了专业级别的 ISP(图像信号处理器)，支持 2～3 帧宽动态融合和自适应降噪，在逆光和低照度环境下表现出色。此外，这两款芯片还搭载了亿智第二代自研 NPU(神经网络处理器)，具备 1.5T/0.8T 的算力，支持人脸识别/检测、人形识别、车牌识别、车型识别、视频结构化和智能行为分析等智能应用场景。由于 NPU 专为加速 AI 任务处理而设计，其计算速度和准确性都有大幅的提升。根据 Yole 的预测，到 2025 年，安防芯片市场规模将超过 40 亿美元，其中三分之二是具备 AI 功能的芯片。

课后思考题

1. 图像传感器的尺寸大小对成像质量有什么影响？什么是图像传感器的动态范围？
2. CMOS 图像传感器与 CCD 图像传感器有什么不同？它们各有什么优缺点？
3. 为什么要对图像进行预处理？如何进行预处理？
4. 什么是灰度图像？什么是 RGB 图像？它们有什么区别？
5. 图像清晰度的评价方式有哪些？
6. 除了本章列举的应用，智能光学图像传感器还在哪些方面有应用？

参 考 文 献

[1] 米本和也. CCD、CMOS 图像传感器基础与应用[M]. 陈榕庭，彭美桂，译. 北京：科学出版社，2006.

［2］　王庆有，尚可可，逯力红. 图像传感器应用技术［M］. 3 版. 北京：电子工业出版社，2019.

［3］　SNOEIJ M F，THEUWISSEN A，MAKINWA K，et al. A CMOS imager with column-level ADC using dynamic column FPN reduction［C］// IEEE. IEEE International Soild State Circuits Conference，2006.

［4］　太田淳. 智能 CMOS 图像传感器与应用［M］. 史再峰，徐江清，姚素英，译. 北京：清华大学出版社，2015.

［5］　雷晓峰，李烨. 数字工业相机中 CMOS 传感器的最新发展［J］. 传感器世界，2017，23（10）：7－11.

［6］　李育林. 摄像机 CCD 与 CMOS 图像传感器工作原理［J］. 科技经济导刊，2019，27（25）：46，45.

［7］　宋勇，郝群，王涌天，等. CMOS 图像传感器与 CCD 的比较及发展现状［J］. 仪器仪表学报，2001，22(z2)：387－389.

［8］　RANDY F. 机器人视觉技术的解析［J］. 集成电路应用，2017，34(10)：83－85.

［9］　王洋，潘志斌. 红外图像降噪与增强技术综述［J］. 无线电工程，2016，46(10)：1－7，28.

［10］　黄桂明，莫字瑛. 基于三维虚拟现实技术的图像重建方法研究［J］. 现代电子技术，2020，43(17)：64－68.

［11］　任晶晶，封俊. 基于图像传感技术的图像信号处理［J］. 信息系统工程，2018（11）：45.

［12］　RAFAEL C G，RICHARD E W. 数字图像处理［M］. 阮秋琦，阮宇智，译. 北京：电子工业出版社，2003.

［13］　BEMSTEIN，R. Adaptive nonlinear filters for simultaneous removal of different kinds of noise in images［J］. IEEE Transactions on Circuits and Systems，1987，34（11）：1275－1291.

［14］　PERONA P，MALIK J. Scale-space and edge detection using anisotropoc diffusion［J］. IEEE Transactions on Pattern Analysis and Machine Intelligence，1990，12（7）：629－639.

［15］　RUDIN L I，OSHER S. Total variation based image restoration with free local constraints［J］. In Proc. 1st. IEEE. Conf. Image Processing，1994(1)：31－35.

［16］　刘卓亚. 图像去噪技术综述［J］. 科技信息，2013(15)：317－317.

［17］　RCHARDSON W H. Bayesian-based iterative method of image restoration［J］. Journal of the Optical Society of America，1972，62(1)：55－59.

［18］　RUDIN L I，OSHER S，FATEMI E. Nonlinear total variation based noise removal algorithms[J]. Physica D Nonlinear Phenomena, 1992, 60 (1-4): 259-268.

[19] 杨东. 模糊降质图像恢复技术研究进展[J]. 计算机应用研究, 2016, 33(10): 2881-2888.

[20] 孙婧, 徐岩, 段绿茵, 等. 高动态范围(HDR)技术综述[J]. 信息技术, 2016(5): 41-45, 49.

[21] 尤玉虎, 刘通, 刘佳文. 基于图像处理的自动对焦技术综述[J]. 激光与红外, 2013, 43(2): 132-136.

[22] LONG J, SHELHAMER E, DARRELL T. Fully convolutional networks for semantic segmentation[C] // Proceedings of the IEEE Conference on Computer Vision and Pattern Recognition, 2015: 3431-3440.

[23] 范红, 朴燕, 安志勇, 等. CMOS 图像传感器在数码相机中的应用[J]. 液晶与显示, 2002, 17(2): 133-138.

[24] 冯国旭, 刘昌举, 刘戈扬, 等. 高光谱成像用高速 CMOS 图像传感器设计[J]. 半导体光电, 2020, 41(4): 489-493.

[25] 王宁, 孙广金, 刘学文. 一种基于脑机接口的头盔显示/瞄准系统设计[J]. 电子技术应用, 2015, 41(5): 149-151, 155.

[26] 廖文. 基于脑机接口的智能导盲系统设计与实现[D]. 西安: 西安工程大学, 2018.

[27] 陈启桢, 崔海杰, 梁卓豪, 等. 基于眼球追踪技术的人机交互应用与分析[J]. 电子世界, 2022(2): 2.

第6章　智能语音信息感知技术

语音是人类相互间沟通的工具和载体之一。目前，语音还是占比最大的信息交互方式，因此语音信息的重要性不言而喻，尤其是如何感知语音信息并且进行处理和利用已成为当下感知技术研究的热点。本章先从语音信号传感的发展开始，对语音传感器进行介绍，并且阐明语音传感数据的处理；然后结合声纹识别技术与语音情感识别技术介绍语音信息感知的智能化发展；最后从技术应用层面入手，展现智能语音信息感知在生活、工作中的渗透。

6.1　语音信息感知技术基础

6.1.1　语音信号传感的发展过程

在研究语音识别、语音合成这些技术性问题之前，需要理解语音是如何产生、传播和接收的。语音产生的动力来源于肺，肺压缩空气，使之通过气管、喉、口腔、鼻腔、牙齿、嘴唇等，并经过其调制以后，产生语音。声音是通过介质传播的，气体、液体、固体都可以充当介质。当外部有声音进入人的耳朵时，鼓膜会产生响应并带动鼓膜后的三个听小骨，随后镫骨带动内耳的液体，从而使液体内的神经细胞产生信号并通过听神经向大脑传导，如此便可听见声音。

早在一两千年以前，人们便开始对语音信号进行研究。由于没有适当的仪器设备，长期以来，人们一直是通过耳倾听和用口模仿来进行研究的。因此，这种语音研究常被称为"口耳之学"，而且当时对语音的研究停留在定性的描述上。

声音在不同介质中的传播速度不同，由此产生了声音的反射与折射现象。声波在行进中遇到障碍物时，由于无法穿越而返回原介质的现象称为反射，这种声波反射现象又称为回音。声波的反射现象早在 1882 年就被实验证明。虽然古人没有先进的扩音设备，但是他们利用声音的反射、声波的叠加达到了扩音效果。比如突出的喇叭状的场地，两边反射很好，既符合建筑美学，也利用了声音的反射，可以对声音合理"美化"，自然混响恰到好处，不仅让人在听觉上有愉悦感，还会让声音更加清晰。当声音在不同介质中传播时，因速度不同而使传播方向发生偏折的现象称为折射。

　　语音信号处理的研究可以追溯到 1876 年贝尔电话的发明，该技术首次用声-电、电-声转换技术实现了远距离的语音传输。1939 年 Homer Dudley 提出并成功研制了第一个声码器，从此奠定了语音产生模型的基础。图 6.1 为 Homer Dudley 绘制的声码器原理图，声码器的发明在语音信号处理领域具有划时代的意义。19 世纪 60 年代，亥姆霍兹利用声学方法对元音和歌唱进行了研究，从而奠定了语音的声学基础。20 世纪 40 年代，一种语言声学的专用仪器——语谱图仪问世了。它可以把语音的时变频谱以图像的形式表示出来，从而得到了"可见语言"。1948 年美国 Haskins 实验室成功研制了"语音回放机"，该仪器可以把手工绘制在薄膜片上的语谱图自动转换成语音，并进行语音合成。20 世纪 50 年代，语言产生的声学理论开始有了较为系统的论述。随着计算机的出现，语音信号处理的研究得到了计算机技术的帮助，过去受人力、时间限制的大量的语音统计分析工作能够在电子计算机上进行。在此基础上，语音信号处理不论在基础研究方面，还是在技术应用方面，都取得了突破性的进展。

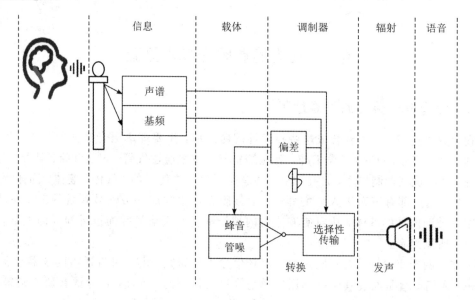

图 6.1　声码器原理图

　　声波传感技术主要研究声波信息的形成、传输、接收、变换、处理和应用。声波传感技术的实现基础是声波传感器。声波传感器是指将声波信号转换成电信号的装置。声波传感器既能测试声波的强度大小，也能显示出声波的波形。声波传感器可以按照检测声波的频率分为超声波传感器、声音传感器、微波传感器等；声波传感器也可以按照传感器的原理分为电容式声波传感器、表面声波传感器等。声音传感器的作用相当于一个麦克风，它可以接收声波，显示声音的振动图像，但不能对噪声的强度进行测量。

现代声音传感技术已经较为成熟，并在诸多领域发挥重要作用。例如，声音传感器由于具有分辨率强的特点，目前已在地面传感器侦察监视系统中广泛应用。如果运动目标是人类，通过传感器不仅可以直接听到声音，而且还能根据语音查明其国籍、身份和谈话内容；如果运动目标是车辆，则可以根据声响判断车辆种类。

6.1.2 语音传感器的硬件基础

1. 麦克风的基本结构

麦克风是录音室中较为常见也是较为重要的器材之一，它可以将由于物理振动而产生的声波能量转变成电信号。振膜是麦克风最核心的组件，振膜的作用是接收声波的振动，并将这些物理动能转换成电信号。下面将针对常见的动圈式、电容式、丝带式麦克风的构造及特性做简单的介绍。

如图 6.2 所示，动圈式麦克风的振膜正面接收音压，反面连接着一个线圈，线圈缠绕着磁铁。当振膜正面接收音压时，振膜的振动会使得线圈移动，从而使线圈与磁铁感应起电；而随着音压的强弱不同，振膜移动所引起的感应起电的程度也有所不同，麦克风的电路再将感应起电产生的电流做放大处理。由于动圈式麦克风通过振动振膜带动线圈，从而使线圈与磁铁产生电磁感应，而线圈的重量使得振膜需要较大的音压才能驱动，细微的音压变化难以产生感应起电，因此动圈式麦克风不易收录细微的声音，且其灵敏度比较低，适合用于不需要收录很多细节的场合。

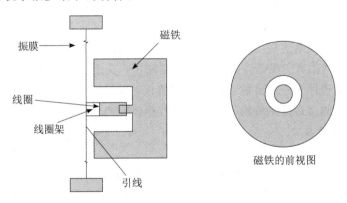

图 6.2 动圈式麦克风

电容式麦克风的特点之一是需要额外的电源才能运作。其内部的音圈是由较厚的后板和较薄的前板组成的，两者之间有极小的间距。前板由振膜组成，当金属振膜由于接收音压而振动时，通电的线路会因为前板与后板间的距离改变而产生电位差，再通过放大电路来获得足够强度的信号。电容式麦克风的振膜是在不导电的薄膜上再镀上一层金属构成的，金属的厚度及重量会直接影响振膜的敏感度。一般而言，电容式麦克风的敏感度与响应频率都较动圈式麦克风高。图 6.3 为驻极体电容式麦克风的结构图。

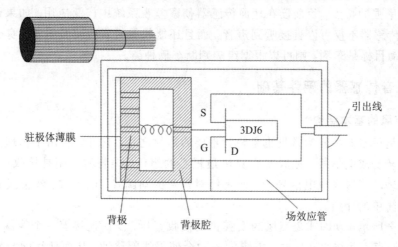

图 6.3　驻极体电容式麦克风

丝带式麦克风的收音原理与动圈式麦克风相同，都是通过振膜振动带动线圈，从而使线圈与磁铁产生电磁感应，两者的差别在于使用的振膜的材质不同。丝带式麦克风的振膜材质大多是极轻薄的铝，极脆弱，若不小心撞击或供电都会使麦克风的丝带损坏。因其制作成本高，保存不易，故较少在录音室使用。其灵敏度介于动圈式与电容式麦克风之间，声音表现带有温暖的特性，一般用于人声配唱或一些弦乐器收音。

2. 传输接口与协议

智能语音信息感知系统在工作过程中，需要实时与语音采集模块（麦克风）和语音输出模块（扬声器）进行通信，实现语音数据的输入和输出。在语音信息感知系统的设计过程中必须根据实际情况选择合适的传输接口和传输协议，以保证整个系统内外的顺利通信。下面将介绍几种常见的语音数据传输接口和语音数据传输协议。

1）语音数据传输接口

（1）I^2S。

I^2S(Inter-IC Sound)又可写作 IIS，是飞利浦公司提出的一种用于数字音频设备之间进行音频数据传输的总线。I^2S 接口一般需要 3 根信号线（如果需要同时实现收和发，那么就要 4 根信号线，收和发分别使用一根信号线），具体如下。

① SCK：串行时钟信号，又叫作位时钟（BCLK），音频数据的每一位数据都对应一个 SCK，立体声都是双声道的，因此 SCK＝2×采样率×采样位数。比如采样率为 44.1 kHz、16 位的立体声音频，SCK＝2×44 100×16 Hz＝1 411 200 Hz＝1.411 2 MHz。

② WS：字段(声道)选择信号，又叫作帧时钟(LRCLK)，用于切换左右声道数据。WS为"1"表示正在传输左声道的数据，WS为"0"则表示正在传输右声道的数据。WS的频率等于采样率，比如采样率为 44.1 kHz 的音频，WS=44.1 kHz。

③ SD：串行数据信号，即对于实际的音频数据，如果要同时实现放音和录音，则如前所述各需一根信号线，比如 WM8960 的 ADCDAT 和 DACDAT 可分别用于录音和放音。不管音频数据有多少位，数据的最高位都是最先被传输的。数据的最高位总是出现在一帧开始后(LRCK 变化)的第 2 个 SCK 脉冲处。有时为了使音频 CODEC 芯片与主控制器之间能够更好地同步，会引入另外一个称为 MCLK 的信号，该信号又叫作主时钟或系统时钟，MCLK 一般是采样率的 256 倍或 384 倍。图 6.4 是该协议下一帧立体声音频时序图。

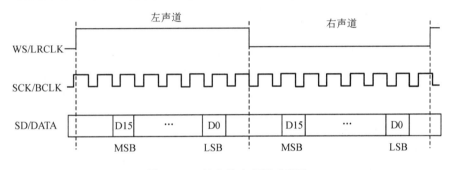

图 6.4　一帧立体声音频时序图

在 I²S 总线上，I²S 传输的是经 PCM 编码后的音频数据，只能同时存在一个主设备和发送设备。主设备可以是发送设备，也可以是接收设备，或是协调发送设备和接收设备的其他控制设备。在 I²S 系统中，提供时钟(BCLK 和 LRCLK)的设备为主设备。

(2) PCM 接口。

针对不同的数字音频子系统，出现了几种微处理器或 DSP 与音频器件间用于数字转换的接口。最简单的音频接口是 PCM(脉冲编码调制)接口，该接口由位时钟(BCLK)、帧同步信号(FS)及接收数据(DR)和发送数据(DX)组成。在 FS 信号的上升沿，数据传输从最高有效位(Most Significant Bit，MSB)开始，其中 FS 信号的频率等于采样率，之后开始数据字的传输，单个的数据位按顺序进行传输，1 个时钟周期传输 1 个数据字。发送 MSB 时，信号的等级降到最低，以避免在不同终端的接口使用不同的数据方案时造成 MSB 的丢失。

与 I²S 接口类似，PCM 接口需要数据时钟信号线 PCM_CLK、帧同步时钟信号线 PCM_SYNC、接收数据信号线 PCM_IN、发送数据信号线 PCM_OUT 4 根信号线。PCM 接口通常用于 AP 处理器和 MODEM 之间传输语音数据，例如 AP 处理器和蓝牙之间的数据就是通过 PCM 来传输的，而放音乐的蓝牙数据是通过串口的方式来传输的。相比于 I²S，PCM 接口更加灵活，通过时分复用 TDM 方式，PCM 可以传 16 路数据，而 I²S 只能传 2 个声道的数据；但 TDM 不像 I²S 有统一标准，不同厂家 TDM 时有差异。

（3）PDM 接口。

PDM(Pulse Density Modulation)是一种用数字信号表示模拟信号的调制方法,该接口多用于传输麦克风录音,且传输内容为 PDM 编码后的数据。PDM 使用远高于 PCM 采样率的时钟采样调制模拟分量,只有 1 位输出,要么为 0,要么为 1。相比于 PDM 一连串的 0 和 1,PCM 的量化结果更为直观简单,且以 PDM 方式作为模数转换的接收端,需要用到抽取滤波器(Decimation Filter),将密密麻麻的 0 和 1 代表的密度分量转换为幅值分量。在数字麦克风领域,应用最广的就是 PDM 接口,其次为 I²S 接口,且 PDM 在诸如手机和平板等对于空间限制严格的场合有着广泛的应用前景。虽然 PDM 方式的逻辑相对复杂,但 PDM 接口只有两根信号线,即时钟信号 PDM_CLK 和数据信号 PDM_DATA,它在 PDM_CLK 信号的上升沿采样左声道数据,在 PDM_CLK 信号的下降沿采样右声道数据。

在图 6.5 所示的硬件结构图中,主设备(此例中作为接收设备)为两个从设备提供时钟,分别在时钟的上升沿(左声道)和下降沿(右声道)触发选择 Source1/Source2 作为数据输入。

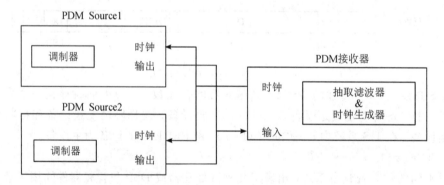

图 6.5　PDM 方式硬件结构

2）语音数据传输协议

（1）实时传输协议(RTP)和实时传输控制协议(RTCP)。

实时传输协议(Realtime Transport Protocol,RTP)是针对 Internet 上多媒体数据流的一个传输协议,它可在一对一或一对多的传输情况下进行工作,其目的是提供时间信息和实现流同步。RTP 的典型应用建立在用户数据报协议(User Datagram Protocol,UDP)上,但也可以在传输控制协议(Transmisson Control Protocol,TCP)或 ATM 等其他协议之上工作。RTP 本身只保证实时数据的传输,并不能为数据包的顺序传送提供可靠的传送机制,也不提供流量控制或拥塞控制,这些服务是依靠实时传输控制协议(Realtime Transport Control Protocol,RTCP)提供的。RTCP 负责管理传输质量并在当前应用进程之间交换控制信息。在 RTP 会话期间,各参与者周期性地传送 RTCP 包,包中含有已发送的数据包的数量、丢失的数据包的数量等统计资料，因此，服务器可以利用这些信息动态地改变传输速率，甚至改变有效载荷类型。RTP 和 RTCP 的配合使用能以有效的反馈和较小的开销使传输效率最佳化。

（2）互联网语音协议（VoIP）。

互联网语音协议（Voice over IP，VoIP）是一种通信技术，允许用户通过 Internet 连接来进行交互。VoIP 将传统电话技术中使用的语音信号转换为通过 Internet 而不是通过模拟电话线传输的数字信号。传统语音通话采用的模拟信号技术中的模拟信号很容易受到干扰，很难避免信号失真，并且通话技术的容量受到很多限制，信号也是经过高失真压缩的，因此效果不会很理想；而 VoIP 采用的数字传输技术，在网络上传输的是包含语音信息的数据包，可以进行低失真压缩，这些数据包只要被对方接收并按约定的规则还原为语音信号，失真度一般都比较小（失真主要发生在录音设备和扬声器上）。

利用 VoIP 进行数据传输时依赖的协议是会话初始协议（Session Initiation Protocol，SIP）。SIP 是一种类似于 HTTP 的基于文本的网络传输协议，用于创建、修改和释放一个或多个参与者之间的会话。

主流的 VoIP 通信产品都采用 SIP 作为传输语音数据包的协议。

SIP 是一个点对点协议，主要由 SIP 用户代理和 SIP 网络服务器两个要素组成。SIP 用户代理（UA）是呼叫的终端系统元素，而 SIP 网络服务器是处理与多个呼叫相关联信令的网络设备。用户代理本身具有一客户机元素（用户代理客户机 UAC）和一服务器元素（用户代理服务器 UAS）。客户机元素初始呼叫，而服务器元素应答呼叫。这种点到点的呼叫通过客户机-服务器协议来完成。图 6.6 展示了 SIP 业务的网络结构和各个参与者的关系。

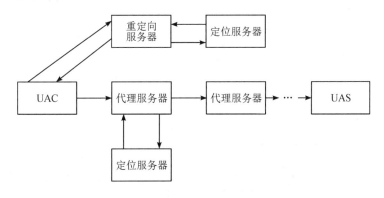

图 6.6　SIP 业务网络结构

SIP 作为互联网工程任务组（IETF）多媒体数据和控制体系结构的一个组成部分，与 IETF 的许多其他协议（例如 RTP 和 SDP 协议）都有联系。SIP 与许多其他的协议协同工作，仅仅涉及通信会话的信令部分。例如，报文内容传送会话描述协议（SDP）描述了会话所使用的流媒体的细节，如使用哪个 IP 端口、采用哪种编解码器等。SIP 的一个典型用途是："SIP 会话"是用来传输一些简单的经过封包的实时传输协议流，RTP 本身才是语音的载体。

（3）蓝牙音频传输协议（A2DP/AVRCP）。

A2DP（Advanced Audio Distribution Profile）和 AVRCP（Audio Video Remote Control Profile）是传统蓝牙中的两种高层应用协议。一般来说在市面的应用产品中，支持 A2DP 的蓝牙产品都支持 AVRCP。A2DP 规定了使用蓝牙的非同步传输信道方式，传输高质量音频数据的协议栈软件及使用方法，例如可以使用立体声蓝牙耳机来收听来自音乐播放器的音乐。AVRCP，顾名思义，是指遥控功能，它定义了蓝牙设备之间的音视频传输的特点和流程，以确保不同蓝牙设备之间音视频传输的兼容，一般包括暂停、停止、重复和音量控制等远程控制操作。例如，使用蓝牙耳机可以通过暂停、切换下一曲等操作来控制音乐播放器。

A2DP 定义了高质量音频数据传输的协议和过程，包括立体声和单声道数据的传输。这里的高质量音频指的是单声道（Mono）和立体声（Stereo）的音频，主要区别于蓝牙 SCO 链路上传输的普通语音，当然也不包括环绕声。其典型应用是将音乐播放器的音频数据发送到耳机或音箱。由于蓝牙提供的带宽较窄，音频数据可能需要进行有效的压缩才能保证接收端的实时播放。A2DP 中定义了两个角色，这两个角色分别是音频数据流的源 SRC 与音频数据流的接收者 SNK。A2DP 的整个协议模型如图 6.7 所示。A2DP 要求 SRC 和 SNK 至少要支持使用低复杂度的子带编解码器 SBC 以确保交互性，MPEG-1 Audio、Mpeg-2 Audio、MPEG-2 和自适应变换音频编码这几种音频编码标准是可选的。除此之外的其他编码标准称为非 A2DP 编码（Non-A2DP Codec）。需要注意的是，如果 SRC 端以非 A2DP Codec 格式发送流数据到 SNK，而 SNK 不支持非 A2DP Codec 格式的话，SRC 会重新以 SBC 方式编码后再发送。

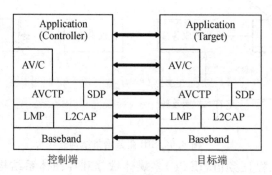

图 6.7　蓝牙协议模型

AVRCP 音视频远程控制协议是两个设备之间的音视频控制协议。在 AVRCP 通信中包含控制设备(Controller Device)和目标设备(Target Device)两个角色,一般主动发起的称为控制端,简称 CT,通过发送一些 AT 命令帧来初始化基本流程。一般情况下,CT 经常是个人电脑、手机或者手持设备。目标设备(简称 TG)一般是接收一个 CT 发来的帧并返回一个回应帧。TG 一般是音视频播放设备,比如耳机、音响等。AVRCP 是蓝牙应用层的协议,图 6.7 很好地呈现了它在整个蓝牙协议栈中的位置,AVRCP 协议是在 L2CAP 上进行传输的,平常的控制命令都是通过下层 AVCTP 通道进行传输,而 AVRCP 1.6 版本之后支持音乐封面图片传输,音乐封面图片之类的图片数据则使用 BIP 协议通过 OBEX 通道进行传输。

3. 典型的声音传感器

图 6.8 所示的声控开关是声音传感器在现实生活中的具体应用,它可以把声音转换成电信号,从而实现电灯的自动开关,以达到节能节电、延长寿命的目的。例如,在黑色的夜晚,只要有人通过,发出声音,电灯就会自动点亮,当人离开以后,电灯又会自动关闭。声控开关广泛应用于楼梯、走廊、办公区、招待所等公共场合,给人们的工作生活带来了很多便利,其使用也越来越广泛。

图 6.8　声控开关

在医学上,声音传感器主要应用于图 6.9 所示的助听器,所有的助听器都有一定的共性,即采用某种方式增加音量,以满足用户的听力需求。它们可以让轻声听得见,同时让中度或重的声音变得舒适,如此在安静或嘈杂的环境中为用户提供缓解。助听器无法解决所有的听力问题或让听力恢复正常,但却可以让声音被人听得更清楚。传统助听器的工作原理是:传声器(麦克风)把接收到的声信号转变成电信号送入放大器,放大器将此电信号进行放大后,再输送至受话器(耳机)。传声器将声信号转换成电信号,而受话器再将电信号转换成声信号。最终的声信号要比传声器直接接收的信号强,因此可以在不同程度上弥补耳聋者的听力损失。

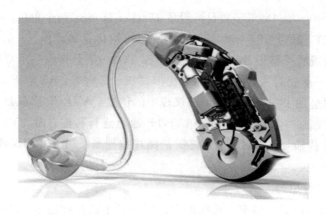

图 6.9　助听器

工业设备当中的状态监测系统也以声音传感器为核心，通过自主 AI 深度学习，能够有效判断设备是否异常，并对异常设备进行提前告警，实现设备故障的早期识别。设备状态监测系统通过采集设备正常运行的声音，进行深度学习，建立正常模型库，之后将系统投入运行。当设备出现与正常声音频率不同的声音时，系统会进行异常报警，由工作人员判断该时间段内的设备是否出现故障，若确定为故障，则在系统内将异常状态时间的声音频率标记为故障，并计入故障模型库。当设备在下次出现同样的声音频率时，系统会自动将其标记为同类型故障。随着系统运行时间的增加，故障模型库不断完善，最终实现全类型故障的早期判断与预警。

6.2　语音传感数据处理技术

6.2.1　语音信号采集数据处理

1. 语音信号的压缩

相比于模拟信号，数字信号具有很明显的优势，如经长距离传输或多次放大后不易造成声音、图像的失真，且抗干扰能力强。但数字信号也有自身相应的缺点，即对存储容量的需求以及对传输时信道容量的要求增加。音频压缩技术是指对原始数字音频信号流（PCM编码）运用适当的数字信号处理技术，在不损失有用信息量，或引入的损失可忽略的条件下，降低（压缩）其码率，又称为压缩编码。压缩必须具有相应的逆变换，这种逆变换称为解压缩或解码。

一般来讲，音频压缩技术可以分为无损数据压缩及有损数据压缩两大类。使用无损压缩方案可以在解压缩后逐位恢复原始数据信息。该方案通过预测过去样本中的值，消除存在于音频信号中的统计冗余，可以实现小压缩比，约为 2∶1，效果取决于原始音频信号的复杂性。时域预测编码技术使无损压缩成为可能，例如差分算法、熵编码器、块浮点系统。有损压缩利用了人类对图像或声波中的某些频率成分不敏感的特性，允许压缩过程中损失一定的信息；虽然不能完全恢复原始数据，但是所损失的部分对理解原始图像的影响较小，且换来了大得多的压缩比。有损压缩广泛应用于语音、图像和视频数据的压缩。有损数据压缩系统使用感知编码技术，其基本原理是放弃低于阈值曲线的所有信号以消除音频信号中的感知冗余。因此，这些有损数据压缩系统还称为感知无损压缩。感知无损压缩之所以可行，归功于若干技术的结合，如信号分量的时间和频域屏蔽、量化每个可听得见的音调的噪声屏蔽、联合编码。

2. 语音信号的传输

语音传输实际上是对音频信号进行传输。音频信号是带有语音、音乐和音效的有规律的声波的频率、幅度变化信息载体。根据声波的特征，音频信息可分为规则音频和不规则音频。其中，规则音频包括我们熟悉的语音、音乐和音效。规则音频是一种连续变化的模拟信号，可用一条连续的曲线来表示，称为声波。不规则音频就没有规律可言，例如噪声。音频信号有两种传输方式，即平衡式（XLR）与非平衡式（RCA）。

平衡式传输是一种应用非常广泛的音频信号传输方式。它是利用相位抵消的原理，将音频信号传输过程中所受的其他干扰降至最低。平衡式的音源输出（公头）、功放前级输入（母头）端口都使用三个脚位的连接插件，平衡传输线中有三芯，一芯传输正半波（正相）信号，一芯传输负半波（反相）信号，最后一芯是地线。非平衡式的输出输入端口一般使用两个脚位的连接插件，它只有两个端——信号端和接地端。非平衡式传输方式一般在要求不高和近距离信号传输的场合（如家庭音响系统）使用，也常用于电子乐器、电吉他等设备。

平衡接口可用来连接平衡的信号，也可用来连接非平衡的信号；而非平衡接口只能用来连接非平衡信号。在非平衡接线中，音频信号接在 RCA 插头和中心接线上，而外面的一层则为接地屏蔽层。也有些不平衡的信号线带有两条信号线和一个屏蔽层，但通常不使用屏蔽层。如果将这种不平衡的信号线放在有起伏变化的磁场附近，例如放在交流电源引线的附近，磁场便会在信号线中感应出噪声信号。而平衡接口本身具有地线分离的特征，信号传输线路不易受外界的交流声、其他串音、电气设备噪声等干扰，在远距离传输信号时可以有更小的损失。地线的分离可以给声音带来更好的分离度、更多的细节和更宽大一些的声场，但是在声音的润泽度方面会有一些损失。

3. 语音信号的编解码

数字音频是指使用数字编码的方式（也就是使用 0 和 1）来记录的音频信息，它是相对于模拟音频来说的。语音信号编码是指将模拟语音信号转换成数字语音信号的过程，而将连续的模拟声音信号转换成数字信号的这个过程叫作音频数字化。音频数字化过程需要先进行采样和量化，得到的数据仍然不是数字信号，需要把它转化成数字脉冲，这个过程称为音频编码。音频编码的主要作用是将音频采样数据压缩为音频码流，从而降低音频的数据量。音频编码技术是互联网音视频技术中一项重要的技术。但是在一般情况下，音频的数据量要远小于视频的数据量，因而即使使用稍微落后的音频编码标准，使得音频数据量增加，也不会对音视频的总数据量产生太大的影响。高效率的音频编码在同等的码率下，可以获得更高的音质。下面对常见的音频编码与封装格式进行介绍。

（1）脉冲编码调制（Pulse Code Modulation，PCM）是一种基本的编码方式，它也被称为无损编码，也就是模拟信号转换成数字信号时不压缩，只转换，即直接得到未经压缩的数据流，CD 中采用的就是 PCM 编码。

（2）MP3 是一种有损数据压缩格式，它丢弃掉 PCM 音频数据中对人类听觉不重要的数据，使得文件变得更小。MP3 是目前较为普及的音频压缩格式，常用于互联网上的高质量声音的传输，MP3 可以做到 12∶1 的惊人压缩比并保持基本可听的音质。

（3）AAC（高级音频编码）也是有损数据压缩，出现于 1997 年，是基于 MPEG-2 的音频编码技术，由 Fraunhofer IIS、杜比、苹果、AT＆T、索尼等公司共同开发。ACC 是在 MP3 基础上开发出来的，目的是取代 MP3 格式。2000 年，MPEG-4 标准出现后，AAC 重新集成了其特性，加入了 SBR 技术和 PS 技术，为了区别于传统的 MPEG-2 AAC，又称为 MPEG-4 AAC，AAC 可以在比 MP3 文件缩小 30％的前提下提供更好的音质。

（4）WAV 音频格式是微软公司开发的一种声音文件格式，属于无损数据压缩格式。它是最早的数字音频格式，被 Windows 平台及其应用程序广泛支持。WAV 是最接近无损的音乐格式，所以文件相对也比较大。

（5）FLAC 格式也为无损音频压缩编码，它不会破坏任何原有的音频信息，所以可以还原音乐光盘音质，相比 WAV 基本上能节省 40％的码率。

（6）APE 也是一类无损数据压缩格式，同样不会破坏任何音频信息；相较于 FLAC，APE 的压缩比要更高一些。但是 APE 文件的容错性较差，只要在传输过程中出现一点差错，整个 APE 格式的语音文件就无法使用。

语音信号解码就是将数字语音信号转换为模拟语音信号的过程。我们平时使用的 CD 机、DVD 机、便携式播放器、电视、手机等设备都带有解码器，通过解码器的数-模转换功能，我们才能从输出设备上看到视频图像和听到声音。音频设备中数字信号转换成模拟信号时，解码器的质量直接决定了输出的模拟信号的质量，同时也决定了最终的声音效果；因此，解码器的质量越高，得到的声音效果就越好。

6.2.2 后端智能语音信息感知

1. 语音信号预处理

语音信号的预处理是对语音信号进行后续处理的关键步骤，下面将介绍预处理的相关方法，包括预加重、分帧、加窗、端点检测等。

1）预加重

语音从说话人的嘴唇发出后，会有高频损失。预加重的目的正是对语音的高频部分进行加重，增加语音的高频分辨率。语音信号的频率越高，介质对声音能量的损耗越严重，为此要在分析语音信号之前对其高频部分加以提升。一般通过传递函数为 $H(z)=1-az^{-1}$ 的高通数字滤波器来实现预加重，其中 a 为预加重系数，$0.9 < a < 1.0$。设 n 时刻的语音采样值为 $x(n)$，则经过预加重处理后的结果为 $y(n)=x(n)-ax(n-1)$。

2）分帧

语音信号处理常常要达到的一个目标，就是弄清楚语音中各个频率成分的分布。实现该目标的数学工具是傅里叶变换。傅里叶变换要求输入信号是平稳的，但是语音信号从整体上来讲是不平稳的。虽然语音信号具有时变特性，但是在一个短时间范围内，其特性基本保持不变，即相对稳定。也就是说语音信号具有短时平稳性，因而可以将其看作一个准稳态过程。简单来说，一段语音信号整体上看不是平稳的，但在局部上可以看作是平稳的。在后期的语音处理中需要输入的是平稳信号，所以要对整段语音信号分帧，也就是将其切分成很多段。

帧长指的是一帧语音信号的长度，帧长为 25 ms 的一帧信号指的是时长有 25 ms 的语音信号，一般在 10～30 ms 范围内都可以认为语音信号是稳定的。帧长也可以用信号的采样点数来表示，如果一个信号的采样频率为 16 kHz，则一帧信号由 16 kHz×25 ms ＝ 400 个采样点组成。分帧一般采用交叠分段的方法，这是为了使帧与帧之间平滑过渡，避免相邻两帧的变化过大，保持其连续性。前一帧和后一帧的交叠部分称为帧移。帧移与帧长的比值一般取 0～0.5。

3）加窗

加窗的目的是对抽样点附近的语音波形加以强调，而对波形的其余部分加以减弱。对语音信号的各个短段进行处理，实际上就是对各个短段进行某种变换或施以某种运算。其实加窗相当于把每一帧里面对应的元素变成它与窗序列对应元素的乘积。用得最多的三种窗函数是矩形窗、汉明窗和汉宁窗。以汉明窗为例，具体函数如下：

$$w(n)=\begin{cases} 0.54-0.46\cos\left(\dfrac{2\pi n}{N-1}\right) & 0 \leqslant n \leqslant N \\ 0 & 其他 \end{cases} \tag{6.1}$$

式中，$w(n)$ 表示窗函数，n 表示窗函数的序号，N 表示窗口的长度。如前所述，加窗即与一个窗函数相乘，窗函数的宽度其实就是帧长。加窗是为了进行傅里叶展开，使全局更加连续，避免出现吉布斯效应。加窗后，原本没有周期性的语音信号呈现出周期函数的部分特征。但加窗的代价是一帧信号的两端部分被削弱了，所以在分帧的时候，帧与帧之间需要有重叠。其中，吉布斯效应是指将具有不连续点的周期函数（如矩形脉冲）进行傅里叶级数展开后，选取有限项进行合成。选取的项数越多，所合成的波形中出现的峰起越靠近原信号的不连续点。当选取的项数很大时，该峰起值趋于一个常数，大约等于总跳变值的9%。

4）端点检测

端点检测，又叫语音活动检测（Voice Activity Detection，VAD），它的目的是对语音和非语音的区域进行区分。通俗来理解，端点检测就是为了从带有噪声的语音中准确地定位出语音的开始点和结束点，去掉静音的部分和噪声的部分，找到一段语音中真正有效的内容。VAD可以粗略地分为基于阈值的VAD、作为分类器的VAD与模型VAD三类。基于阈值的VAD通过提取时域（短时能量、短期过零率等）或频域（MFCC、谱熵等）特征，并合理设置门限，达到区分语音和非语音的目的，是传统的VAD方法。作为分类器的VAD则可以将语音检测视作语音/非语音的分类问题，进而用机器学习的方法训练分类器，达到检测语音的目的。模型VAD可以利用一个完整的声学模型（建模单元的粒度可以很粗），在解码的基础上，通过全局信息判别语音段和非语音段。

端点检测涉及的基本概念有噪声、静音和端点。背景音称为噪声，包括外界环境的噪声和设备本身的噪声。在实际使用中，如果出现长时间的静默，用户会感到很不自然。因此接收端常常会在静音期间发送一些语音分组，生成使用户感觉舒服一些的背景噪声，即所谓的舒适噪声。静音的特点则是连续若干帧能量值持续维持在低水平，理想情况下静音能量值为0，但实际无法做到，因为一般有背景音，而背景音有基础能量值。端点即为静音和有效语音信号的变化临界点。例如，在电话通话中，当用户没有讲话时，就没有语音分组的发送，从而可以降低语音比特率。在实际应用中，当用户的语音信号能量低于一定门限值时，就认为是静默状态，不发送语音分组；当检测到突发的活动声音时，才生成语音信号。同理，在实际应用中我们还需要考虑非连续性说话的状况，比如口吃、犹豫、吞吞吐吐等，避免端点检测环节处理出现异常或者不合理的情况。

2. 语音基本特征提取

由于在时域难以对语音信号的波形进行描述，因此一般采用频域分析方法将语音信号分解为多个单一频率的波形。基于频谱分析得到的特征被视为语音信号的短时表示。频谱特征主要由线性预测系数和倒谱分析等构成。常用的频谱特征有Mel频率倒谱系数（Mel Frequency Cepstrum Coefficient，MFCC）、线性预测倒谱系数（Linear Prediction Cepstrum Coefficient，LPCC）和梅尔刻度滤波器组过滤logMel等。在频谱分析之前往往设置预处理环节，将语音信号分解成具有固定帧特点的样本，有助于独立地分析信号。在分帧时，每帧的大小与特征提取方法有关，根据所使用的特征提取方法来选择帧的大小，且允许通过帧与帧之间的重叠来消除帧之间的差异产生的影响。

1）MFCC

MFCC作为经典的倒谱分析方法，根据人耳听觉系统的非线性响应原理对其特征参数进行设置。MFCC 的设计思想来源于人类心理声学的研究，相关研究表明，人类可以感知不同的频带，其证明了人耳对语音信号的感知与其频率变化有很大的关联。MFCC 由于鲁棒性强、识别率高，被广泛用于识别说话人。然而，MFCC 的缺陷也非常明显。语音是动态变化的，而传统的 MFCC 未涉及相邻固定帧之间的关联和帧内部参数之间的关联。基于此，提出一种新的一阶差分和二阶差分的 MFCC 参数组。

MFCC 特征获取的基本流程是：在分帧和加窗的基础上，对每一帧信号做离散傅里叶变换，计算对数幅度频谱，然后将其输入等带宽的梅尔滤波器组进行滤波，通过离散余弦变换最终得到 MFCC 特征。MFCC 的计算方法如下：

$$\text{MFCC}(t, i) = \sqrt{\frac{2}{N}} \sum_{j=1}^{N} \lg \left[E_{\text{mel}}(t, j) \right] \cos \left[i(j - 0.5) \frac{\pi}{N} \right] \tag{6.2}$$

其中，N 为滤波器的数量，$E_{\text{mel}}(t, j)$ 是第 t 个时刻第 j 个滤波器的输出。通过式(6.2)可获得第 t 个时刻的 MFCC 参数。

2) 语谱图

语音频谱图(语谱图)是通过处理接收的时域信号而得到的频谱图，更确切地说是频谱分析视图。对原始信号进行分帧、加窗后，对每一帧做短时傅里叶变换，把时域信号转为频域信号，频域信号在时间上堆叠后就可以得到频谱图，图 6.10 给出了语谱图的生成流程。

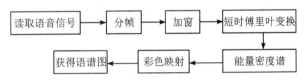

图 6.10　语谱图的生成流程

语谱图采用二维的图片形式来表达三维的坐标信息，为了区分频域变换方式，常用的语谱图可分为短时傅里叶变换(STFT)语谱图和 CQT(Constant-Q Transform)声谱图，这两种语谱图面对噪声时的鲁棒性较强。

3) 基于深度学习的特征提取

深度学习方法可以从不同层次的输入中学习有效的语音信号的非线性表现形式，目前已经被广泛应用于声纹识别、语音识别和情感识别。目前常见的深度学习模型可以分为有监督和无监督两种，使用深度学习模型在三种不同语音任务上进行特征提取的方法如图 6.11 所示。

深度神经网络(Deep Neural Network，DNN)、卷积神经网络(Convolutional Neural Network，CNN)和循环神经网络(Recurrent Neural Network，RNN)等都可以用作语音特征提取的网络模型，下面分别进行介绍。

(1) DNN。

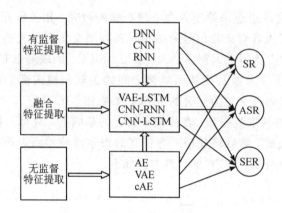

图 6.11　基于深度学习的语音特征提取方法

DNN 模型的参数较多，模型复杂，尺寸较大，训练时间较长，不能利用历史信息来辅助当前任务，但它能利用帧的上下文信息来学习深层非线性特征变换，在语音任务上得到了一定的应用。

（2）CNN。

CNN 由 LeCun 等人提出，是第一个真正的深层结构学习算法，它通过卷积的权值共享及池化操作来降低网络参数的数量级。针对语音学习任务，CNN 通常采用的特征是低级特征或语谱图，它对噪声具有较强的鲁棒性。由于参数共享机制，CNN 更适用于小内存的关键字定位。

CNN 采用手工提取的特征，常忽略信号之间关联性的问题，而深度卷积神经网络（Deep Convolutional Neural Network，DCNN）可以弥补此不足。

（3）RNN。

CNN 模型融合的特征往往局限于语谱图或低级描述符，此类特征均忽视了语音信号的重要特性，即语音信号是具有时间序列的单元集合。RNN 作为语音学习任务中流行的新型架构，往往结合频谱类特征和韵律学特征，同时在其中添加与时间节点有关的自我连接形式，增强了其对时间序列的建模能力。

在自我循环的过程中，传统的 RNN 易产生梯度消失或梯度爆炸问题，而在其基础上提出的 LSTM 模型，引入了长时间信息有效性的机制，这些信息有选择性地被控制并保存下来，从而解决了梯度的问题。

传统的 LSTM 结构在多个维度上缺乏对上下文依赖关系的理解，因此卷积循环神经网络（Convolutional Recurrent Neural Network，CRNN）应运而生，这是一种端到端的、可结合变长序列的模型，常与 CTC（Connectionist Temporal Classification）结合使用。

目前，常见的 RNN 相关模型有深度 RNN 结合多层感知机、双向 RNN、循环卷积神经网络、多维循环神经网络、LSTM、门控循环单元和记忆网络等，它们虽然变换成多种形态，但均以长时期的历史信号和未来信号的处理为主，因此，其输入往往与频谱类特征相关，与 CNN 截然不同。RNN 和 CNN 模型虽然应用的领域不尽相同，但是均属于有监督的模型。

（4）编码器模型。

自编码器（Auto-Encoder）是一种典型的前向网络，其输入层和输出层的节点数相同，它的训练过程旨在重构输入数据，即让输入值尽可能等于输出值。自编码器是利用反向传播算法来更新网络的权重的。由于训练数据不需要任何标签，自编码器的训练是无监督的。

自编码器模型在说话者识别中有一定的应用。对于训练好的自编码器，在最后一个隐层后添加一个输出层，此层中的每个结点对应一个类别，通过输出结果完成分类任务，此时整个模型可以视作一个分类器。目前，最常用和最有效的生成模型是生成式对抗网络（Generative Adversarial Networks，GAN）和变分自编码器（Variational Auto-Encoder，VAE）。GAN 针对生成任务进行了优化。VAE 是概率图形模型，针对潜在建模进行了优化，VAE 学习隐空间中的输入概率分布的参数，通过使隐分布尽可能接近隐变量的"先验"，来提升模型的有效性。相比自编码器，VAE 的主要优点是先验数据允许注入领域知识，能够估计预测中的不确定性。

（5）瓶颈特征（Bottleneck）。

瓶颈特征是在多层感知（Multiplayer Perceptron，MLP）中的瓶颈层产生的特征，经过层层非线性模型分离出前后扩展的语音特征中有利于输出分类的特征信息。起初模型中的神经元个数较少，早期往往使用深度信念网络模型。随着深度学习模型的多样化发展，瓶颈特征开始应用于语音任务的相关模型，实现了对系统性能的提升与简化。

3. 智能语音识别技术

语音识别即由计算机根据声学、语言模型及词典，利用特定的算法将语音识别后转化成文字等，目前语音识别被广泛应用于声控、智能对话、医疗服务等行业。语音识别的目的就是赋予机器人听觉能力，使其听懂人在说什么，并作出相应的回应。目前大多数语音识别技术是基于统计模式的，从语音产生机理来看，语音识别可以分为语音层和语言层两部分。一方面，语音识别可以根据对说话人的依赖程度分为特定人语音识别（仅考虑对专人的语音进行识别）与非特定人语音识别（识别的语音与人无关，通常要用大量不同人的语音数据库对识别系统进行学习，识别的语言取决于采用的训练语音库）；另一方面，语音识别可以根据对说话方式的要求分为孤立词识别（要求输入每个词后要停顿）与连续语音识别（连续输入自然流利的语音，会出现大量的连音和变音）。

一般来说，语音识别的方法有三种，即基于声道模型和语音知识的方法、模板匹配的方法以及利用人工神经网络（ANN）的方法。语音学和声学的方法起步较早，在刚提出语音识别技术时，就有了这方面的研究，但由于其模型及语音知识过于复杂，目前还没有达到实用的阶段。模板匹配的方法发展比较成熟，目前已达到了实用阶段。模板匹配中常用的技术有动态时间规整(DTW)、隐马尔可夫(HMM)理论、矢量量化(VQ)技术三种。利用人工神经网络的方法中，基于 ANN 的语音识别系统通常由神经元、训练算法及网络结构三大要素构成。由于基于神经网络训练的识别算法实现起来较复杂，目前仍处于实验室研究阶段。

模板匹配中使用的矢量量化技术是一种极其重要的信号压缩方法，广泛应用于语音编码、语音识别和语音合成等领域。一个矢量由若干个标量数据组成，矢量量化是对矢量进行量化，具体方法是把矢量空间分成若干个小区域，每个小区域寻找一个代表矢量，量化时落入小区域的矢量就用这个代表矢量代替，或者叫被量化为这个代表矢量。如图 6.12 所示，所有可能的二维矢量构成了一个平面，将平面分成 7 个小区域。其基本原理是把每帧特征矢量参数在多维空间中进行整体量化，在信息量损失较小的情况下对数据进行压缩。因此，它不仅可以减小数据存储空间，而且还能提高系统运行速度，保证语音编码质量和压缩效率。这种方法一般应用于小词汇量的孤立词语音识别系统。

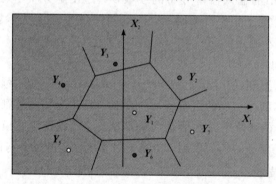

图 6.12　矢量量化示意图

目前语音识别的研究主流是大词汇量的非特定人的连续语音系统。但是事实上，对于许多应用来说，一个语音识别系统只要有一组词汇或命令，它就可以为用户提供一个有效的工具，即简单有效的孤立词特定人语音识别系统就能满足要求。孤立词特定人语音识别系统广阔的应用前景以及优越性促使我们继续对它进行研究。孤立词语音识别系统中存在诸多难点：

（1）语音信号的多变性。由于语音信号是非平稳随机信号，不但不同发音者发音之间存在重大的差异，而且同一人对同一语音的不同次发音也存在很大差异。

（2）噪声影响。当实际环境中有噪声存在时，容易造成训练与测试环境不匹配，从而导致语音识别系统性能急剧下降。

（3）端点检测。统计表明，语音识别系统一半以上的识别错误来自端点检测错误。在安静环境下，有声段和无声段的能量存在很大差异，由此可判断语音的起点。但是当噪声的

智能信息感知技术

能量和语音信号的能量接近时，就可能造成端点检测的误差，从而导致识别结果错误。

（4）词与词的特征空间混叠。语音识别的常规方法是利用语音信号的短时周期特性将语音时域采样信号分为若干段，计算出每一段的特征矢量序列并将其作为识别参数。但是很多不同的词语的矢量序列在特征空间中存在混叠现象，甚至有些不同词语的混叠程度会超过同一词语的不同次发音，从而降低识别率。

如前所述，语音信号的分析主要有时域分析和频域分析两种，其他还有倒谱域、语谱分析等。语音信号是一种典型的非平稳信号，其形成过程与发音器官的运动密切相关，这种物理运动的速度比声音振动速度缓慢得多，因此语音信号可假定为短时平稳的，其频谱特性和某些物理参数在 $10\sim30$ ms 时间段内是近似不变的，对语音信号进行处理时都是基于这个假设的。语音信号的时域分析参数主要有短时能量、短时平均幅度、短时过零率等，这些参数主要用在语音端点检测中。频域分析参数主要有基音频率、滤波器组参数、线性预测系数(LPC)、线性预测倒谱系数、线谱对参数(LSP)和 Mel 频率倒谱系数(MFCC)等。

如图 6.13 所示，语音识别的基本流程包括预处理、特征提取、训练、模式匹配等。预处理部分包括语音信号的采样、反混叠滤波、语音增强，去除声门激励和口唇辐射的影响以及噪声影响等，预处理中最重要的步骤是端点检测。特征提取部分的作用是从语音信号波形中提取一组或几组能够描述语音信号特征的参数，如平均能量、过零数、共振峰、倒谱、线性预测系数等，以便训练和识别。参数的选择直接关系着语音识别系统识别率的高低。训练则是建立模式库的必备过程，词表中每个词对应一个参考模式，它由这个词重复发音多遍，再经特征提取和某种训练得到。模式匹配部分是整个系统的核心，其作用是按照一定的准则求取待测语音特征参数和语音信息与模式库中相应模板之间的失真测度，最匹配的就是识别结果。

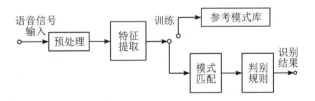

图 6.13　语音识别系统原理框图

6.3　语音感知技术智能化发展

6.3.1　智能声纹识别技术

声纹是指用电声学仪器显示的携带言语信息的声波频谱。人类语音的产生是人体语言中枢与发音器官之间一个复杂的生理物理过程，不同人的发声器官（舌、牙齿、喉头、肺、鼻腔）在大小和形态方面有很大的差异，所以任何两个人的声纹图谱都是不同的。每个人的语音声学特征既有相对稳定性，又有变异性，不是绝对的、一成不变的。这种变异可能来自生理、病理、心理、模拟、伪装，也可能与环境干扰有关。尽管如此，在一般情况下，人们仍能区别不同的人的声音或判断是不是同一人的声音，因此声纹识别就成为一种鉴别说话人身份的识别手段。声纹识别又称为说话者识别，其在分析连续语音信号后提取离散语音特征，通过与模板进行匹配来自动确认该语音的说话者。图 6.14 是两人对于同一数字发音的语谱图。

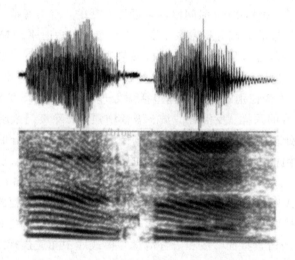

图 6.14　两人对于同一数字发音的语谱图

从功能上来讲，声纹识别技术应有两类，分别为"1∶N"和"1∶1"。前者是判断某段音频是若干人中的哪一个人所说的；后者则是确认某段音频是不是某个人所说的。不同的技术适用于不同的应用领域，比如公安领域中重点人员布控、侦查破案、反电信欺诈、治安防控、司法鉴定等经常用到的是"1∶N"技术，即辨认音频是若干人中的哪一个人所说的；而"1∶1"技术则更多应用于金融领域的交易确认、账户登录、身份核验等。

从技术发展的角度来说，声纹识别技术大体上可以分为三个阶段，即基于模板匹配的声纹识别技术、基于统计机器学习的声纹识别技术与基于深度学习框架的声纹识别技术。最早的基于模板匹配的声纹识别技术框架，是一种非参数模型，其特点为基于信号比对差别，通常要求已注册和待识别的说话内容相同，属于文本相关，因此局限性很强。此方法将训练特征参数和测试的特征参数进行比较，两者之间的失真（Distortion）作为相似度。例如矢量量化（Vector Quantization，VQ）模型和动态时间规整法（Dynamic Time Warping，DTW）模型。DTW 将输入的待识别的特征矢量序列与训练时提取的特征矢量进行比较，通过最优路径匹配的方法来进行识别；VQ 方法则是通过聚类、量化的方法生成码本，识别时对测试数据进行量化编码，以失真度的大小作为判决的标准。受益于统计机器学习的快速发展，声纹识别技术进入第二阶段，这段时期涌现出不少先进的模型与方法，如高斯混合模型（GMM）、高斯混合背景模型（GMM-UBM）和支持向量机（GMM-SVM）、联合因子分析法（JFA）、基于 GMM 的 i-vector 方法及概率线性判别分析 PLDA。而第三阶段中深度神经网络的迅速发展，使得声纹识别技术具有很强的抗噪能力，同时可以排除噪声对声纹识别的干扰。

在基于统计机器学习的技术框架中，GMM 仍然是与文本无关的说话人识别中效果最好也是最常用的模型之一。因为在说话人识别系统中，如何将语音特征很好地进行总结及测试语音如何与训练语音进行匹配都是非常复杂且较难解决的问题，而 GMM 将这些问题转化为对于模型的操作及概率计算等问题。在声纹识别领域，高斯混合模型的核心设定是将每个说话人的音频特征用一个高斯混合模型来表示。采用高斯混合模型的动机也可以直观地理解为：每个说话人的声纹特征可以分解为一系列简单的子概率分布，例如发出某个音节的概率、该音节的频率分布等。这些简单的概率分布可以近似地认为是正态分布（高斯分布）。从模式识别的相关定义上来说，GMM 是一种参数化的生成性模型，具备对实际数据极强的表征力；但反过来，GMM 规模越庞大，表征力越强，其负面效应也会越明显。例如，参数规模会等比例地膨胀，此时需要更多的数据来驱动 GMM 的参数训练，由此才能得到一个更加通用（或称泛化）的 GMM 模型。假设对维度为 50 的声学特征进行建模，GMM 包含 1024 个高斯分量，简化多维高斯的协方差为对角矩阵，则一个 GMM 待估参数总量为 1024（高斯分量的总权重数）＋1024×50（高斯分量的总均值数）＋1024×50（高斯分量的总方差数）＝103 424，即超过 10 万个参数需要估计。这种规模的变量就算是将目标用户的训练数据量增大到几个 G，都远远无法满足 GMM 的充分训练要求，而数据量的稀缺又容易让 GMM 陷入一个过拟合（Over-fitting）的陷阱中，导致泛化能力急剧衰退。因此，尽管一开始 GMM 在小规模的文本无关数据集合上表现出了超越传统技术框架的性能，但它却远远无法满足实际场景下的需求。

随着深度神经网络技术的迅速发展，声纹识别技术也逐渐采用了基于深度神经网络的技术框架，目前有 DNN-iVector-PLDA 和 End-2-End。基于深度神经网络（DNN）的方法可以从大量样本中学习到高度抽象的音素特征，同时它具有很强的抗噪能力，可以排除噪声对声纹识别的干扰。DNN 经过训练后，可以在帧级别对说话人进行分类。在说话人录入阶段，使用训练好的 DNN 可以提取来自最后隐藏层的语音特征。这些说话人的特征或平均值（即图 6.15 中所示的 d-vector，图中 P 表示预测概率），用作说话人特征模型。在评估阶段对每个话语提取 d-vector 并与录入的说话人模型相比较，进行验证。深度网络的特征提取层（隐藏层）输出帧级别的说话人特征，通过合并后平均的方式得到句子级别的表示，这种表示即深度说话人向量，简称 d-vector。计算两个 d-vector 之间的余弦距离，得到判决打分。类似主流的概率统计模型 i-vector，可以引入一些正则化方法（如线性判别分析 LDA、概率线性判别分析 PLDA 等），以提高 d-vector 的说话人区分性。端到端深度神经网络（End-to-End）的特点是由神经网络自动提取高级说话人特征并进行分类。此外百度提出了一种端到端的声纹识别系统 Deep Speaker，即一个说话人识别的流程，包括语音前端处理、特征提取网络(模型)、损失函数训练(策略)与预训练(算法)。

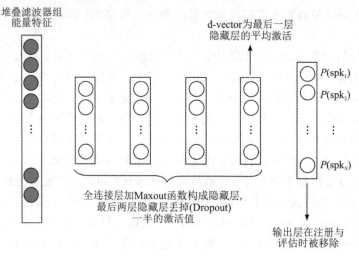

图 6.15　d-vector

对于声纹识别系统而言，如果从用户所说语音内容的角度出发，可以分为内容相关和内容无关两大类技术。顾名思义，"内容相关"就是指系统假定用户只说系统提示内容或者小范围内允许的内容，而"内容无关"则并不限定用户所说内容。前者只需要识别系统能够在较小的范围内处理不同用户之间的声音特性的差异就可以，由于内容大致类似，只需要考虑声音本身的差异，难度相对较小；而后者由于不限定内容，识别系统不仅需要考虑用户声音之间的特定差异，还需要处理内容不同而引起的语音差异，难度较大。

声纹识别系统的工作流程如图 6.16 所示。

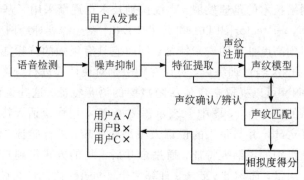

图 6.16　声纹识别系统工作流程图

在金融科技快速发展的背景下，数字技术业务赋能的价值已是共识，但同时带来一系列新型的金融风险，以新型金融欺诈行为居多，如网贷平台欺诈、大数据精准欺诈等。在欺诈识别效率方面，信用卡业务交易频繁、实时性强、数据量大，而且远程语音交互的方式越来越多。在传统交易中客服需通过多轮安全问题交互，对客户应答信息进行人工核验，耗时长、效率低，无法满足业务需求。而应用声纹识别技术可以攻克电话信道声纹识别难题，强化反欺诈能力，同时提升语音服务质量与效率。在实际反欺诈业务中，声纹识别辨认欺诈风险可分为三个环节：首先是声纹注册，在银行办理信用卡业务时，经客户同意后采集客户声纹信息，对声纹数据进行预处理（语音增强、降噪、活体检测），并将合格的声纹导入声纹引擎进行建模，注册为声纹模型存入声纹库；其次是声纹客户再次确认，在信用卡业务语音办理过程中，基于声纹识别技术，辅助客户经理完成用户身份确认，保证业务安全，杜绝木马盗取密码数据风险；最后是声纹辨认欺诈风险，系统通过声纹做 1 对 N 辨认，将识别出来的具有相同声纹但登记了不同身份信息的可疑人员进行备注，防范欺诈风险。图 6.17 为中国工商银行应用声扬科技有限公司的声纹识别技术的反欺诈方案。

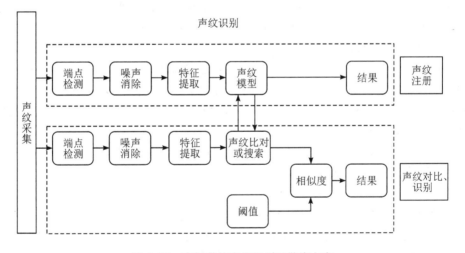

图 6.17　声扬科技声纹识别反欺诈方案

6.3.2　智能语音情感识别技术

计算机的语音情感识别能力是计算机情感智能的重要组成部分，是实现自然人机交互的关键前提，具有很大的研究价值和应用价值。语音情感识别旨在通过语音信号来正确识别说话者的情绪状态。由于语音并非情感生理信号的完整表达形式，在忽略其余感官结果的前提下，如何高效且精确地识别用户表达的情感，是近年来语音学研究的热点问题。

根据语音情感特征具有普遍性和差异性的特点，语音情感特征可分为个性化情感特征和非个性化情感特征。其中，个性化情感特征携带了大量的个人情感信息，具有差异性；非个性化情感特征不易受说话者个人特征的影响,具有普遍性。目前,国内外对于语音情感特征种类还没有一个统一的划分标准。比较典型的划分方法是将情感特征分为基于声学的情感特征和基于语义的情感特征。其中,基于声学的情感特征又分为韵律特征、基于谱的相关特征和音质特征。下面逐一介绍这三种声学情感特征。

韵律特征又称为超音段特征,在语音学中表现为语调、音高、音长和节奏等可以被人类感知的特征。在声学信号中,韵律特征对不同语言的语音情感识别具有较好的泛化性能,其中使用较为广泛的韵律特征是基频、语音能量和持续时间。基频即基音的频率,决定整段语音的音高,它的生理学定义是一段复杂语音中最低且通常情况下最强的频率。基频中包含大量表征语音情感的特征,在语音情感识别中起着至关重要的作用。自相关函数法、平均幅度差法和小波法为常用的基频特征提取方法。语音能量又称为音强,反映了语音信号的振幅随时间变化的强弱。振幅能量是一种重要的韵律特征,包括短时能量和平均幅度。研究表明,不同情感的声音信号的振幅能量不尽相同,惊讶、高兴等情绪会导致能量增加,而悲伤、厌恶等情绪会导致能量减少。学者们还针对韵律特征与特定情感类型之间的关联展开了研究,进一步验证了韵律特征区分情感的性能,但也出现了一些不甚一致甚至相反的结论。因此,韵律特征的情感区分能力是十分有限的。例如,愤怒、害怕、高兴和惊奇的基频特征具有相似的表现。

基于谱的相关特征被认为是声道形状变化和发声运动之间相关性的体现。通过对情感语音的相关谱特征进行研究,发现语音中的情感内容对频谱能量在各个频谱区间的分布有明显的影响。例如,表达高兴情感的语音在高频段表现出高能量,而表达悲伤情感的语音在同样的频段却表现出差别明显的低能量。

音质即声音质量,是人们赋予语音的一种主观评价指标,用于衡量语音是否纯净、清晰、容易辨识等。对声音质量产生影响的声学表现有喘息、颤音、哽咽等,并且常常出现在说话者情绪激动、难以抑制的情形之下。在语音情感识别研究中,用于衡量声音质量的声学特征一般有共振峰频率及其带宽、频率微扰和振幅微扰、声门参数。

用于描述语音情感的模型可以分为离散形式情感描述模型与连续形式情感描述模型。离散形式就是将情感描述为离散的形容词标签的形式,例如高兴、愤怒等。丰富的语言标签描述了大量的情感状态,而用于研究的情感状态需要更具普遍性,因此人们定义了基本情感类别以便于研究。其中,美国心理学家 Ekman 提出的六大基本情感在当今情感相关研究领域的使用较为广泛,这六大基本情感分别为愤怒、厌恶、害怕、快乐、悲伤和惊奇。离散形式情感描述模型的优点就在于简单易懂,但只能刻画单一有限种类的情感类型,对自发情感的描述无法做到详尽。而连续形式情感描述模型则将情感状态描述为多维情感空间中的点。这里的情感空间实际上是一个笛卡尔空间,空间中的每一维对应着情感的一个心理学属性。理论上,该空间的情感描述能力能够涵盖所有的情感状态。换句话说,任意的、现实中存在的情感状态都可以在情感空间中找到相应的映射点,并且各维坐标值的数值大小反映了情感状态在相应维度上所表现出来的强弱程度，图 6.18 是普拉切克的情绪三维模型。但该种方法存在把主观情感转化为客观数值的量化问题，不仅任务繁重，并且很难保证转化的质量。

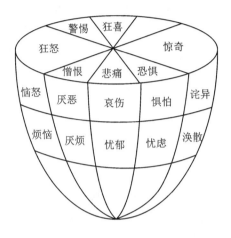

图 6.18　普拉切克的情绪三维模型

当前语音情感识别系统所采用的识别算法可以分为离散语音情感分类器和维度语音情感分类器。离散语音情感分类器一般被建模为标准的模式分类问题，即使用标准的模式分类器进行情感的识别。常用于语音情感识别领域的线性分类器有朴素贝叶斯、线性人工神经网络和线性支持向量机，非线性分类器则有决策树、k-NN、非线性人工神经网络、非线性支持向量机、高斯混合模型（GMM）、隐马尔可夫模型（HMM）以及稀疏表示分类器等。维度语音情感分类器一般被建模为标准的回归预测问题，即使用回归预测算法对情感属性值进行估计。在当前的维度语音情感识别领域使用的预测算法中，支持向量回归算法 SVR 具有性能稳定、训练时间短等优点，其应用最为广泛。SVR 可用于分类，也可用于回归问题的处理。与 SVM 的不同之处在于，SVM 的目标是寻找一分为二的平面，所对应的是离散的相关类别；而 SVR 的目标是寻求空间中的最佳平面，对应的标签则为连续的实数。SVR 的优点是使用了结构风险最小化的原理，从而保证了 SVR 在有限样本的情况下有较好的预测能力。这不同于传统意义上的经验风险最小化，这种回归算法主要通过升维，在高维空间中构造决策函数来实现回归，从中寻找最佳的回归超平面，使得更多的训练样本能够落在这个超平面的边缘的范围内。与一般的方法相比，SVR 通过引入核函数代替线性方程中的线性项，使原来的线性算法"非线性化"，在达到"升维"目的的同时，也适时控制了拟合过程中的过拟合风险。

一般说来，语音情感识别系统主要由语音信号采集模块、情感特征提取模块和情感识别模块三部分组成，系统框图如图 6.19 所示。语音信号采集模块通过语音传感器（例如麦克风等语音录制设备）采集自然语音，并将数字语音信号传递到情感特征提取模块，该模块对语音信号中与说话者情感关联紧密的声学参数进行提取，最后将语音情感特征送入情感识别模块完成情感的判断。

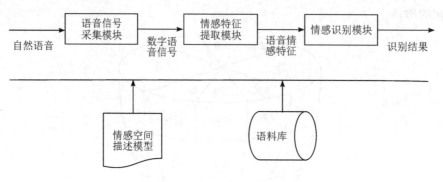

图 6.19　语音情感识别系统框图

　　目前，语音情感识别技术已被应用于教育、医学和服务等领域。在教育领域，老师可以通过语音情感识别系统实时掌握学生的情感状态，利用其对情感特有的分析辨别能力，及时了解和把握学生的真实情感状态，从而迅速做出反馈并进行调整，极大地增强了课堂效果和提高了学生的学习效率。在医学领域，面对诸多医患之间无法沟通交流的现象，语音情感识别系统能够发挥极其重要的作用。当遇到情绪波动、抗拒交谈或是精神受创、难以沟通的患者时，语音情感识别系统将会迅速做出反应并分析患者此刻的心理状态，与患者进行情感的互动，平复患者的情绪；对于独自居家的老人，语音情感系统同样会自动识别老人的情绪波动，与其进行有效沟通。在服务领域，普通的人工客服只会机械重复地回答客户的问题和需求，不能做到灵活变通，从而致使部分客户产生抵触的情绪，导致客源的损失。而语音情感识别系统将会对此采取针对性的分析，当监测出客户情绪有负面波动时，及时切换人工客服进行协调，从而有效地减少客源损失量。

　　国内关于语音情感识别系统开发应用的代表性案例有阳光保险上线运行的人工智能语音情感识别分析系统，如图 6.20 所示。它可有效识别语音对话中带有负面情绪的语句，识别准确率为国际上类似系统的 6 倍。该系统利用深度学习算法监测说话人语音的声学特性，从中提取情感特征，并根据这些特征确定说话人的情感状态。目前阳光保险客户服务中心的语音情感识别分析系统已替代原人工抽检中凭借语气、语调变化的人为判断，由计算机对全部通话进行自动化机器质检，标记人工客服及客户的负面情绪，协助质检人员对

图 6.20　人工智能语音情感识别分析系统

人工客服的服务质量进行把关。此系统在不增加质检人员工作量的前提下，可以大幅提升客服中心发现客户不满意通话的效率，较传统随机抽检方式，效率提升了 8～10 倍。此前人工智能语音情感识别技术虽然已在国外实施应用，但因中文发音的特殊性，相关情感算法对中文识别的准确率偏低，一直没有针对中文应用场景的方案。而且由于真实业务环境具有场景复杂、噪声高、响应要求高等特点，也给相应技术的开发和实施带来了很大挑战。为此，阳光保险与国内此领域处于领先地位的清华大学科研团队合作研发，经过近一年的开发调试，此系统终于上线运行。此项技术还将逐步应用于更多的人机交互领域，如可通过对客户情绪的实时识别，更准确地预判客户满意度评分、提醒人工客服即刻调整沟通方式及业务话术，甚至进一步预测客户的产品购买倾向。

语音情感识别技术经过几十年的发展已经取得了长足的进步，但距离真正的自然人机交互还有很长的路要走。首先是高质量情感语料库的缺乏。截至目前虽有不少语料库被建立，但它们往往局限于某种单一语言且数量较少，并且由于情感本身的复杂性，这些语料库往往质量不高。而一个质量和数量兼备的语料库是语音情感识别技术研究中必不可少的。由此可见，无论语音情感识别技术向何处发展，建立一个经过系统整合、内容丰富且高质量的语料库是必然要求。其次是情感识别建模的问题。由于语言符号和语言思维之间具有一种天然的不对称性，建立一个高效合理的语音情感识别模型是研究的难点和重点。模型以语料库为基础进行大数据式的训练，建立一种联通声学特征和情感状态的映射通路，进而实现对语料情感状态的判断和识别。但是由于情感的复杂性，人类对大脑的情感处理机制认识有限，尚未有一种高效可靠的情感识别模型被建立。因此建立系统高质量的语料库和可靠的语音情感识别模式是未来语音情感识别发展的必然方向。

6.4　智能语音信息感知技术的应用

6.4.1　智能语音信息感知与智能家居

智能家居以住房为平台，注入了现代新兴技术，能够使居住环境更加便利和舒适。随着家居设备的增多，家居越来越多样化。通过一个统一的管理工具对整个家居系统进行管理、操控，将极大改善居民的生活条件和体验。而语音信息感知技术在近 20 年来取得了显著进步，从实验室走向市场并催生出了智能语音产业，目前对智能家居的控制最多的即是利用语音进行控制。从起初只是对家用电灯开关这种最基础的家电进行语音控制，到多个家庭电器共同组成控制系统，智能语音信息感知技术正与家庭用具紧密结合，不断创造和提升智能家居的实用性和用户体验感。

智能家居中利用到的语音信息感知技术包括语音控制技术、语音识别技术、播放状态打断技术、近场和远场语音识别技术、唤醒目标检测技术、语音唤醒等。

　　语音识别技术就是让机器通过识别和理解把语音信号转变为相应的文本或命令的技术，使用户能够与机器进行语音交流，让机器明白用户在说什么。语音识别是一门交叉学科，语音识别技术与语音合成技术的结合使人们能够甩掉键盘，通过语音命令进行操作。语音技术的应用已经成为一个具有竞争性的新兴技术产业。语音识别技术相当于给计算机系统装上"耳朵"，使其具备"能听"的功能。该技术经过语音信号处理、语音特征处理、模型训练及解码引擎等复杂步骤，使机器最终能够将语音中的内容、说话人、语种等信息识别出来。语音控制功能的实现，与用户的使用习惯高度关联，目前的语音控制功能实现方式可分为近场语音识别和远场语音识别两大类。在对音箱等设备进行语音控制时，该设备往往处于播放歌曲的状态。由于麦克风安装在音箱上，麦克风和说话人之间的距离要远大于麦克风和扬声器之间的距离，在这样的情况下，采用内外兼顾的方法进行解决。内部使用特殊的回声消除算法从内部减小噪声对麦克风的影响。另外对于震动带来的非线性干扰，传统的线性回声消除方法失效了，因此可以使用非线性回声消除算法提高内部噪声消除的效果。在外部结构设计方面，使用精心设计的麦克风阵列减震结构，使多个麦克风和它所连接的电路板之间的震动减到最小，从而最大程度地控制高声强导致的音箱本体震动对拾音的干扰。

　　近场语音识别需要用户点击启动，并且用户与终端设备（如手机或其他终端设备）的距离比较近，用户可直接借助这些终端设备直接实现控制功能，如图 6.21 中所示的遥控器的语音键，在发出指令后仍需长按语音键。远场语音识别技术是以麦克风阵列远距离拾取的语音数据作为输入数据，通过语音识别算法将语音信号转写成文字。虽然和近场语音识别技术在原理上是相同的，但是由于音源和麦克风之间的空间距离增大，在声波传播过程中会出现信号强度的衰减和各种噪声干扰，因此需要特殊的语音数据拾取和预处理技术。不同的拾取设备和预处理技术常常会使用于语音识别的声波信号特征发

图 6.21　遥控器语音键

生改变，因此针对不同的远场语音拾取技术，需要对语音识别引擎进行定制化适配和优化。当语音信号在传播过程中有所衰减，影响采集信号的强度和分辨率时，需使用的灵敏度非常高的指向性麦克风，同时将麦克风的参数调整到适合远场语音数据的模式，可以最大限度地采集清晰的远场语音信号。语音指令声波在传输过程中受到周围噪声的污染，声波信号的信噪比会降低，此时应使用定向波速成形技术，抑制方向外的噪声，从而减少噪声对语音信号的干扰。在一个房间里，麦克风拾取的声波不仅仅直接来自音源，还有音源发出

后经过墙壁反射的迟到的声波，形成声音的残留，造成混响。利用多个麦克风采集的数据，通过多通道回声消除算法，将这些不同时间到达的声音数据分离，从而消除混响对声音数据的影响。

在远距离用语音进行操控的时候，声音可能来自不同方向的不同人。因此首先要确定哪些是发指令的声音，哪些不是。麦克风阵列波速成形算法会将360°空间垂直划分成若干区域，每个麦克风负责检测一个指定的区域。当某个空间区域里面检测到有唤醒词出现时，对应于该空间区域的麦克风拾音功能就被增强，其他区域的麦克风拾音就会被抑制，从而实现对声音进行有方向有角度的拾取，避免了周围电视机里的说话声音、其他人交谈对语音指令的影响。语音唤醒，是指通过含有特定唤醒词的语音输入来"触发"语音识别系统以实现后续的语音交互。由于功耗等方面的限制，智能设备很难24小时都保持激活状态；因此，如果要在家里自由地控制智能家居设备，还需要有即时"唤醒"功能，也就是给智能设备加入"语音唤醒"技术。通过该技术，任何人在任何环境、任何时间，无论是近场还是远场，面向设备直接说出预设的唤醒词，就能激活产品的识别引擎，从而真正实现全程无触控的语音交互。

图6.22为语音遥控电视机。在语音遥控电视机内有一个可以用声音激活的微型计算机系统，它可以识别人们不同语音的不同含义，然后控制电视机的各种程序。用户只要说话就能控制智能电视机进行节目查询、换台、文字输入等功能。更为高级的语音遥控电视机已可实现声纹识别，在添加声纹后，电视机可识别出使用本机的用户，之后根据不同用户的性别和喜好做个性化推荐。

图 6.22　语音遥控电视机

继智能机器人之后，映入大众眼帘并进入千家万户的智能交互产品是智能音箱。与传统的音箱相比，智能音箱的灵魂就在于它应用了人机交互中的语音识别技术，当用户对它发出指令时，它会理解指令并将指令输送给控制中心，完成控制家电、播放音乐、管理个人生活等诸多功能。国内的阿里巴巴达摩院于2017年推出了首款智能音箱产品——天猫精灵X1，如图6.23所示。在硬件方面，天猫精灵X1拥有6个用来识别语音的阵列高灵敏麦克风，并且收集了大量在家居环境中可能产生的噪声，从而使得天猫精灵能够在有噪声的情况下也可被唤醒；它还能够进行学习，即在固定的家庭环境中度过一段时间后，它将能更加针对性地分辨出哪些是噪声。同时，天猫精灵使用了阿里人工智能实验室研发的中文语义理解引擎，对于家居环境内常用的语音指令（比如定时、提醒、天气、家居控制、购物等）进行了特别优化。

图 6.23　天猫精灵 X1

　　图 6.24 是离线语音智能家居系统——优蚁精灵。这种离线语音系统的优势在于不用联网，不需要 App，可以直接用语音控制；听到指令后，响应速度快；由于不联网，用户不用担心隐私安全问题；支持语音定制，断网仍可使用；成本较低、体积小、功耗低；不用提前更改线路，适用于新房、旧房、平层、别墅等各种房型。

图 6.24　优蚁精灵

　　业内普遍认为语音作为人类信息最自然、最便捷的交互方式，必将成为未来智能家居设备中的重要组成部分。随着智能家居市场的发展，国外的 IT 巨头已先后以智能家居产品与语音相结合的方式进入智能家居领域。例如，谷歌收购 NEST 布局智能家居，不断强化

智能信息感知技术

Google Now 的语音入口；苹果 HomeKit 智能家居平台与 Siri 也不断加强融合；市场上流行的 Echo 智能音箱使用了亚马逊的 Alexa 语音技术；微软也发布语音助手 Cortana，将它作为智能家居领域扩展交互入口。从这些国外科技公司对语音产业的重视和投入可以看出，智能语音与智能家居的融合是大势所趋。在国内，语音巨头科大讯飞早已进军智能家居市场，携手京东成立合资公司——北京灵隆科技，并推出了其生产的第一款产品——叮咚智能音箱。这款音箱除了具备音箱的基本功能，还可以作为语音助手，更是智能硬件的控制中枢。除此之外，百度、腾讯等都在打造自己的语音团队。随着国内外巨头们对语音交互领域投入的增加，语音核心技术正逐步成熟。智能家居是 IT 产业和制造工业向家居领域渗透发展的必然结果，随着语音技术向智能家居领域不断渗透，其市场前景广阔。

6.4.2　智能语音信息感知与智能驾驶

随着软硬件的快速迭代，如今的语音识别技术已近成熟，未来智能语音交互的核心竞争力在于在复杂场景下准确理解用户的意图，并为其提供差异化服务。汽车驾驶舱中存在各种声音，例如娱乐系统的音乐与电台、中控或仪表的语音提醒、操作者的操作反馈声音、驾驶者的语音通话等。不同的声音因功能、方式等的不同，在交互中也会有所区分。在车载领域，用户操作经历了从最初的无界面到图形用户界面 GUI，再到新兴的语音交互界面 VUI。更加智能的自然连续对话能力让语音交互系统更具人类的亲和力特质和逻辑思维能力，能给用户提供更具情景化、更有温度的用车体验和服务。自然连续对话是一个系统的工程，涉及声学前端处理、语音唤醒、语音识别、语义理解、对话管理、自然语言生成、语音合成等核心交互技术。

语音交互在当前的智能驾驶中的优势是：

第一，可以避免驾驶者分心。弗吉尼亚理工大学运输学院所做的调查表明，近 80% 的交通事故都是由于不专心驾驶的行为引起的，即使眼睛从道路上移开几秒时间，也有可能酿成悲剧。而使用语音操控汽车，将驾驶员从复杂的车载设备人工操作中解放出来，正是语音交互最大的优势。

第二，可以进行情感化互动。车内语音系统具有如下功能：能基于动态场景及用户数据提供个性化服务、信息推送；使用情感化语言与司机互动；通过无处不在的贴心语音提醒让体验直达内心。

第三，能够快速直接切入目标。语音命令应该脱离图形界面而独立存在，成为一个单独完善的人机交互接口。如当你说"我饿了"，导航会立刻推荐附近的美食，即让机器猜到你的想法，并直接反馈到汽车的实际功能。图 6.25 展示了现代智能驾驶中的交互方式。

在总体的架构上，车载语音系统可分为四个模块，即车端系统、云端系统、运营平台和训练及分析统计模块，如图 6.26 所示。整体语音系统的构建，包括车端到云端的链接、数据到功能的构建、Online 的运营平台、线下线上的数据采集和标注。

图 6.25　智能驾驶交互方式

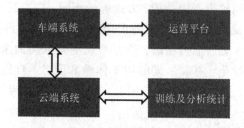

图 6.26　车载语音系统整体架构

　　图 6.27 为科大讯飞研发的智云互联行车系统，它利用 VOS（语音操作系统）实现全程语音在线智能交互。VOS 旨在为用户提供车内环境下的语音交互服务，采用了唤醒、语音识别、语义理解等技术实现语音控制，座舱的设备控制、地图导航、音乐及多媒体应用、系统设置、空调等均可通过语音来操作。除了针对车身、车载的控制，语音还支持天气查询、日程管理以及闲聊对话。用户只要说唤醒词，即可使用。语音指令可以一步直达功能，既能解放手指，又无须通过视线偏移来注视车机中控区域，从而保障行车安全。就拿东风日产的某款车来说，车载系统提供了智控导航、娱乐天气、通信等 200 多种功能，能识别 1000种日常语句。车主可以通过设置唤醒指令唤醒智能语音功能，而且常用的功能还能够免唤醒指令，直接说操作指令就可以。比如，车主想要出去吃饭，可以直接给智能语音助手"吃饭"的具体指令，智能语音助手就能够为车主找出很多备选方案，待车主确定地点后直接导航到目的地。如果车主想要听音乐，可直接通过语音告诉智能语音助手打开播放器，切歌这种操作对智能语音助手来说更是易如反掌。

图 6.27　智云互联行车系统

　　由于当前的识别环境复杂多变，语音交互还存在很多限制，还不够智能化。车载场景是一个相对复杂的环境，当进行语音识别时，车载语音系统会按照某种程度对噪声进行过滤。然而在行车过程中，速度的变化、空调大小、车窗的开关、道路的颠簸程度、外部环境噪声等众多影响因素都是不可预测的，降噪比的参数也是需要随之不断调整的。同时应尽量缩短麦克风线材至主机的距离，且加强线材隔绝性，以减少外来的噪声。最后车载语音系统还应具备回音消除、背景降噪以及麦克风自动增益等三种功能，以提升语音辨识能力。目前网络上 Siri 这样的语音系统层出不穷，但这些 AI 机器人只能听懂简单的表达，做一些既定的选择和判断。并且现在的语音用户界面交互一般设计成多次对话类的形式，需要逐步语音确认要操作的内容。烦琐的语音交互不仅不能体现语音操作的高效性，而且还影响了语音技术的可操作性。未来随着算法和技术的进步，语音交互会越来越智能化。

6.4.3　智能语音信息感知与智能机器人

　　语音互动系统的主要目的是实现机器人和人的交流沟通，赋予机器人生物式的语音识别功能。如人机语音互动系统中的中文语音交互功能，该语音互动系统主要运行于服务型机器人上，主要包括语音对话、人脸识别、图像追踪以及多模式运行等模块。该机器人的交互系统硬件结构如图 6.28 所示。

　　系统硬件由便携式电脑、语音信号输入输出设备（包括麦克风、扬声器、声卡等）、摄像头、图像采集卡、控制平台以及人形机器人组成。语音信息通过麦克风和声卡数字化后进入电脑进行处理；同时图像信息通过摄像头、图像采集卡数字化后也进入电脑进行处理；经过电脑处理后的控制信息通过控制平台来传递指令参数，得到的声音信号进入电脑后通过程序运行得到相关结果并通过扬声器传递，而相关动作指令等被人形机器人接收并执行，从而产生相应的动作和行为。

　　销售和客服电话是许多行业发展不可或缺的部分。随着人工智能的发展，部分传统电

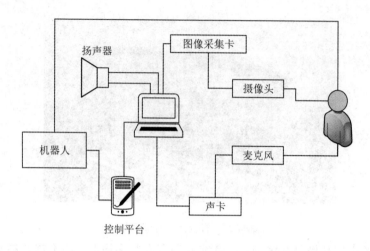

图 6.28　机器人交互系统硬件结构

销、客服工作正逐渐被 AI 智能语音机器人所接管，人工智能技术在电销行业的落地使用日益成熟。越来越多的企业开始向智能模式转型，采用 AI 智能语音机器人来接管部分重复性较强的人工工作，由原来的需要大量人工重复话术的模式转变为智能机器人筛选结合人工后续跟进的模式。智能语音机器人对于人工的辅助，最大的一个好处就在于对客户的过滤。如果让销售人员在一堆客户资料里大海捞针，不仅效率低下，还会打击工作热情，但如果交给机器人提前筛选一遍，就会有不一样的效果。过滤掉无价值的客户资料后，可以对客户进行分级，这样销售人员再做后续的跟进时就会游刃有余。智能外呼机器人工作流程如图 6.29 所示。

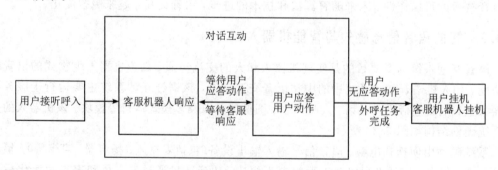

图 6.29　智能外呼机器人工作流程图

　　智能机器人正竭力让更多人放下低能效的工作而投入更高能效的工作，让社会人力资源得到充分的利用，更深层次地挖掘人们的自我价值。图 6.30 是北京萝卜科技有限公司研发的小萝卜早教机器人。它充分体现出人工智能语音交互时代机器人的雏形。它采用科大讯飞的语音识别系统，利用儿童原声进行语音合成，自带共鸣腔，音质干净清晰，专为 3 岁以上的学龄前儿童研发。小萝卜早教机器人不仅可以将精选的启蒙知识、早教课程传授给儿童，而且对于儿童来说也是一种陪伴。

图 6.30　小萝卜早教机器人

　　图 6.31 是已经在各大展馆中部署应用的展馆智能语音机器人。这种机器人配合 3D 视觉，看到来访人员会主动打招呼，启动智能迎宾；自身携带的蓄电池可实现识别和躲避障碍物以及自主行走；为游客进行语音讲解，并且辅以图片和视频等补充介绍，使内容更生动；此外可进行自助语音问答，利用语音控制机器人的移动、肢体动作以及其他表演功能；可作为展厅中控，通过语音控制展厅设备(投影仪、服务器、灯光等)的开、关机。它作为智能化的集大成者，是展厅智慧管家的不二之选，将极大地提升接待效率和企业形象。

图 6.31　展馆智能语音机器人

　　总体而言，智能语音机器人作为新一代人工智能机器人平台，整合了最先进的云计算、分布式微服务、大数据等技术，应用了目前最前沿的自然语言处理及深度学习算法，为客户的产品插上人工智能的翅膀,施展自己的 AI 创新能力。如今,随着人工智能技术的快速发展,智能语音机器人也在不断优化迭代。在商业场景下,智能语音机器人所具备的远程办公、无接触的服务特性,也为商业活动的高效开展提供了重要支撑。

课后思考题

1. 请简述语音信号传感的发展历程,并说说体会和感悟。
2. 麦克风的基本结构组成有哪些?
3. 本章列举了哪些传输接口与协议?查阅资料并说说还有哪些传输接口与协议。
4. 本章列举的典型的语音传感器有哪些?请结合生活实践再作补充。
5. 简述语音信号数据处理有哪些过程。语音信号的编解码指什么?
6. 语音信号预处理包含哪些步骤?请简要说明。
7. 语音情感识别系统所采用的识别算法可以分为什么?
8. 结合本章第四小节,思考智能语音信息感知技术还可以应用在哪些地方。

参 考 文 献

[1] 陈扶明,李盛,安强,等. 生物雷达语音信号探测技术研究进展[J]. 雷达学报,2016,5(5):477-486.

[2] 王俊力. 电容式硅麦克风特性研究[D]. 武汉:武汉大学,2019.

[3] 邵富杰,张国利,周勇. 基于 I²S 总线实现嵌入式语音采集与回放[J]. 微计算机信息,2011,27(6):72-74.

[4] 胡斌. VOIP 系统中基于 RTP/RTCP 协议的语音及视频传输的设计与实现[D]. 厦门:厦门大学,2009.

[5] 刘军高,卓祯雨. PCM 语音数据格式的一种压缩算法[J]. 广州大学学报:自然科学版,2008,7(1):34-36.

[6] 谭振建. 基于蓝牙技术的音频/视频协议的研究[D]. 南京:东南大学,2003.

[7] 卢志国. 浅析数字音频压缩技术[J]. 数字技术与应用,2013(5):89-90.

[8] 高畅,李海峰,马琳. 面向内容的语音信号压缩感知研究[J]. 信号处理,2012,28(6):851-858.

[9] 李铮,欧阳贝贝,赵淼,等. 说话人识别系统中特征提取的优化方法[J]. 厦门大学学报:自然科学版,2020,59(6):995-1003.

[10] 陈彪. 与文本无关的说话人识别关键技术研究及系统设计[D]. 长沙:国防科学技术大学,2011.

［11］ 闵梁. 面向智能家居的语音识别技术研究与实现［D］. 哈尔滨：哈尔滨工业大学，2015.

［12］ 郑纯军，王春立，贾宁. 语音任务下声学特征提取综述［J］. 计算机科学，2020，47（5）：110 - 119.

［13］ 韩文静，李海峰，阮华斌，等. 语音情感识别研究进展综述［J］. 软件学报，2014，25（1）：37 - 50.

［14］ 李海峰，陈婧，马琳，等. 维度语音情感识别研究综述［J］. 软件学报，2020，31（8）：2465 - 2491.

［15］ 孙晓虎，李洪均. 语音情感识别综述［J］. 计算机工程与应用，2020，56（11）：1 - 9.

［16］ 刘帮. 基于 VANETs 与智能感知的交通信息系统关键技术研究［D］. 成都：电子科技大学，2018.

［17］ 刘欣. 基于智能感知的机器人交互技术研究［D］. 广州：华南理工大学，2016.

第 6 章 智能语音信息感知技术

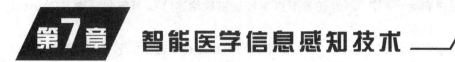

第7章 智能医学信息感知技术

智能医学信息感知技术是基于现代医学和生物理论，并结合先进的脑认知、大数据、云计算、机器学习等人工智能及相关领域的工程技术，也是探索人机协同的智能化诊疗方法和临床应用的新兴交叉技术。近年来，新兴的智能传感器技术应用于生物医学工程，推动了智能医学信息感知技术的快速发展。本章先介绍智能医学信息感知技术基础，包括常规生理指标检测、生物医学病理学化学检测和医学影像的检测技术；然后介绍智能医学成像技术、智能医学影像的辅助诊疗及典型应用。

7.1 智能医学信息感知技术基础

智能医学信息感知大致可以分为常规生理指标检测、生物医学病理学化学检测以及医学影像的检测技术。通常，通过常规生理指标检测基本可以确定人体的健康状态。然而，要进一步确定机体的生理健康状况，需要进行生物医学病理学化学检测。同时，医学影像检测也是医生诊疗的重要手段之一。

7.1.1 常规生理指标检测

人体生理指标包括很多方面，比如正常腋下温度为 $36 \sim 37 ℃$，成人正常呼吸频率为 $16 \sim 20$ 次/分钟，正常收缩压为 $90 \sim 140$ mmHg，舒张压为 $60 \sim 90$ mmHg，正常心率为 $60 \sim 100$ 次/分钟。若心率高于 100 次/分钟，则为心动过速；若心率低于 60 次/分钟，则为心动过缓。接下来以心率测量为例，介绍常规生理指标检测。

心率测量可分为接触式和非接触式测量两种。接触式心率测量是传统的测量方式，这种测量方式在操作简便性和设备便携性上存在一些限制。相比之下，非接触式心率测量可以更好地满足日常心率监护的需求。非接触式心率测量应用图像捕获技术，通过摄像头对使用者的脸部进行视频图像捕捉，从脸部皮肤的细微反射中提取出有关人体生理功能的细微的周期性信号。通过综合运用算法，对信号进行分离、提取、分析等操作，计算被检测目标的心率。心率测量能应用于多种场景，对突发心脏病等各种疾病具有警示和预防的作用，能够全方位地为大众健康保驾护航。

非接触式心率测量示意图如图 7.1 所示。通常只需要一个光源和一个普通摄像头就可以完成非接触式心率测量的图像采集。视频的采集过程是整个心率监控的关键，可以先使用普通的工业摄像头或手机摄像头对人脸进行视频采集，然后提取感兴趣区域的信号，经过信号处理分析，最后在显示设备呈现结果。

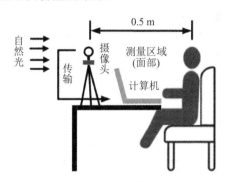

图 7.1 非接触式心率测量示意图

为了检测心率，需要先使用光电设备收集照射在人脸皮肤感兴趣区域的自然光经过反射或者散射后返回来的光线，然后将这些光线转化成计算机所能处理的数字信号。人脸皮肤特征区域检测或人脸特征定位是一种将特定数学特征模型与计算机图形系统中的人脸信息模型进行综合分析和比较的检测技术，用于确定可能需要的人脸特征区域。一旦确定了可能需要进行检测的人脸特征区域，人脸特征检测处理系统将自动返回可能的检测结果。这是应用程序系统设计中非常重要的技术操作步骤。

在计算心率的过程中，采集到的视频数据以队列这种数据结构形式呈现。例如，设置每个队列包含 600 帧数据。当初始数据长度达到 600 帧时，就将这些数据存到计算队列进行心率计算。后续每增加 90 帧，就将新数据存入其队尾进行心率计算。计算完成后再将这些数据删除。

在对已获取的视频数据进行预处理时，主要是通过 Matlab 工具进行带通滤波和标准化处理的。带通滤波主要用于抑制血液容积脉搏波（Blood Volume Pulse，BVP）信号以外的噪声，在盲源分离中先需要进行标准化处理。首先将得出的 BVP 信号进行傅里叶变换，然后得出对应的频谱图，最后把"频率值×60"这个数值作为心率计算过程得出的结果。当完成这些心率信号的滤波后，保存之后的信号即心率阶段的信号。这个状态下的信号在经过频域转换后，在频谱图上会有一些特征体现出来，由此可以得出频率平均值，即一秒钟内心脏跳动的次数。如果将其换算为工程上心率信号的单位（次/分钟），就能得出在正常情况下的心率数值。

7.1.2　生物医学病理学化学检测

生物医学病理学化学检测(生化检验)是指利用生物化学的方法检测机体的健康状况。这种检测主要通过测量人体血液中一些基本物质的含量,并将其与相关标准进行对比,得出机体的健康状态指数,从而为后续的诊断与治疗工作打下基础。生化检验较为常见的检测项目有血脂、血糖、肝功能、肾功能、各种酶类、矿物离子等。当生化检验结果显示某些生理指标升高或降低时,说明体检者的身体出现了病变。通过对这些指标的汇总分析,就可以帮助医生更好地对疾病作出诊断,并制订治疗疾病的合理方案,从而有利于疾病的治疗。接下来以血糖检测为例介绍生化检验。

血糖仪是一种测量血糖水平的电子仪器,主要是用来检测糖尿病患者体内的血糖浓度的。使用血糖仪可以及时掌握血糖浓度水平,从而及时调整饮食和进行适当的运动,防止病情恶化,因此它对糖尿病患者来说是必不可少的。在便携式仪器设备中,通常要求其数据采集系统具有数据采集速度快、精度高的特点,并同时具有供电电压低、体积小以及功耗小等良好特性。例如,采用两块 3 V 的纽扣电池作为供电电源,显示驱动采用液晶屏,这可以减小仪器体积,上位机通信模块的设计使得用户可以通过 PC 对测试数据进行查询、校正并描绘数据曲线等。

酶电极法也可用于检测血糖,其过程如图 7.2 所示。在测试电极两端加 0.5 V 的电压,确保电压保持恒定,不会随着血糖浓度的变化而改变。在滴入血样之后,血液中的葡萄糖在葡萄糖氧化酶(GOD)的作用下与氧发生反应并产生微电流信号。由于此信号非常小,可达几微安,直接测量不方便且不准确,因此需要通过相应的转换芯将其转换为电压信号。

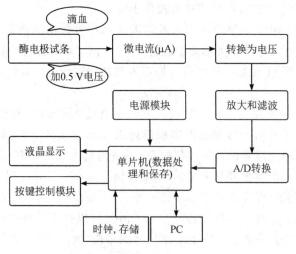

图 7.2　血糖检测过程示意图

该电压信号通过放大器放大并进行滤波处理，再通过 A/D 转换器转换为可以被 CPU 处理的数字信号，然后输入单片机，进而对读取的数据进行转换处理，例如换算成指定单位的血糖含量值，最后将结果通过液晶显示器显示出来。

以 ATAGO(爱拓)的血糖检测仪为例进行详细的介绍。该血糖检测仪的核心控制器采用 AT89C55 系列单片机。直流电源控制器选用 MAX603，它不仅具有外围元件少、功耗低、效率高等优点，而且还具有两种输出模式，利用它可以方便地组成多种直流电源变换电路，不仅能满足某些特殊系统的要求，而且能提高仪器的性价比。放大模块采用的是低功耗精密运算放大器 OP07C 和 LM358。OP07C 的特点是超低失调、低漂移、高精度、高增益、高输入阻抗，电路正比特性好，零点失调电压小，性能极为优越稳定。LM358 内部包括两个独立、高增益、内部频率补偿的双运算放大器，它的使用范围包括传感放大器、直流增益模块和其他所有可用单电源供电的使用运算放大器的场合。模数转换器选用的是美国 Burr-Brown 公司生产的串行 16 位微功耗高速芯片 ADS8320。它的采样频率最高可达 100 kHz，线性度为±0.05％，工作的电源电压范围在 2.7～5.25 V 内，比较适合于便携式电池供电系统。LCD 显示是系统的输出模块，可以选用 SMS0601 芯片。AT89C55 单片机具有串口通信功能，但其 CPU 输出的是 TTL 电平，而实际串口通信的是 RS232 电平，因此需要将 TTL 电平转换为 RS232 电平，通常采用 RS232 电平转换芯片来实现。

7.1.3 医学影像的检测技术

传感技术是医学影像检测技术的基础。生物传感器定义为使用固定化的生物分子并结合换能器，监测生物体内或生物体外的环境化学物质或与之发生特异性交互作用后产生响应的一种装置。如图 7.3 所示，生物传感器由识别部件和转换部件两个关键部件构成。识别部件是生物传感器用于接收或产生信号的部分；转换部件是硬件仪器的一部分。如今，从最简单的数字式温度计到复杂的激光制导的外科手术工具，传感技术渗透到医院护理的各个方面。

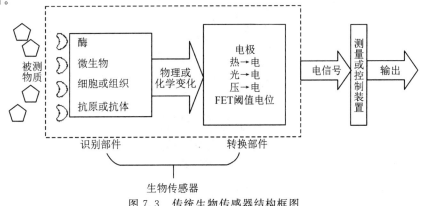

图 7.3 传统生物传感器结构框图

成像是医学影像检测技术的核心内容。在 20 世纪 60 年代末，英国工程师 Hounsfield 发明了计算机断层扫描（Computed Tomography，CT），这使得 X 射线检查技术发生了革命性的飞跃。CT 利用 X 射线作为成像源，能够摄取到人体薄层组织的图像，具有较高的空间分辨力和密度分辨力，在图像上可以看到普通平片检查所看不到的结构和病灶，为临床提供了丰富而又可靠的信息。同期，非 X 射线成像技术也相继应用于临床，例如磁共振成像（Magnetic Resonance Imaging，MRI）、超声成像（Ultrasound Imaging，USI）、单光子发射计算机体层显像（Single-Photon Emission Computed Tomography，SPECT）、正电子发射断层显像（Positron Emission Tomography，PET）等许多全新的数字化成像技术迅猛崛起，使医学影像进入全面数字化的时代，逐渐形成了现代医学影像学。

7.2　典型的智能医学成像技术

医学图像处理的对象是各种不同成像机理的医学影像。临床中广泛使用的医学成像技术主要有 X 射线成像（X-CT）、超声成像（USI）、计算机断层扫描（CT）、磁共振成像（MRI）、正电子发射断层显像（PET）等。

7.2.1　X 射线成像

X 射线（简称 X 线）又称为伦琴射线，它是肉眼看不见的一种射线。X 射线具有如下特征：它可以使某些化合物产生荧光或使照相底片感光；它在电场或磁场中不会发生偏转，但能发生反射、折射、干涉、衍射等；它具有穿透物质的本领，但对不同物质的穿透本领不同；它能使分子或原子电离；它具有破坏细胞的作用。X 射线能使人体在荧屏上或胶片上形成影像，这是因为人体组织有密度和厚度的差别，当 X 射线穿透人体时，荧屏上或胶片上会显示不同的组织影像。医院中使用的 X 光机如图 7.4 所示。

图 7.4　X 光机

1. X射线成像的物理基础

医用的 X 光检查，主要利用 X 射线在人体软组织内极强的穿透力，来达到看清体内状况的目的。X 射线的本质，与我们所看到的可见光一样，都是电磁波。但是可见光波段的波长范围为 380~780 nm，而 X 射线的波长要远远小于可见光波段，在 10^{-3}~10 nm。

光子的能量公式定义为 $E=h\upsilon=hc/\lambda$，光子的能量与波长呈反比，因此 X 射线的光子能量是远大于可见光的，这使得 X 射线的穿透性很高。可见光连薄薄的一层眼睑都无法透射，但有相当一部分 X 射线光子却能够轻松地穿透身体，并在另一侧被探测器接收。当然，波长更短的 γ 射线的穿透性更强，在 γ 射线面前，身体几乎就像是透明的一样。

X 射线在穿过人体的时候，会与人体内部的原子相互作用，从而导致能量衰减。相互作用方式主要有三种：X 射线可以直接穿过人体而不发生任何反应；光电效应，其中光子与物质相互作用，并且能量被完全吸收；康普顿散射，光子与物质相互作用，只积累部分能量，从而导致光子散射或偏离原始方向。使光子能够积存能量的相互作用有两种，都是和电子的相互作用。在相互作用的过程中，电子可能失去全部能量，也可能只失去部分能量，剩余的能量被散射掉。如果电子被原子核牢固地束缚着，电子的结合能就比较大，一个光子把它的全部能量传递给原子壳层上的一个电子，于是这个电子在能量的作用下从原子中发散出来，这个过程叫作光电子吸收。这是因为电子仅离开相当短的距离就迅速失去能量，从而将能量贮存在周围物体中。在整个过程中，光子的能量分成两部分，一部分用来克服电子的结合能，另一部分转化为电子的动能。如果电子的结合能较小，光子能量的部分会被吸收，从而产生另一个能量较少的光子，这种过程叫康普顿散射作用。

2. X射线成像系统

X 射线成像系统从功能上可以分成如下几部分：

（1）X 射线源：产生 X 射线的设备，包括高压发生器（脉冲方式或连续方式工作）及 X 射线管。

（2）检测器：接收透过人体的 X 射线光子，并转换成便于记录的信号。

（3）显示器：显示人体的 X 射线图像，以供医生观察。

图 7.5 为典型的数字 X 射线系统框图。该系统由 X 射线管及准直器、影像增强器及其与摄像机之间的光学系统、ADC、光学视频处理器、CRT 显示器等组成。

3. X射线成像原理

X 射线之所以能使人体在荧屏上或胶片上形成影像，一方面是因为 X 射线的特性，即穿透性、荧光效应和摄影效应；另一方面是因为人体组织有密度和厚度的差别。由于存在这种差别，X 射线透过人体各种不同结构的组织时，被吸收的程度不同，因此到达荧屏或胶片上的 X 射线量就会有差异。这样，在荧屏或胶片上就形成了明暗对比不同的影像。

经胶片或荧屏的显示才能获得具有黑白对比、层次差异的 X 射线影像。当强度均匀的

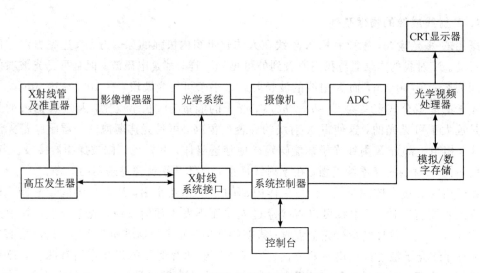

图 7.5　数字 X 射线系统框图

X 射线穿透相等厚度、不同密度的组织时，由于吸收程度不同，将出现图 7.6(a)所示的情况，在胶片上或荧屏上显示出具有明暗对比、层次差异的 X 射线影像。例如，骨组织或钙化灶等高密度组织对 X 射线吸收较多，穿透的 X 射线少，在胶片上呈白影，在荧屏上产生的荧光少；而脂肪组织等低密度组织对 X 射线吸收少，穿透的 X 射线多，在胶片上呈黑影，在荧屏上则产生较多的荧光。人体组织、器官的形态不同，其厚度也不相同。厚的部分吸收的 X 射线多，薄的部分吸收的 X 射线少，因此可形成图 7.6(b)所示的成像关系。

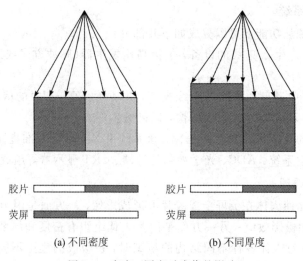

图 7.6　密度、厚度对成像的影响

4. X射线图像的输出

人体组织是由不同的元素组成的，且各种组织在单位体积内各元素量的总和不同，因此密度不同。人体组织按照密度的不同可归纳为3类：高密度的组织，如骨组织和钙化灶等；中等密度的组织，如软骨、肌肉、神经、实质器官、结缔组织以及体内液体等；低密度的组织，如脂肪以及存在于呼吸道、胃肠道、鼻窦和乳突内的气体等。在人体结构中，胸部的肋骨密度高，对X射线吸收多，照片上呈白影；肺部含气体，密度低，对X射线吸收少，照片上呈黑影。病理变化可使人体组织的密度发生变化。例如，肺结核病变可使原属于低密度的肺组织内产生中等密度的纤维性改变和高密度的钙化灶；在胸片上，表现为肺影的背景上出现代表病变的白影。因此，不同组织密度的病理变化可产生相应的病理X射线影像。

在胶片上和荧光上显示出的黑白对比和明暗差别，以及由黑到白和由明到暗的界线，都与它们的厚度的差异相关。例如，在胸部，肋骨密度高但厚度小，而心脏大血管密度低但厚度大，因此心脏大血管的影像在屏幕上反而比肋骨影像白。同样，胸腔大量积液的密度为中等，但因其厚度大，所以其影像也比肋骨影像白。一般物质的密度与其本身的比重呈正比，物质的密度越高，比重越大，吸收的X射线量越多，影像在照片上呈白影。反之，物质的密度越低，比重越小，吸收的X射线量越少，影像在照片上呈黑影。因此照片上的白影与黑影，虽然也与物体的厚度有关，但却可反映物质密度的高低。在医学术语中，通常用密度的高与低来表达影像的白与黑。例如，高密度、中密度和低密度分别表达白影、灰影和黑影。人体组织密度发生改变时，则用密度增高或密度降低来表达影像的白影与黑影。图7.7(a)、(b)、(c)分别为手骨、胸部、口腔的X射线影像。

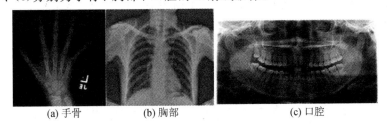

(a) 手骨　　　　　(b) 胸部　　　　　(c) 口腔

图 7.7　X射线图像

7.2.2　超声成像

医学中的超声成像是以超声波为声源，以声波的传播特性为物理基础，对人体内部组织器官进行成像的。与其他成像技术(如 CT、MRI、PET)相比，超声成像具有无辐射、成像快速、检查费用低等优点；同时，超声成像设备非常轻巧便携。因此以超声成像为基础的临床检查手段越来越受到医生的青睐，在临床中被广泛使用。获取超声图像的B超机如图7.8 所示。

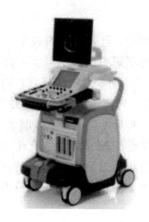

图 7.8　B超机

1. 超声成像的物理基础

超声波是物体在介质中进行机械振动时，产生的频率高于 20 kHz 的一种声波。在临床应用中，超声波的频率一般为(1~20) MHz。同其他频率的声波一样，超声波可以在固体、气体和液体中传播。同时，超声波固有的高频特性使它不同于低频声波。超声波具有以下特点：

（1）能量高。声波的能量正比于频率的平方，并且功率正比于能量。因此，超声波具有较高的能量和功率。

（2）方向性强。超声波在介质中沿直线传播。

（3）穿透能力强。声波在介质中传播时，根据传播方向可分为横波和纵波。超声波是一种纵波，且穿透能力很强，能够穿透较厚的生物组织，但是对骨的穿透性较差。

2. 超声成像系统

超声成像系统主要由超声换能器和基础电路两部分构成，如图 7.9 所示。

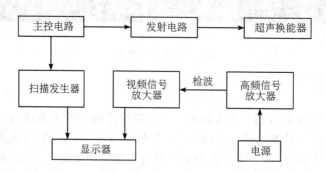

图 7.9　超声成像系统的基本结构示意图

（1）超声换能器。超声换能器又称为超声探头，它主要用于超声波的发射和接收。其核心部件是压电晶片，在压电晶片的前端使用由硅橡胶（或环氧树脂）制成的薄膜以及由有机玻璃（或硬塑料）制作的外壳进行保护。

（2）基础电路：基础电路是超声成像系统的核心部分，主要由主控电路、发射电路、扫描发生器、显示器、视频信号放大器、高频信号放大器及电源构成。其中，主控电路用于控制电脉冲产生的时间，并对扫描发生器进行初始化；发射电路用于将电能转换为超声波能量并将其发送到待检测的物体；扫描发生器主要对获取的信号进行坐标转换；显示器将经过处理并携带有关人体信息的电信号显像于荧光屏上；视频信号放大器用于放大接收到的超声信号，以增强信号的强度；高频信号放大器用于放大超声信号中的高频成分，以提高图像分辨率和细节清晰度；电源为整个系统提供能量。

3. B型超声成像原理

根据超声成像方式的不同，目前医用超声成像设备可分为A型、B型、C型、D型和M型5种类型。B型（Brightness Mode）超声为灰度调制型超声，简称B超，因其可通过点、线扫描出人体组织（器官）的解剖切面，故又被称为二维超声。

在超声成像系统中，传感器系统是一个阵列装置，它可以发射和接收信号。一个传感器可以称为阵元，而多个阵元能组成一个阵列。空间中每一个点的场强会受到各阵元辐射场的影响，因此为了形成不同的辐射场，会对各个阵元进行加权处理，从而使各个阵元发射的信号大小和时间不同。在成像过程中，在一个阵列中采用多个阵元，是为了尽可能地合成所需的辐射场，从而达到提高成像分辨的目的。因为反射信号包含了物理对象的相关信息，为了得到反射信号，就需要对其进行逆求解。为了构成超声图像，需要将声音脉冲发送到目标组织中。不同的组织与这些声音脉冲的相互作用不同，它们被组织结构反射、折射或者吸收，然后被换能器捕获，最后形成图像。

成像组织的回波信号幅度取决于单位体积内的散射体数量、声阻抗、散射体的大小和超声频率。"高回声"是指产生较高散射幅度的组织，"低回声"是指产生较低散射幅度的组织。因此，两者都用于描述组织相对于平均背景信号的散射特性。出现高回声的区域通常由更多数量的散射体组成，且具有更大的声阻抗差异以及更大尺寸的散射体。

4. B型超声图像的输出

超声图像是根据探头扫查的部位构成的断层图像。它以解剖形态学为基础，依据各种组织结构间声阻抗差的大小，以明（白）暗（黑）之间不同的灰度来反映回声的有无和强弱，从而分辨解剖结构的层次，显示脏器和病变的形态、轮廓和大小以及某结构的物理性质。国际上把人体组织反射回声强度分为无回声、低回声、高回声和强回声四个等级，其对应的组织器官和二维超声图像表现见表7.1。

表 7.1　人体组织器官回声类型

回声类型	组织器官	二维超声图像表现
无回声型	血液等液性物质	液性暗区
低回声型	心肌、肝、脾等实质脏器	低亮度、低回声区
高回声型	心瓣膜、肝包膜等	高亮度、高回声区
强回声型	肺气、肠气等	极高亮度、高回声区，后伴声影

超声图像是层面图像，无回声为暗区（黑影），强回声则为亮区（白影）。图 7.10(a)展示了卵巢（红色区域）、卵泡（黄色区域）的超声图像，图 7.10(b)展示了颈动脉斑块的超声图像。

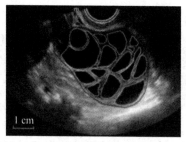
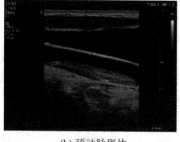

(a) 卵巢、卵泡　　　　　　　　(b) 颈动脉斑块　　　　　　　超声图像

图 7.10　超声图像

7.2.3　CT

利用不同组织对 X 射线的吸收系数不同的物理特性，让 X 射线沿着不同的方向对成像物体进行透射，并借助计算机技术重建成像物体的二维断面或三维图像，这种技术被称为计算机断层扫描（CT）。

CT 设备从提出到应用一直在不断地发展，探测器从原始的 1 个发展到多达 4800 个，扫描方式也从平移/旋转、旋转/旋转、旋转/固定，发展到螺旋 CT 扫描。而且其计算机容量大、运算快，可立即重建图像。超高速 CT 扫描所用扫描方式与螺旋 CT 扫描完全不同，扫描时间可缩短到 40 ms 以下，每秒可获得多帧图像。由于扫描时间很短，可获得动态的图像，能避免运动所造成的伪影，因此，超高速 CT 扫描更适用于心血管造影检查，对一些不能很好合作的患者（如小孩），超高速 CT 扫描也能取得很好的效果。图 7.11 为医用的CT 设备。

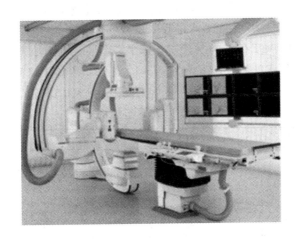

图 7.11　CT 设备

1. CT 成像的物理基础

CT 图像是真正的断面图像，显示了人体某个断面的组织密度分布。CT 以 X 射线作为投射源，由探测器接收人体某断面上的在不同方向上人体组织对 X 射线的衰减值，经过模拟/数字转换后输入计算机进行处理。计算机处理后得到扫描断面的组织衰减系数的数字矩阵，然后将矩阵内的数值通过数字/模拟转换，用黑白不同的灰度等级在荧光屏上显示出来。

当 X 射线通过物质时，X 射线光子与物质中的原子发生光电效应、康普顿效应和电子对效应等，在此过程中由于散射和吸收致使出射方向上的 X 射线强度衰减，此谓吸收衰减。X 射线强度在物质中的吸收衰减规律是 CT 成像的物理依据。CT 图像具有图像清晰，密度分辨率高，没有层面以外组织结构干扰等特点。

下面介绍 CT 成像中涉及的一些概念。

(1) 体素和像素。体素是三维数据中的基本单位，它是三维空间中的一个体积元素。像素是二维图像中的基本单位，它是图像中最小的可显示元素。当三维数据被投影到二维平面上时，体素对应于在该平面上显示的像素。

(2) 矩阵。当图像面积为固定值时，像素越小，组成 CT 图像的矩阵越大，图像清晰度越高。

(3) 空间分辨率。它是指在保证一定的密度差的前提下，显示待分辨组织几何形态的能力。常用每厘米(cm)内的线对数或者用可辨别的最小物体的直径(mm)来表示。

(4) 密度分辨率。它是指能分辨两种组织最小密度差异的能力。

(5) CT 值。CT 值是指体素的相对 X 射线衰减度(即该体素组织对 X 射线的吸收系数)，表现为相应像素的 CT 值，单位为 Hu(Hounsfield unit, Hu)。CT 值的计算公式为

$$CT\ 值 = \frac{该物质的吸收系数(\mu_n) - 水的吸收系数(\mu_w)}{水的吸收系数(\mu_w)} \times 1000 \qquad (7.1)$$

水的吸收系数为 10，CT 值定为 0 Hu，人体中密度最高的骨皮质的吸收系数最高，CT 值定为 +1000 Hu，而空气密度最低，CT 值定为 -1000 Hu。人体中密度不同的各种组织的 CT 值居于 -1000 Hu 到 +1000 Hu 的 2000 个分度之间。常见人体组织的 CT 值如表 7.2 所示。

表 7.2　常见人体组织的 CT 值

组织	CT 值/Hu	组织	CT 值/Hu
骨组织	>400	肝脏	50~70
钙值	80~300	脾脏	35~60
血块	64~84	胰腺	30~55
脑白质	25~34	肾脏	25~50
脑灰质	28~44	肌肉	40~55
脑脊液	3~8	胆囊	10~30
血液	13~32	甲状腺	50~90
血浆	3~14	脂肪	-100~-20
渗出液	>15	水	0

（6）窗宽与窗位。窗宽是指荧屏图像上包括 16 个灰阶的 CT 值范围。人体组织 CT 值范围有 2000 个分度（-1000~+1000 Hu），如果在荧屏上用 2000 个不同灰阶来表示 2000 个分度，由于灰度差别小，人眼不能分辨（一般仅能分辨 16 个灰阶）。窗位指的是显示窗口中灰度级的中心位置，即显示出来的灰度值的偏移。较高的窗位将使得图像整体变亮，显示更多的高灰度结构；而较低的窗位将使得图像整体变暗，显示更多的低灰度结构。

2. CT 成像系统

CT 成像系统的基本结构框图如图 7.12 所示。具体而言，其一般由激光器、操作控制台、高压产生器、X 射线管、体模、探测器和计算机系统组成。

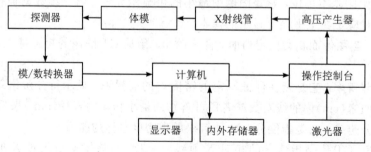

图 7.12　CT 成像系统的基本结构框图

（1）激光器。激光器发射一束或多束激光光束，将其照射到患者身体表面，标记出扫描区域的位置。操作人员可以根据这些标记确保扫描区域的正确定位和对齐。

（2）操作控制台。在扫描过程中，操作控制台可以实时监控扫描进度和图像质量，并进行必要的调整。

（3）高压产生器。高压产生器是给 X 射线管提供的电源，用于产生高电压以加速电子。

（4）X 射线管。X 射线管通过高压产生器供电，产生高能量的电子，击中靶材后产生 X 射线束。该 X 射线束穿过患者身体并被探测器接收，用于生成图像。

（5）体模。体模通过放置在 CT 扫描床上，模拟患者的身体部位和姿势。在 CT 扫描过程中，体模用于评估 CT 系统的性能，并进行校准和质量控制。

（6）探测器。探测器接收 X 射线束穿过患者身体时产生的信号，并传输给计算机系统进行图像重建和处理。

（7）计算机系统。计算机系统是 CT 成像系统的核心装置，它包括模/数转换器、计算机、显示器和内外存储器。模/数转换器用于处理探测器接收到的模拟信号，并将其转换为数字信号；计算机使用数学算法将重建得到的图像显示在显示器上；内外存储器用于存储数据，以供后续参考和分析。

3. CT 成像原理

CT 是用 X 射线束沿不同方向对成像物体进行扫描，由探测器接收透过成像物体表面的 X 射线，将其转变为可见光信号，再通过光电转换器转换为电信号，经模/数转换器转换为数字信号，最后输入计算机进行处理。利用计算机对 X 射线扫描所得的信息进行计算，获得成像物体内每个体素的 X 射线衰减系数（或称为吸收系数），随后将其排列成矩阵，并经数/模转换器，将矩阵中的每个元素转换为对应图像位置的灰度像素，最终构成 CT 图像。

重建成像的本质是依据已知因素建立方程，通过对其求解获取相应未知因素的过程。在 CT 成像中，未知因素是待求成像物体中每个体素的值，其组成的集合构成了 CT 图像；已知因素是指方程的组成形式和每个方程的输出。对于 CT 成像而言，现有的求解算法可分为三类，即直接矩阵求解法、迭代重建算法及滤波反投影重建算法。

4. CT 图像的输出

CT 机中阵列处理器是专门用来重建图像的计算机。重建后的数字图像通过监视器的屏幕显示出来，而且还可以在监视器上进行图像的各种后处理。重建后的数字图像可以记录在磁带、磁盘或光盘上，也可以直接通过激光相机打印出照片。

CT 图像是以不同的灰度来表示的，反映了器官和组织对 X 射线的吸收程度。与 X 射线图像的黑白影像一样，黑影表示低吸收区，即低密度区，如肺部；白影表示高吸收区，即高密度区，如骨骼。但是与 X 射线图像相比，CT 图像的密度分辨力高。因此，人体软组织的密度差别虽小，吸收系数虽接近于水，但也能形成对比而成像。因此，CT 图像可以更好地显示由软组织构成的器官（例如脑、脊髓、纵隔、肺、肝、胆、胰以及盆部器官等），并在良好的解剖图像背景上显示出病变的影像。另外，虽然 X 射线图像可反映正常与病变组织的密度，例如高密度和低密度，但没有量的概念；而 CT 图像不仅可以以不同灰度显示其密度的高低，还可用组织对 X 射线的吸收系数说明高低的程度，具有量的概念。实际工作中，通常不使用吸收系数，而是换算成 CT 值来说明密度。使用 CT 值描述某一组织影像的密度时，不仅可用高密度或低密度来形容，而且可用它们的 CT 值说明密度高低的程度。

CT 图像是层面图像，常用的是横断面。为了显示整个器官，需要多个连续的层面图像。通过 CT 设备上图像重建程序的使用，还可重建冠状面和矢状面的层面图像。图 7.13（a）、（b）、（c）分别为腹部的横断面、冠状面和矢状面的图像。

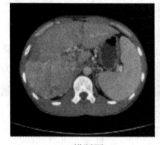 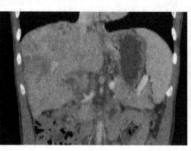 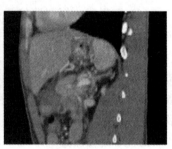

(a) 横断面　　　　　　　　(b) 冠状面　　　　　　　　(c) 矢状面

图 7.13　腹部 CT 图像

7.2.4　MRI

MRI 检查技术是在物理学领域发现磁共振现象的基础上，于 20 世纪 70 年代继 CT 之后，借助电子计算机技术和图像重建数学的进展与成果而发展起来的一种新型的医学影像检查技术。通过在静磁场中施加特定频率的射频脉冲，激发人体组织中的氢原子核发生磁共振现象。在射频脉冲终止后，氢原子核在弛豫过程中产生 MR 信号。通过接收 MR 信号、空间编码和图像重建等处理过程，生成 MR 图像，这种成像技术就是 MRI 技术。图 7.14 为核磁共振仪。

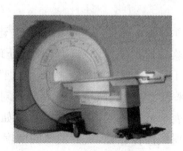

图 7.14　核磁共振仪

1. MRI 的物理基础

磁共振成像的物理基础是核磁共振（Nuclear Magnetic Resonance，NMR）现象。其本质为处于静磁场中的原子核受到射频脉冲激发后，在其能级间产生共振跃迁。1946 年，美国物理学家 F. Bloch 和 E. M. Purcell 各自独立地发现了该现象，并因此荣获了 1952 年的诺贝尔物理学奖。以此为基础，1973 年，美国化学家 Paul C. Lauterbur 首次实现了磁共振成像。自此，磁共振成像学科正式诞生，目前已成为医学诊断的重要工具。MRI 涉及的基本概念如下：

（1）质子的纵向磁化。氢原子核只有一个质子，没有中子。质子带正电荷，并能自旋运动，产生磁场。每个质子可以被视为一个小磁体，其磁场强度和方向用磁矩或磁矢量来描述。在人体进入静磁场以前，体内质子的磁矩取向是任意且无规律的，因此磁矩相互抵消，质子总的净磁矢量为零。如果人体进入一个强度均匀的静磁场（外磁场），质子的磁矩按外磁场的磁力线方向呈有序排列。其中平行于外磁场磁力线的质子处于低能级状态，数目略多；而反平行于外磁场磁力线的质子处于高能级状态，数目略少；相互抵消的结果是产生一个与静磁场磁力线方向一致的净磁矢量，这个过程称为纵向磁化。

（2）进动。在静磁场中，有序排列的质子不是静止的，而是快速地以圆锥形轨迹进行旋转，这种旋转称为进动。进动速度通过进动频率来表示，即单位时间内进动的次数。外磁场的场强越强，进动频率越快。

（3）磁共振现象与横向磁化。只有当向静磁场中的人体发射与质子进动频率相同的射频脉冲，质子才能吸收射频能量跃迁到高能级，从而减少纵向磁化。与此同时，射频脉冲会使质子保持同步和同相位的进动。因此，质子在同一时间指向同一方向，其磁矢量也在该方向上叠加起来，产生横向磁化。

（4）弛豫与弛豫时间。终止射频脉冲后，宏观磁化矢量并不会立即停止转动，而是逐渐向平衡态恢复，此过程称为弛豫，所用的时间称为弛豫时间。弛豫的过程即为释放能量和产生 MR 信号的过程。

2. MRI 系统

MRI 系统主要由磁体系统、屏蔽系统、射频系统、射频线圈、梯度磁场线圈、计算机系统和机械系统几部分构成。

（1）磁体系统。主磁体按磁场形成机理，分为永磁型磁体和导体型磁体，其中导体型磁体主要是超导型磁体。

（2）屏蔽系统。屏蔽系统分为磁屏蔽系统与热屏蔽系统（超导型）。磁屏蔽系统主要解决了外界杂散磁场的干扰与内部磁场的外泄，是参数稳定和运行安全的保障。

（3）射频系统。射频系统分为射频发射系统与射频接收系统。射频发射系统在射频控制电路/计算机接收信号后将其放大到合适的幅度，以满足测量对象与累加强度的要求，并通过梯度磁场线圈与射频发射线圈发射到孔径内。射频接收系统从接收线圈（如体线圈、表面线圈）中接收信号，并通过模/数转换，将其转换为数字信号，以供工作站的计算机进行图像分析和重建。

（4）射频线圈。射频线圈是影响图像质量的重要硬件组成部分。射频线圈分为射频发射线圈和射频接收线圈。体线圈是一种常用的固定在 MRI 设备磁体孔径内的射频线圈，可同时用于发射和接收，其发射和接收的位置相同。体线圈能在孔径内实现均匀成像，但分辨率通常不如表面线圈和相控阵线圈等更小型、更接近被扫描部位的专用接收线圈。

（5）梯度磁场线圈。在核磁共振系统中，为了实现断层层面的选择和平面内像素点位置的编码，需要将额外的低强度梯度磁场累加在主磁场之上，并通过两个反向线圈形成正负梯度，一般在三个垂直的方向上都有。

（6）计算机系统。计算机系统也是十分重要的组成部分。为了建立和完成整个扫描过程，需要数字系统实现从系统启动、时序控制到参数校正、图像重建等一系列自动执行的计算与控制任务。其中，射频控制与前端控制计算机，即通常所说的"谱仪"，主要控制前端电路的执行与时序，是一套半交互式或非交互式的专用数字系统。

（7）机械系统。机械系统包括机器控制盘、病床、升降台、制冷压力机等装置。

此外，独立的电源、制冷与检测系统也是 MRI 系统能够稳定安全工作的必要保障。一个实际的 MRI 系统构成示意图如图 7.15 所示。

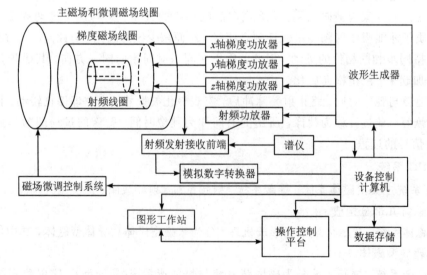

图 7.15　MRI 系统的构成示意图

3. MRI 原理

MRI 的成像方法较多，大多基于拉莫尔定理，构造出与空间位置一一对应的磁场分

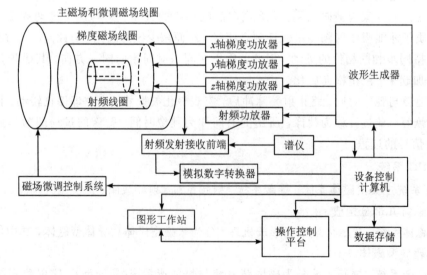（智能信息感知技术）

172

布，使处于不同位置的氢核以不同的频率共振，进而从检测得到的 MR 信号中恢复与参数相关的图像。当前，MRI 的主要成像方法有投影重建法、傅里叶重建法及非均匀采样重建法三种。下面分别对这三种重建方法进行介绍。

1) 投影重建法

如图 7.16(a)所示，MRI 的投影重建法利用了梯度场的作用。在重建过程中，主要使用了两种梯度，一种为层选梯度，另一种为旋转梯度。一般选用 z 方向作为层选方向。加入梯度 $G_z(t)$，其磁场分布为

$$B = B_0 + zG_z(t) \tag{7.2}$$

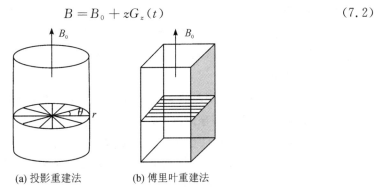

(a) 投影重建法　　　　(b) 傅里叶重建法

图 7.16　常用的磁共振成像法

在选定层面后，可在与 x 轴成 q 角的方向加入旋转梯度 $G_r(t)$。这里，$G_r(t) = \mathrm{d}B/\mathrm{d}r$，为线性梯度场。此时，该处的磁场场强为

$$B = B_0 + rG_r(t) = B_0 + r\frac{\mathrm{d}B}{\mathrm{d}r} \tag{7.3}$$

如果对接收到的信号进行傅里叶变换，可认定某一频率分量上信号的强弱即代表空间某一直线上所有共振信号的总和，它与 CT 中投影数据的形成本质是相当的。以此为基础，可分别获取多个角度的投影图像，最后根据这些投影，即可重建出 MR 图像。

投影重建法操作简单，技术成熟，但成像时间过长，且对梯度的线性度要求较高。

2) 傅里叶重建法

傅里叶重建法主要根据傅里叶原理进行 MRI。如图 7.16(b)所示，在磁共振扫描过程中，依次加入层选梯度、频率编码梯度及相位编码梯度进行层面选择和空间定位。通常情况下，首先沿 z 方向加入层选梯度，进行层面定位；随后，加入频率编码梯度和相位编码梯度，对层面内体素进行定位；然后，逐行、均匀地采集磁共振数据；最后，对采集得到的数据进行快速傅里叶变换，完成 MRI。

傅里叶重建法的数据采集时间短、图像分辨率高，现已逐渐成为磁共振成像的主流方法。但是由于其受规则的数据采集方式的限制，在重建过程中，无法有效抑制运动带来的干扰。

3）非均匀采样重建法

伴随信息及工业技术的快速发展，基于磁共振的螺旋扫描技术被广泛研究。螺旋扫描因其扫描的高速性、对运动的不敏感性等优势，在医学研究中发挥了重要作用。然而，基于磁共振螺旋扫描方式所获取的数据一般为非均匀采样数据，数据大部分不在整网格点上，因此无法直接使用快速傅里叶变换对其进行成像。常用的方法是将非均匀采样数据转换到均匀网格上，然后使用傅里叶变换对其进行重建。目前，在磁共振的非均匀数据处理中，常用算法有栅格重建算法、分块均匀重采样法和广义逆法。

栅格重建算法主要利用插值重采样完成重建，虽然插值运算给重建过程中引入了误差，在一定程度上降低了成像的质量和信噪比，但其重建速度较快。分块均匀重采样法和广义逆法都不需要进行插值运算，但都需要进行奇异值分解和求逆运算，计算复杂，运算时间长。

4. MR 图像输出

人体不同器官的正常组织与病理组织的 T_1（纵向弛豫时间）是相对固定的，但是它们之间有一定的差别，T_2（横向弛豫时间）也是如此。这种组织间弛豫时间上的差别，是 MRI 的成像基础。但 MRI 不像 CT 只有一个吸收参数，而是有 T_1、T_2 和自旋核密度（P）等几个参数，其中 T_1 与 T_2 尤为重要。因此如果获得选定层面中各种组织的 T_1（或 T_2）值，就可获得该层面中包括各种组织影像的图像。

具有一定 T_1 差别的各种组织，包括正常组织与病变组织，转为模拟灰度的黑白影，则可使器官及其病变成像。MRI 的影像虽然也以不同灰度显示，但反映的是 MR 信号强度的不同或弛豫时间 T_1 与 T_2 的长短，而不像 CT 图像，其灰度反映的是组织密度。当 MR 图像主要反映组织间 T_1 特征参数时，为 T_1 加权像（T_1 Weighted Image，T_1WI），它反映的是组织间 T_1 的差别；当主要反映组织间 T_2 特征参数时，则为 T_2 加权像（T_2 Weighted Image，T_2WI）。因此，一个层面可有 T1WI 和 T2WI 两种扫描成像方法，分别获得 T_1WI 与 T_2WI，有助于显示正常组织与病变组织。正常组织（例如脑神经的各种软组织）间 T_1 差别明显，所以 T_1WI 有利于观察解剖结构，而 T_2WI 则对显示病变组织较好。

在 T_1WI 上，脂肪的 T_1 短，MR 信号强，影像白；脑与肌肉的 T_1 居中，影像灰；脑脊液的 T_1 长；骨与空气含氢量少，MR 信号弱，影像黑。在 T_2WI 上，则与 T_1WI 不同，例如脑脊液的 T_2 长，MR 信号强而呈白影。人体不同组织 T_1WI 和 T_2WI 上的灰度如表 7.3 所示。

表 7.3 人体不同组织 T_1WI 和 T_2WI 上的灰度

灰度	组织						
	脑白质	脑灰质	脑脊液	脂肪	骨皮质	骨髓质	脑膜
T1WI	白	灰	黑	白	黑	白	黑
T2WI	白	灰	白	白灰	黑	灰	黑

MRI 对软组织分辨率较高，它可以清楚地分辨肌肉、肌腱、筋膜、脂肪等软组织；区分

膝关节的半月板、韧带及关节软骨等软组织；能清晰地分辨子宫及肌层、内膜层等。相对于CT，MRI 能发现更加微小的病变组织。图 7.17(a)、(b)、(c)分别为头颅、膝关节、脊椎的MR 图像。

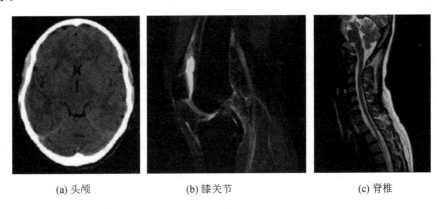

(a) 头颅　　　　　　　　(b) 膝关节　　　　　　　　(c) 脊椎

图 7.17　不同部位的 MR 较为图像

7.2.5　PET

PET 是核医学发展的一项新技术，代表了当代较为先进的无创伤性高品质影像诊断的新技术，是高水平核医学诊断的标志，也是目前唯一可在活体上显示生物分子代谢、受体及神经介质活动的新型影像技术。PET 主要被用来确定癌症的发生与严重程度、神经系统的状况及心血管方面的疾病。使用 PET 造影，需在病人身上注射放射性药物，放射性药物在病人体内释放讯号，被体外的 PET 扫描仪所接收，继而形成影像，可显现出器官或者组织(如肿瘤)的化学变化，从而指出某部位的新陈代谢异于常态的程度。

德国西门子正电子发射计算机断层扫描仪是高档 PET 扫描仪与先进螺旋 CT 的完美融合，如图 7.18 所示。由 PET 提供病灶详尽的功能与代谢等分子信息，由 CT 提供病灶的精确解剖定位，其一次显像即可获得全身全方位的断层图像，主要应用于肿瘤、脑和心脏等领域重大疾病的早期发现和诊断。

图 7.18　正电子发射计算机断层扫描仪

1. PET 成像的物理基础

1）正电子放射性核素

正电子放射性核素通常为富质子的核素，它们衰变时会发射正电子。原子核中的质子释放正电子和中微子并衰变为中子，可表示为

$$P \rightarrow N + \beta^+ + v \tag{7.4}$$

其中，P 为质子，N 为中子，β^+ 为正电子，v 为中微子。正电子的质量与电子相等，电荷量与电子相同，只是符号相反。通常正电子（β^+）的衰变都发生于人工放射性核素。

2）正电子湮灭

正电子湮灭是指正电子与电子相遇后一起消失并放出光子的过程。正电子是电子的反粒子，它的质量和电荷量与电子相同，但电荷符号相反。1929 年狄拉克预言了正电子的存在，1932 年安德森用云室研究宇宙射线时发现了正电子。中国物理学家赵忠尧在此之前（1929—1930 年）曾观测到重元素对硬 γ 射线有反常的吸收，并伴随放出能量大约为 5.50×10^5 eV 的光子，后来被证实为正、负电子对的产生和随后正电子的湮没辐射。正电子湮灭前在人体组织内行进了 1～3 mm，湮灭作用产生能量和动量，同时产生一对方向相反且发射能量为 511 keV 的 γ 光子，如图 7.19 所示。

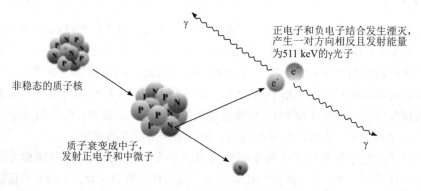

图 7.19　正电子湮灭

2. PET 系统

PET 系统结构如图 7.20 所示。PET 系统主要包括探测器环、符合系统和图像重建系统。

（1）探测器环。探测器环由多个探测器组成，是用于捕获正电子湮灭事件的基本探测装置。探测器由闪烁晶体、光电转换器和前端电子学系统三部分构成。闪烁晶体将 γ 光子转化成可见光光子；光电转换器将可见光光子转化为可测量的电脉冲信号；前端电子学系统对电脉冲信号进行分析，对闪烁脉冲进行拉宽放慢，采用 AD 采样的方式获取闪烁脉冲的时间、位置和能量信息对应的模拟量。

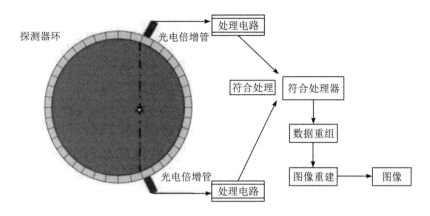

图 7.20　PET 系统结构

（2）符合系统。在获得某个通道的闪烁脉冲的时间、位置和能量信息之后，通过专用的电子电路与其他通道所获得的脉冲逐个进行比较，从中筛选出符合事件的信息，并将其传送至计算机。对于被探测到的晶体条上的这些符合事件，被称为响应线，将进行计数，并按照列表形式排列成 List-mode 数据，或者按照角度和径向展开形成正弦图（Sinogram）数据。

（3）图像重建系统。对符合事件数据（List-mode 或 Sinogram）采用解析或者迭代的方法，重建出放射性核素在体内的活度分布二维或三维图像。

3. PET 成像原理

PET 的成像原理如图 7.21 所示，主要包括三个部分：正电子的产生与湮灭效应（Annihilation）、γ 光子探测器对 γ 光子的检测与定位以及图像重建（Reconstruction）。成像过程中，首先在受试者的血液中注入具有放射性同位素（如 ^{18}F、^{13}N、^{15}O、^{11}C 等）标记的药物，这些核素通常标记在与人体活动相关的分子上，例如用放射性同位素 ^{18}F 标记葡萄糖类

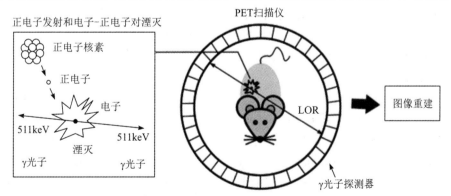

图 7.21　PET 成像原理

似物 FDG(氟代脱氧葡萄糖)。葡萄糖参与人体代谢活动，使同位素在不同组织、器官中进行富集，在代谢越旺盛的区域，同位素的浓度越高。由于放射性核素处于非稳态，因此将自发地发生 β^+ 衰变，进而释放出一个正电子 e^+，β^+ 衰变可以表示为

$$_Z^A X \xrightarrow{\beta^+} _{Z-1}^A Y + e^+ + v \qquad (7.5)$$

其中，X 和 Y 分别表示放射性核素的母核和子核，A 为质量数，Z 为质子数，v 为中微子。

带有动能的正电子在生物组织中经过短距离(称为自由程，距离约为 2 mm)运动后将与电子相遇而发生湮灭效应，从而产生两个能量为 511 keV 且运动方向相反的高能 γ 光子。发射出的 γ 光子与探测器中的闪烁晶体相互作用后，能量被转换为光子。这些光子被探测器末端的光电传感器检测并记录，随后被转换成电信号，以进行进一步的处理和分析。如果在极短时间内检测到两个入射的 γ 光子，则将该事件记录为符合事件，并假设该湮灭事件发生在连接两个探测器的响应线(Line of Response，LOR)上。当 PET 探测系统探测到足够多的符合事件时，所有发生在该 LOR 上的总计数(γ 光子的数量和)可认为是对放射源分布沿着该 LOR 方向的线投影。这一线投影代表了放射源分布在该方向上的活动水平，这意味着在该 LOR 上检测到的 γ 光子数量越多，该方向上的放射源活动水平越高。针对投影数据，可以通过断层图像重建技术获得人体内示踪剂活度分布图像。通过绘制放射性活度分布图，PET 技术能高效、准确地检测出人体病变组织的异常代谢情况，实现对疾病的筛查与诊断。

4. PET 图像输出

PET 的常规图像以放射性在体内不同区域的分布为判断的依据，这种分布的不同以浓聚的程度(灰度的浓淡或不同伪彩色方式)为表现。根据所用示踪剂的自身生物特点，不同组织的放射性分布不一，必须根据所用示踪剂的不同来调整对结果的判断标准。一般认为灰阶方式的图像层次多，质感真实；伪彩色方式的图像层次相对少但对比度好，易于初学者掌握。除常规图像外，PET 还用冠状面、横断面和矢状面同时显示的方式来表达图像结果。断层显示可以去除同一方向上组织间的重叠，显示一定层面上放射性分布的情况，有助于提高信号噪声比值(简称信噪比)，突出病变与周围组织的反差；缺点是减少了信息量，图像本身不清楚，且受所示层面部位、层厚的影响，不易反映相邻的解剖关系，也可能漏掉小于层厚的病灶。

图 7.22(a)、(b)和(c)分别为 PET-CT 检查中的 PET 图像、CT 图像以及 PET 和 CT 的融合图像。PET-CT 是一种可在分子水平上通过观察细胞代谢而精确显示人体各器官的正常组织与病变部位微观结构及细胞分化程度的影像学方法。PET-CT 不仅结合了 PET 和 CT 的优势，而且可以同时提供有关组织代谢活动和解剖结构的信息，为临床诊断和治疗提供更全面的信息。其中，CT 图像以组织对 X 射线的衰减校正为基础；PET 图像以显像剂在体内的分布为基础。通过对影像的分析和判断，可以得到疾病的性质范围和程度，发现临床上未发现的病变，还可以通过特殊的分子生物学特征，补充和完善病理学，为

临床诊治提供了更精确的信息。

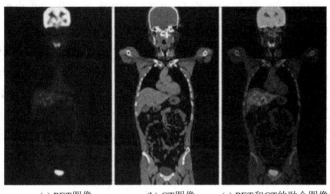

(a) PET图像   (b) CT图像   (c) PET和CT的融合图像

图 7.22　PET 图像、CT 图像以及 PET 和 CT 的融合图像

7.3　智能医学影像的辅助诊疗

7.3.1　医学图像处理

1. 医学图像文件格式

常用的医学图像文件格式有 DICOM 类型和 NIFTI 类型。其中，DICOM 类型文件的后缀为 .dcm，常用的 python 处理库有 SimpleITK、pydicom 库；NIFTI 类型文件的后缀为 .nii 或 .nii.gz(压缩格式)，.nii 格式的图像为三维图像，进行切片后分别表示矢量面、冠状面和轴状面，常用的 python 处理库有 SimpleITK、nibabel 库。另外，扩展名为 .dcm 格式的图像可以保存为 .jpg 格式。目前，DICOM 被广泛应用于放射医疗、心血管成像以及放射诊疗诊断设备(如 X 光机、B 超机、CT 设备和核磁共振仪等)，并且越来越广泛地应用在眼科和牙科等其他医学领域。

1) DICOM

DICOM 是美国放射学会(American College of Radiology，ACR)和美国电器制造商协会(National Electrical Manufacturers Association，NEMA)组织制定的专门用于存储和传输医学图像的标准名称。经过十多年的发展，该标准已经被医疗设备生产商和医疗界广泛地接受，在医疗仪器中得到了普及和应用。带有 DICOM 接口的 CT 设备、核磁共振仪、心血管造影设备和超声成像设备大量出现，在医疗信息系统数字网络化中起到了重要的作用。

DICOM 主要存储关于患者的 PHI(Protected Health Imformation)和图像信息。PHI 就是患者的相关信息，例如姓名、性别、年龄和既往病历等。图像信息包括两部分：一部分是扫描后患者图像的某一层切片，医生通过专门的 DICOM 阅读器打开，查看患者的病情；另一部分是相关的设备信息，例如产生的 DICOM 图像是 X 光机扫描出的 X 光图像的某一层，DICOM 就会存储此 X 光机的相关设备信息。

首先获得 DICOM 图像文件的路径，然后调用 pydicom 的库函数读取 DICOM 图像文件并获取各项相关描述信息，主要是确定文件类型、字节序、数据类型、图像宽度和高度和像素位信息等，再读取图像数据。交互设置相关参数后，调用相关变换函数将 DICOM 图像数据变换为 DIB 位图数据，然后利用 Windows API 函数进行显示，变换后的数据可保存为.bmp 格式的文件。下面示例中的数据取自一组连续扫描的等间距 CT 图像序列，解析这些文件可以得到原始图像数据的主要属性，具体信息如下：

（1）Image Type：ORIGINAL/PRIMARY/AXIAL（图像数据基于原始数据，图像由病人检查的直接结果产生）。

（2）SOP Class UID：1.2.826.0.1.3680043.2.109.2.1704.26327（CT 图像存储）。

（3）Modality：CT。

（4）Institution Name：LUOYANG BONE HOSPITAL。

（5）Slice Thickness：5.00（标称切片厚度为 5.00 mm）。

（6）Patient Position：FFS（体位为 FFS，即 Feet First-Supine）。

（7）Pixel Spacing：0.2544031311/0.2544031311（相邻像素中心距离对应患者身体的物理距离，表示为行（row）/列（column），单位为 mm。即行、列均为 0.2544031311mm/pixel）。

（8）Samples per Pixel：1（每像素抽样为 1，表明为灰度图像）。

（9）Rows：512（每行像素数为 512）。

（10）Columns：512（每列像素数为 512）。

（11）Bits Allocated：16（位分配）。

（12）Bits Stored：12（位存储）。

（13）High Bit：11（最高位）。

DICOM 文件显示如图 7.23 所示。

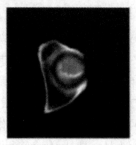 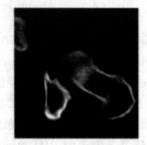

(a) 第一幅　　　　　　　　(b) 第九幅

图 7.23　DICOM 文件显示

2) NIFTI

NIFTI 是一种广泛用于医学影像、脑成像和神经科学研究领域的文件格式。NIFTI 格式最初是为了克服以前神经影像数据格式的一些问题而引入的。以前的格式可能缺乏足够的关于数据空间方向的信息，这导致了对数据的解释存在困难。NIFTI 格式通过提供更多的空间定位信息，使得数据的解释更加明确和准确。

NIFTI 格式通常使用扩展名为".nii"或".nii.gz"的文件来存储数据。与以前的一些格式不同，NIFTI 格式允许将图像数据以 3D 形式存储，这使得它更适合于现代神经影像研究中常见的 3D 图像分析和处理。

除了更好地支持空间定位和数据解释，NIFTI 还提供了一种简化数据存储和交换的方式。相比于以前的格式，NIFTI 格式下每个图像通常只有两个文件(.nii 文件和.hdr 文件)，而不像 DICOM 格式那样有多个文件，这样更加方便管理和处理。

2. 医学图像预处理方法

因为任务不同、数据集不同，所以通常数据预处理的方法有很大不同。但基本思路是要让处理后的数据更利于网络训练。接下来介绍几种常用的医学图像预处理方法。

1) 格式转换

DICOM 是目前医学影像采集重建后存储的通用数据格式，通常从 ADNI 数据集中采集到的 MRI 和 PET 原始图像可能为 DICOM 格式。为了得到便于后续操作的 NIFTI 数据格式，并使其扩展名为 .nii，需要使用 FSL、SPM 等工具对采集到的图像完成从 DICOM 到 NIFTI 数据格式的转换。

此外，从医院拷贝出来的原始数据存在以下几种问题：数据格式非常混乱；有些 DICOM 文件无法读取；部分文件夹为空；部分 DICOM 文件大小为 0KB；超声、CT、MRI 等的图像文件夹名字无规则(命名方式不易进行后处理)；所有 DICOM 文件混在一起，没有按序列存储。面对以上这几种情况的"脏"数据，就需要对它们进行格式转换和相关处理，将文件名命名成更易于读取的格式。

2) 校正

偏置场是指在同一组织内，MR 图像上的亮度差异即强度值(从黑色到白色)。这是一种低频平滑的不良信号，会破坏 MR 图像。偏置场导致 MRI 机器磁场中的不均匀性。例如，扫描仪中的患者位置、扫描仪本身以及许多未知问题等因素都可导致 MR 图像上的亮度差异。如果未校正偏置字段，将导致所有成像处理算法(例如分段和分类)输出不正确的结果。在进行分割或分类之前，需要预处理步骤来校正偏置场的影响。

图 7.24 为 MR 脑图像的校正。

3) 调窗

窗宽、窗位是 CT 图像特有的概念，MR 图像中没有此概念，CT 图像必须先转换成 CT

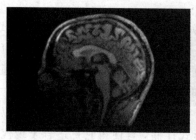 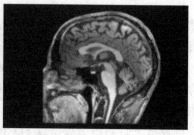

(a) 校正前　　　　　　　　　(b) 校正后

图 7.24　MR 脑图像的校正

值，再做窗宽、窗位调整。医学图像领域的调窗技术，包括窗宽和窗位的调整，用于选择感兴趣的 CT 值范围。因为各种组织结构或病变具有不同的 CT 值，因此要想显示某一组织结构细节时，应选择适合观察该组织或病变的窗宽和窗位，以获得最佳显示效果。

　　窗宽是 CT 图像上显示的 CT 值范围，在此 CT 值范围内的组织和病变均以不同的模拟灰度显示。而 CT 值高于此范围的组织和病变，无论高出多少，均以白影显示，不再有灰度差异。例如，脑质的窗宽常为 $-15 \sim +85$ Hu，即密度在 $-15 \sim +85$ Hu 范围内的各种结构（例如脑质和脑脊液间隙）均以不同灰度显示；而高于 $+85$ Hu 的组织结构（例如颅内钙化），其间虽有密度差，但均以白影显示，无灰度差别；而低于 -15 Hu 的组织结构（例如皮下脂肪及乳突内气体）均以黑影显示，其间也无灰度差别。窗位是窗的中心位置，同样的窗宽，由于窗位不同，CT 值范围对应的 CT 值也有差异。例如，窗宽同为 100 Hu，当窗位为 0 Hu 时，其 CT 值范围为 $-50 \sim +50$ Hu；当窗位为 $+35$ Hu 时，CT 值范围为 $-15 \sim +85$ Hu。图 7.25 为腹部 CT 调窗前后的图像，当窗宽为 400 Hu，窗位为 $+40$ Hu 时，其 CT 值范围为 $-160 \sim +240$ Hu。

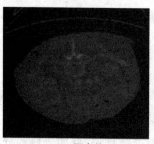 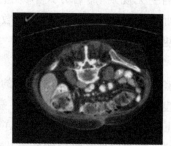

(a) 调窗前　　　　　　　　　(b) 调窗后

图 7.25　腹部 CT 调窗图

　4）归一化和标准化

　　在深度学习图像分类、分割和目标检测等过程中，首先要对图像进行归一化和标准化处理。数据的标准化(Normalization)是指将数据按比例缩放，使之落入一个较小的特定区间。不同的标准化方法，对系统的评价结果会产生不同的影响，其中较为典型的就是数据的归一化处理，即将数据统一映射到[0,1]的区间上。

min-max 标准化是指对原始数据进行线性变换，使结果落到[0,1]的区间内，所得的图像像素值为

$$x_{\text{normalization}} = \frac{x - \min}{\max - \min} \tag{7.6}$$

其中，x 表示输入的图像像素值，max 表示输入像素的最大值，min 表示输入像素的最小值。min-max 标准化通过将 max 和 min 作为基数进行数据的归一化处理。

Z-score 标准化，又叫作标准差标准化，这种方法基于原始数据的均值和标准差进行数据的标准化，所得的图像像素值为

$$x_{\text{normalization}} = \frac{x - \mu}{\sigma} \tag{7.7}$$

其中，μ 为输入图像的像素均值，σ 为输入图像的像素标准差。经过处理的数据符合标准正态分布，即均值为 0，标准差为 1。一般来说，Z-score 不是归一化，而是标准化，归一化只是标准化的一种。

5）插值

在预处理过程中，原始图像的尺寸可能并不统一，因此通常需要对原始图像进行重采样操作，将输入图像的尺寸重采样到同一尺度下，便于批量输入网络中训练。在重采样过程中常用的插值方法有最邻近插值、双线性插值和三线性插值等。

最邻近插值是根据目标图像中每个像素点的位置相对于原始图像中的位置索引，即目标图像中每个像素点的值在原图对应的位置索引为目标图像中像素位置索引与缩放系数的乘积，然后将得到的位置索引四舍五入，在原图中找到对应位置的值作为目标图像中当前所要计算的像素点值。如图 7.26 所示，缩放系数为 0.5，对 2×2 的矩阵进行最邻近插值后得到 4×4 的矩阵。

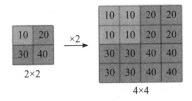

图 7.26　最邻近插值

双线性插值的关键在于对 x 轴和 y 轴方向都进行了一次线性插值。如图 7.27 所示，首先对 x 轴上的两组像素点分别进行线性插值得到点 R_1 和 R_2，在 y 轴上对像素点 R_1 和 R_2 进行

线性插值得到目标像素点 P，这种方法有效地解决了最邻近插值中像素变化不连续的缺点。

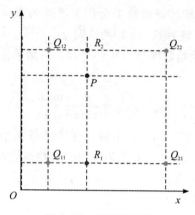

图 7.27　双线性插值

点 Q_{11}、Q_{12}、Q_{22}、Q_{21} 为已知数据点，点 P 为插值得到的点。假如我们想得到未知函数 f 在点 $P=(x,y)$ 处的值，假设函数 f 在 $Q_{11}=(x_1,y_1)$、$Q_{12}=(x_1,y_2)$、$Q_{21}=(x_2,y_1)$ 以及 $Q_{22}=(x_2,y_2)$ 四个点处的值已知。

首先在 x 方向上进行线性插值，可得

$$f(R_1) \approx \frac{x_2-x}{x_2-x_1}f(Q_{11}) + \frac{x-x_1}{x_2-x_1}f(Q_{21}) \tag{7.8}$$

其中 $R_1=(x,y_1)$。

$$f(R_2) \approx \frac{x_2-x}{x_2-x_1}f(Q_{12}) + \frac{x-x_1}{x_2-x_1}f(Q_{22}) \tag{7.9}$$

其中 $R_2=(x,y_2)$。

然后在 y 方向上进行插值，可得

$$f(P) \approx \frac{y_2-y}{y_2-y_1}f(R_1) + \frac{y-y_1}{y_2-y_1}f(R_2) \tag{7.10}$$

最后就得到所要的结果 $f(x,y)$，即

$$
\begin{aligned}
f(x,y) \approx{} & \frac{f(Q_{11})}{(x_2-x_1)(y_2-y_1)}(x_2-x)(y_2-y) + \\
& \frac{f(Q_{21})}{(x_2-x_1)(y_2-y_1)}(x-x_1)(y_2-y) + \\
& \frac{f(Q_{12})}{(x_2-x_1)(y_2-y_1)}(x_2-x)(y-y_1) + \\
& \frac{f(Q_{22})}{(x_2-x_1)(y_2-y_1)}(x-x_1)(y-y_1)
\end{aligned}
\tag{7.11}
$$

智能信息感知技术

三线性插值是在三维空间下进行的插值操作，它的插值过程与双线性插值类似，分别沿 x 轴、y 轴和 z 轴方向进行插值操作，最终得到目标像素点的值。

3. 医学图像处理技术

常用的基础图像处理技术有图像增强技术、图像去噪处理技术、图像边缘检测技术、伪彩色显示技术和纹理分析技术。在病灶提取以及图像分割等任务中也会用到水平集策略。下面将对以上几种常用的医学图像处理技术进行详细的说明。

1）图像增强技术

图像增强技术作为图像处理领域的基本技术之一，通过提高图像的对比度和增强视觉效果，将原本分散稀疏、模糊不清甚至难以辨认的图像变得清晰化。随着增强技术的不断发展与进步，在图像增强技术的基础上，衍生出 B 超图像增强技术。B 超图像中的明暗分布直接影响图像的清晰度，图像的展示情况也受到对比度的影响。当一幅图像中大部分区域亮而局部不亮时，说明该图对比度低，图像整体较为模糊，不利于辨认；而当一幅图像中大部分区域的明暗程度相似、明暗区域分配合理时，说明这幅图像的对比度高，能够被人们清晰地辨认出来。因此，图像增强技术在 B 超图像处理中有着不可替代的作用。相关技术人员进行图像处理时，应当合理调整灰度范围，通过调整图片的对比方式，改变视觉效果。对比度较低的图像基本是由有限灰度构成的，其主要特点是像素范围较为集中，仅利用很小的像素范围就可以显示图像，借助此区域内的直方图可准确地判定检查区域，通过对比拉伸将原始图像动态范围加宽，提取出 B 超图像中原本重要但无法清晰显示的信息，以此达到增强图像视觉效果的作用，如图 7.28 所示。

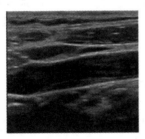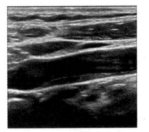

(a) 增强前　　　　　　　　　(b) 增强后

图 7.28　B 超图像增强

2）图像去噪处理技术

B 超图像在收集和转换过程中，经常会受到不规则随机噪声的影响。随机噪声的大小会直接影响图像质量，为了抑制随机噪声，提升图像质量，必须对 B 超图像进行去噪处理。其中较为常用的中值滤波法就能对 B 超图像进行去噪处理。中值滤波作为一种非线性的处理方式，需要在固定条件下克服线性滤波器的影响，这就需要技术人员在进行技术处理时，应当避免中值滤波为图像细节带来的影响。中值滤波的使用方法通常是先对于奇数个点的滑动窗口进行中间值替代，常选择 3×3 的方形进行去噪处理，随后再进行边缘的检测。

图 7.29 为 B 超图像使用中值滤波进行去噪的对比图。

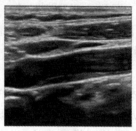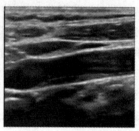

(a) 去噪前　　　　　　　　　　　(b) 去噪后

图 7.29　B 超图像的去噪

3）图像边缘检测技术

B 超图像边缘主要是指像素灰度有屋顶变化、阶跃变化等的像素集合，通常存在于物体与物体之间、物体与背景之间等。B 超图像边缘的构成特点是图像边缘的像素变化较为平缓，而图像垂直方向上的像素变化较为剧烈，其计算方法就是将符合边缘像素要求的边缘像素予以数学微分算子。图像边缘变化较强的图像能够使人产生强烈的视觉感受，便于观察图像，而图像边缘检测技术是对图像进行分割，也是图像分析领域一项基础技术。因此，当进行 B 超图像收集时，人们应当充分利用这一技术，加强边缘值增强处理。由于图像受到物理机制约束，超声图像中也存在巨大的噪声，在提取时通常会得到虚假的边缘，其灰度变化并不是人们所关注的边缘，而且这些虚假边缘也会对图像处理造成一定的困难。因此技术人员需要寻找对噪声不敏感、定位准确的边缘进行检测，提高图片综合性能。因此这也是当前图片处理工作者的工作目标。

边缘检测算法主要是基于图像强度的一阶导数和二阶导数的，由于导数通常对噪声很敏感，因此需要采用滤波器来过滤噪声，并调用图像增强或阈值化算法进行处理，最后再进行边缘检测。如图 7.30 所示，是采用高斯滤波去噪和阈值化处理之后（Canny 检测之前没有阈值化处理），再进行边缘检测的结果，并对比了 5 种常见的边缘提取算法。

4）伪彩色显示技术

人们通过 B 超诊断仪所得出的图像是灰度图像。大部分人都很难适应灰度图像，而对于彩色图片的分析度和饱和度更易接受。将灰度较高的图像转化为彩色图像的处理方法称为伪彩色显示技术。伪彩色显示技术在医学图像处理中十分常见。对于图像而言，伪彩色显示技术是一种映射过程，利用这种技术能够识别灰度差较小的图像，提高了对 B 超图像的观察力和诊断准确率。伪彩色显示技术的原理就是对黑白图像中各部分灰度分子赋予不同的色彩，将图像进行不同的映射并进行转化，提高人眼对于图像的分辨能力，这种模式

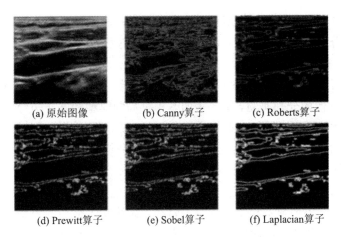

(a) 原始图像　　　　(b) Canny算子　　　　(c) Roberts算子

(d) Prewitt算子　　　　(e) Sobel算子　　　　(f) Laplacian算子

图 7.30　B 超图像的边缘检测

较为常见。设 $f(x,y)$ 为一幅黑白 B 超图像，$R(x,y)$、$G(x,y)$、$B(x,y)$ 为 $f(x,y)$ 分别映射到 RGB 空间的 3 个颜色分量，则伪彩色处理可表示为

$$\begin{cases} R(x,y)=TR[f(x,y)] \\ G(x,y)=TG[f(x,y)] \\ B(x,y)=TB[f(x,y)] \end{cases} \qquad (7.12)$$

其中 T 为某种映射函数。

5) 纹理分析技术

B 超图像会产生颗粒状纹理，其主要原因可分为两类，一类是 B 超图像本身就存在颗粒斑纹，这种斑纹来自组织反射超声波与射线相互干扰引起的噪声，这种噪声对临床诊断无用，并不是由于病人机体问题产生的，对于这类纹理可以不用分析；另一类就是被查体自身结构相关的颗粒状纹理，图像中的纹理会随着自查体的变化而变化，在临床诊断上是一种较为有用的信息，人们对于这类信息的纹理分析有助于诊断被查体的病情。图像在相同的组织成像条件下会形成相同的图像纹理模式，正常的与有病变的器官图像组织颗粒的分布情况有所不同。考虑到这一点，人们对于 B 超图像进行纹理分析是分辨病情的重要环节之一，技术人员需要掌握纹理分析技术。而纹理分析技术有很多种，其中，较为常见的有极大极小值法（MM 法）、灰度行程法（GTS 法）、灰度级差法（GLD）、共生矩阵法、离散分形布朗随机场模型法等，这些方式都能很快地找准问题，有利于对纹理进行准确的分析，能够为医生的诊断提供依据。

6) 水平集策略

水平集策略是处理封闭运动界面随时间变化过程中几何拓扑变化的有效工具，它的本质是跟踪界面移动的数值技术。它将二维曲线置于三维空间曲面中，将曲线看成高维空间（曲面）中某一函数 φ（水平集函数）的零水平集，当曲面发生形变时，零水平集函数也随之变化，通过描述和求解水平集函数所满足的方程，得到曲线形状，即通过曲线拓扑结构的演化实现目标的分割，将图像分割问题表达为能量函数最小化和偏微分方程（曲面的法向和曲率）问题的求解。

水平集模型可分为基于全局、基于区域和基于边缘三类，基于这些模型人们提出了不少算法用于 B 超图像的分割实验，结果表明基于全局的模型和基于边缘的模型常常难以准确地提取目标轮廓，基于区域的模型的表现相对较好。原因是基于全局的模型采用图像的全局灰度信息推动轮廓线形变，适用于两个区域的灰度差别较大的场合，能够收敛到全局最优值，有效分割出模糊边缘，具有较强的抗噪能力，对初始轮廓线位置不敏感。而且它要求图像灰度分布均匀、前景和背景有明显差异，而 B 超图像常常表现出灰度分布不均匀，目标和周围组织差异不明显甚至渗透融合等特征，这给基于全局的模型的应用带来了很大局限。基于边缘的模型利用目标边界的灰度梯度变化信息引导曲线的运行，使得曲线在平滑区快速演化，在目标边界处停止运动，在低噪图像中分割准确且运算代价小。由于 B 超图像中大量噪声和伪影的干扰，基于边缘的模型往往错误地停止在噪声点上，从而无法得到正确的分割结果。基于区域的模型利用曲线内外部局部区域的拟合能量信息促使曲线形变，能够较好地处理灰度不均匀的情况，较合理地处理模糊边界的判断，并具有一定的抑制噪声能力，但不同位置的初始轮廓往往会演化为不同的结果，不能准确地提取可以直接辅助临床诊断的目标，并且运算代价较高。

7.3.2　肝部病灶分析

肝癌在我国的发病率较高，肝癌导致死亡的人数在世界上占有很大比例，而肝癌的早期发现和治疗对于患者而言极其重要。目前，医院普遍通过 CT 和 B 超等医学影像技术对肝癌进行诊断，通常医生要在短时间内对每日积累的海量医学图像进行鉴别诊断，这对医生的医学图像识别能力和耐力提出了极高的要求。故基于医学图像的肝部肿瘤病灶的处理将逐步成为帮助医生进行医学图像诊断不可缺少的工具。本节首先介绍不同成像技术下肝肿瘤图像的特性，接着介绍病灶区域的分割方法。

1. 肝肿瘤基本介绍

肝肿瘤包括肝血管瘤、转移瘤、囊肿及肝局灶性结节增生等。肝癌早期多无特异临床表现，常常在体检中被发现，出现肝区疼痛、腹胀、乏力、消瘦、黄疸、腹水和消化道出血时的肝癌多为晚期。经成像设备扫描后，可明显观察到病变所在位置、位置变化情况以及病变特征。肝肿瘤常用 B 超、CT 和磁共振等检测，具体表现如下：

（1）B 超：肝肿瘤细胞表现为低回声，大多数为混合回声，肿瘤类的脂肪变性可能会产生强回声，而肝脏超声造影提示肿瘤血管较丰富。图 7.31 为肝部 B 超图像。临床上通常将肝脏超声造影图像分为三部分，即肿瘤区域（红色）、正常区域（蓝色）和血管区域（绿色）。

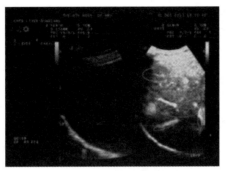

肝部 B 超图像

图 7.31　肝部 B 超图像

（2）CT：肝肿瘤细胞在 CT 检查中有特征性表现，平扫期肝脏肿块为低密度性，动脉期肝细胞病灶强化较明显，表现为高密度灶。门脉期时造影剂病灶密度低于肝脏，称之为快进快出的表现，如果是门静脉癌栓，则诊断可更加准确。经过增强的 CT 图像，肝血管瘤患者的动脉边缘区域有云絮状强化或者结节状强化，其病变位置随时间的变化而改变，经延迟期扫描，可观察到等密度状态。而原发性肝癌动脉期图像呈现出了一过性结节式样的特殊强化，其延迟期为低密度状态。肝囊肿在动脉期则带有鲜明的点状强化，而肝局灶性结节增生动脉期明显强化，中央瘢痕状低密度区呈延迟强化。图 7.32、图 7.33、图 7.34 分别为肝部动脉期、门静脉期和延迟期的 CT 图像，红色区域为肝肿瘤位置。

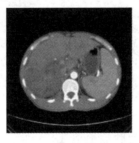

肝部动脉期
CT 图像

图 7.32　肝部动脉期 CT 图像

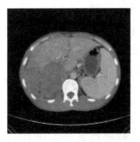

肝部门静脉期
CT 图像

图 7.33　肝部门静脉期 CT 图像

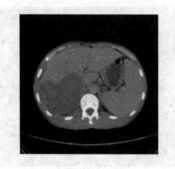

肝部延迟期
CT 图像

图 7.34　肝部延迟期 CT 图像

（3）磁共振：可观察到的肿块表现与 CT 相似，中晚期肝细胞癌在 T_1 加权像上表现为稍低密度信号，肿瘤出血或脂肪变性表现为高密度信号。坏死囊变会出现低信号灶，在 T_2 加权像上肿瘤表现为高信号，如果脂肪抑制，则肿块会表现为更为清楚的稍高信号。如果门静脉扩张，则可观察到其中的软组织肿块，同时可观察到腹部淋巴结转移的可能征象，如图 7.35 所示。

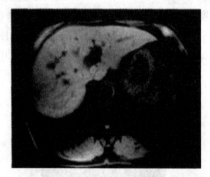

图 7.35　肝部 MR 图像

（4）其他检查：应用较多的为肿瘤血管 DSA 检查、PET-CT、PET-MRI。PET-CT、PET-MRI 是在 CT 或者磁共振的影像学诊断基础上观察肿瘤代谢改变，通常可观察到代谢活性较高，可更加准确地诊断肝细胞肝癌。

目前，肝癌的临床治疗主要有手术治疗、介入治疗和消融治疗等。上述治疗方法都需要医生先将患者肝脏中的肿瘤区域找出来，明确肿瘤的位置和大小等情况后才能进行接下来的诊断。所以对肝肿瘤分割准确性的研究是十分必要的。

2. 肝肿瘤分割

在过去的几十年里，肝肿瘤分割一直是众多学者的研究热点，研究者们早期的研究对象是肝脏分割，分割方法主要是传统的机器学习算法以及数字图处理算法。早期的科研受到数据集稀缺以及计算能力不足的影响，所以早期学者们研究的方向主要为肝脏分割领域，因为肝脏的分割方法不需要特别大的数据集。随着影像学仪器的普及率的不断提高，肝肿瘤数据集也越来越丰富，肝肿瘤分割算法逐渐地被广大研究者们重视起来。

传统的形态学图像处理算法包括膨胀、腐蚀和开/闭运算等运算，因此早期的图像分割算法大多数是基于形态学运算的，比如阈值法、区域生长法、基于变形型的算法、基于水平集的分割算法以及分水岭算法。基于形态学的图像分割算法大多数直接根据图像的像素点进行强连通域数理统计，这些分割算法没有有效地利用图像的特征，因此基于形态学的分割方法对噪声点与图像对比度非常敏感，对于肝肿瘤来说并不能很好地胜任分割这项工作。

随着计算机运算能力的不断提升与数据集来源的逐渐丰富，许多机器学习算法广泛应用于肿瘤分割领域。机器学习本质上是一种数理统计的方法，通过总训练数据的分布特性进行分类或者回归。总体来说，机器学习分为监督学习、半监督学习以及无监督学习。在肿瘤分割领域有 SVM、Adaboost 与 K-means 等方法。

随着神经网络的不断发展以及计算机运算能力的不断提升，基于深度学习的医学图像分割模型不断地被广大学者们提出。Hinton 等人在 2012 年提出的 AlexNet 网络在图像分类领域大放异彩，从此卷积神经网络成为计算机视觉的基准神经网络。Long 等人在 2014 年提出的 FCN 网络开启了卷积网络在语义分割领域的应用，许多优秀的深度神经网络都是基于 FCN 进行改进的。Ronneberger 等人在 2015 年提出了 U-Net 网络，该网络是第一个被应用于医学图像分割的卷积神经网络。该网络采用编码器-解码器结构，下采样通过不断卷积和池化操作提取抽象的语义信息，上采样通过反卷积操作将特征图恢复到输入图像的大小。为了减少上采样操作造成的细节损失，同层间采用跳跃连接结构。U-Net 网络因其卓越的分割能力成为众多医学二分类语义分割模型的基准网络。Oktay 等人将注意力机制模型应用到 U-Net 网络中，提出了 Attention U-Net 网络。而 TransU-Net 是在 ViT 模型基础上提出的 Transformer 和 CNN 的混合编码分割模型。下面以 TransU-Net 模型为例，展示其模型分割效果的对比，图 7.36(a)、(b) 和 (c) 分别为腹部 CT 扫描原图、肝肿瘤的手工标注图和 TransU-Net 模型的预测结果图。

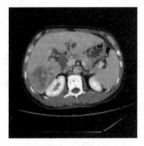  

(a) 腹部CT扫描原图　　(b) 肝肿瘤的手工标注图　　(c) TransU-Net模型的预测结果图

图 7.36　肝肿瘤分割结果对比图

7.3.3 辅助诊断案例

1. 基于 3D U-Net 网络的肿瘤分割（3D 分割）

肾脏和肾脏肿瘤的准确分割是放射分析以及开发先进的手术技术的重要步骤。在目前的临床分析中，由临床医生通过目视检查对 CT 收集的图像进行分割。这个过程很费力，其成功很大程度上取决于经验。因此可以使用一种多尺度、有监督且基于 3D U-Net 的 MSS U-Net，从 CT 图像中分割肾脏和肾脏肿瘤。这种网络结构将深度监管与指数对数损失结合在一起，提高了 3D U-Net 的训练效率。此外，还在模型中引入了基于连接组件的后处理方法，以增强整个过程的性能；与较为先进的方法相比，这种结构显示出卓越的性能。在 KiTS19 挑战中使用其相应的数据集测试 MSS U-Net，发现肾脏和肾脏肿瘤的 Dice 系数分别高达 0.969 和 0.805。

2. 分类诊断：基于 CNN 的肌肉收缩超声图像分类

运动中肌肉负荷收缩过量易引起炎症，确认肌肉有效收缩可以帮助运动主体强调运动上下限，辅助康复训练。有效肌肉收缩运动是肌肉疾病康复训练的关键，肌肉收缩力量训练对预防肌肉的拉伤及劳损具有重要意义。肌肉等软组织常用超声进行成像，超声成像旨在生成感兴趣组织的声学特性图，与磁共振成像或计算机断层扫描等其他成像方式相比，具有非电离辐射、可移动、运营成本低以及实时成像的优势。随着近年来超声分辨率的提高，其对软组织损伤、积液、异物、肿瘤以及血流保持较高的检出率。肌肉收缩训练对运动康复的意义重大，卷积神经网络可以解决肌肉收缩超声图像中的分类问题。例如采用两种 CNN 模型（ResNet101 模型和 VGG19 模型）对肱二头肌超声图像中肌肉是否收缩进行分类。在两种 CNN 模型中，VGG19 模型在训练集上收敛速度最快，训练效果最优，表现出良好的分类性能。此外，VGG19 模型在测试集中的表现同样比 ResNet101 模型要好，平均准确率为 91.00%。但是，VGG19 模型占用的计算资源更多，而且使用的网络参数更多，在训练时间上存在劣势。ResNet101 模型的深度为 152 层，是 VGG19 模型的 8 倍，但 ResNet101 的分类效果反而更差，因此，若数据集不大且任务复杂度较低，则较深的网络模型反而不占优势。VGG19 模型的独特简洁结构使决策函数的光滑度和泛化能力得到加强，非常适用于小数据样本训练，效率较高。

3. 目标检测：基于双流 Faster R-CNN 网络的肺结节检测

肺癌是全世界第二大常见的癌症类型，并且由于缺乏早期的检测手段，其五年生存率仅有 19%。于是在医生的诊断之外需使用一些自动检测技术来辅助医生进行诊断，以便在早期发现肺癌，从而提高病人的生存率。肺结节在二维的 CT 图像上是可用正方形框定的类圆形目标，并且是小目标。以 Faster R-CNN 网络为骨干网络，在两阶段肺结节目标检测框架的基础上，设计了用于两阶段检测的网络。在第一阶段为了减少假阳性，使用了 U-

Net 分割网络用于生成掩码。在第二阶段的双流目标网络检测框架下，由于单流 Faster R-CNN 网络可行性已得到验证，以此为骨干网络提出了双流 Faster R-CNN 网络结构用于肺结节检测。网络在输入原始肺部图像的同时，提供了由 U-Net 网络生成的对应的包含疑似肺结节掩码的图像。分别使用原始数据集、膨胀后数据集和模拟数据集进行验证，获得了 83.78%、86.30%、91.18% 的 CPM，验证了双流 Faster R-CNN 网络的性能。最后，为了使得肺结节的整个检测过程是端到端的，无须手动提供掩膜图像信息，将 U-Net 网络和双流 Faster R-CNN 网络进行结合，搭建了一个两阶段的端到端双流 Faster R-CNN 网络用于肺结节检测。并通过实验证明了网络能够完成端到端的网络检测，检测性能为 10 张图片每秒，CPM 为 85.65%。

7.4 其 他 应 用

7.4.1 在家庭方面的相关应用

1. 慢性疾病管理

目前，远程医疗主要集中在慢性疾病管理上。慢性疾病有糖尿病、心脏病、慢性阻塞性肺病和哮喘等，在医疗支出中占据了 70%～80% 的比例。

从传感的角度来看，慢性疾病管理面临着众多的挑战。传感器必须能够可靠地、高精度地监测病人的生命体征。随着更小型、更经济实惠的传感器和智能手机技术的出现，远程医疗的慢性疾病管理方案正逐渐变得更加灵活。在这一领域中，出现了以下新兴趋势：

（1）智能服装的解决方案使简单和准确的生物特征参数的连续监测得以实现。例如，EU Chronius 项目开发了一种智能 T 恤，该智能 T 恤可用于监测慢性阻塞性肺病和慢性肾病患者。这件 T 恤以心脏、呼吸和活动监测传感器为特点，可以连接智能手机实现数据收集、处理和传输。该系统已成功地在西班牙和英国对慢性阻塞性肺病和慢性肾病患者进行了两次实验。

（2）智能一次性传感器芯片是另一种趋势。例如，Sano Intelligence 公司开发的传感器可以粘在皮肤上，并连续 7 天监测血液参数。这种传感器通过测量参数（例如葡萄糖和钾的水平）取代了需要进行血液测试的过程，并且数据可以无线传输至智能手机，以便进行分析和长期的监测。

2. 活动和行为的监测

对于行为监测，无线传感器和其他方法（如 RFID）可用于探测人类和他们的环境之间的相互作用。行为监测引起了广泛的关注，它可以为临床医生和护理人员提供家庭环境下患者的客观情况。行为信息使得临床医生可以通过追踪个体完成日常生活活动的能力来确定个体是否能够独立生活，也可以通过行为模式的变化来识别疾病的早期症状，例如老年痴呆症或糖尿病。可靠和准确的行为信息使得家庭医生或公共卫生专业人员可以更好地了解病人的病史，从而为病人的就诊提供帮助。

研究表明，身体的各种压力异常可以导致很多疾病。例如，通过测量血压、心内压可以判断心脏是否正常，通过测量颅内压可以判断脑部是否正常。实时监测身体的各种压力可以评估个体的健康状况（特别是心脏和大脑的健康状况）。因此可以设计如图 7.37 所示的系统，对影响人体健康的关键参数的变化进行监控，以达到预防突发性心脑疾病的目的。

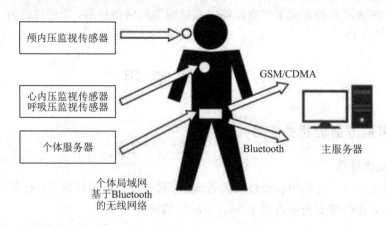

图 7.37　基于智能传感器的"身体实时监控系统"原理图

图 7.37 所示的"身体实时监控系统"是由基于微处理器的智能传感器组成的系统。该系统中各个智能传感器主要进行数据的获取以及初步的数据处理，同时与个体服务器之间进行通信。通过与个体服务器之间的通信（基于蓝牙技术的无线网络通信），各个智能传感器与个体服务器之间形成了一个局域网。个体服务器从传感器中获得经过初步处理的数据，并进行进一步的处理和分析，然后与主服务器进行通信。个体服务器完成个体局域网和主服务器之间通信的功能，相当于局域网的网关。主服务器具有较强的分析和计算能力，主服务器对数据进行分析、计算和存储，主服务器端的专家根据处理结果作出判断后，主服务器反馈给各个节点，从而达到实时监控的目的。

该系统不同于一般的智能传感器，是由单个的智能传感器通过信息技术连接而成的网络系统。每一个传感器都有独立的分析、计算和通信模块，可以进行初步的数据分析以及与个体服务器之间进行通信。例如，心内压监视传感器由压电传感器、电压放大电路、A/D转换和数据输入模块、数据处理模块、数据输出模块和蓝牙通信模块组成（见图 7.38），可见其单个传感器也是功能齐全的智能传感器。

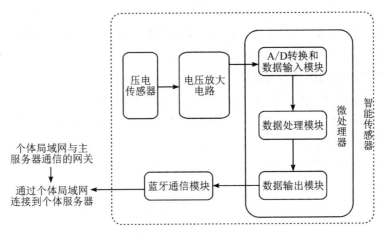

图 7.38　心内压监视传感器原理图

7.4.2　在临床方面的相关应用

1. IBM 用深度学习识别癌变细胞的有丝分裂

诊断癌变细胞时，通常是用活组织切片检查法来分析病人的组织样本的。分析样本时，会将典型的组织样本用试剂溶液进行着色标记，试剂颜色的深浅及其在细胞组织内的分布情况，预示着疾病的种类及恶化程度。

但有时这些组织尤为细小，医学专家需要一种能够替代肉眼检测的方法从中检测出肿瘤细胞消失或癌变的重要特征，以方便医生进行下一步决策。在 2016 年 MICCAI 国际会议的一个分会活动"肿瘤扩散评估挑战赛"中，IBM 实验室相关人员用人工智能的方法识别出了组织样本特性，使确认癌变细胞技术取得了重大突破，用深度学习重塑了现代病理学。

2. 谷歌 DeepMind 将深度学习用于医疗记录、眼部疾病、癌症治疗

2016 年 2 月，谷歌 DeepMind 成立了 DeepMind Health 部门，收购了做医疗管理应用的 Hark 公司，并结合自己的深度学习专长来改进传统纸质病历的弊端。2016 年 7 月，谷歌 DeepMind 与 Moorfields 眼科医院合作，开发了辨识视觉疾病的深度学习系统，以识别老年黄斑变性、糖尿病视网膜病变等眼部疾病的早期征兆，提前预防视觉疾病。2016 年 8 月，谷歌 DeepMind 利用深度学习的算法设计了头颈癌患者放疗疗法，这种疗法缩短了放疗时间，降低了放疗伤害。

3. 英伟达的癌症分布式学习环境计划

计算机图形芯片制造商英伟达(NVIDIA)于 2016 年宣布，与美国国家癌症研究所和美国能源部合作，开发一套人工智能计算机框架，用于辅助癌症的研究。该框架名为癌症分布式学习环境(Cancer Distributed Learning Environment，CANDLE)。

癌症有千百种，每一种癌症的发病原因又有上千种，选择合适的疗法是个大工程。CANDLE 利用深度算法，从医疗行业的大量数据中找出规律与模式，帮助研究者预测某类肿瘤对特定药物的反应及导致癌细胞增殖的原因等。

4. "云眼"精准识别肺结节良恶性

微医肺结节诊疗中心由中国肺癌防治联盟主席、呼吸学科带头人白春学教授担任主任及首席专家。白春学教授牵头制定了"中国肺结节诊治共识"和"亚太肺结节诊治指南"，并依托于物联网，研发出融合国内外共识指南的肺结节智能辅助诊疗工具——PNapp，打造出极具特色的 PNapp 5A 诊疗流程，每年诊断出的早期肺癌达二十万例以上，让患者终身受益。

借助人工智能和大数据，PNapp 帮助医生从数百张薄层胸部 CT 影像中精准快速地定位肺结节，并根据国际影像临床标准、中国肺结节诊治共识和亚太肺结节诊治指南，给出风险概率评估，为肺结节诊断提供了客观的影像数据支持，从而有效地降低了漏诊误诊，显著提升了肺结节良恶性的鉴别能力。PNapp 还建立了完善的肺结节患者个性化管理，对小于 10 mm 的肺结节的良恶性鉴别，准确率高达 90%。

课后思考题

1. 相比于传统传感器，医用传感器有哪些特点？

2. 请简述智能医学信息感知技术的作用。

3. 超声成像是怎样实现的？相比于其他成像技术，超声成像有什么特点及优点？

4. 人们常称的 B 超是什么？在超声成像系统中，传感器是怎样的排列的并且主要担任哪些工作？

5. 在超声成像的过程中，为什么要采用多个阵元？并说明什么是阵元。

6. 请简述 MRI 技术的原理。

7. 请简述 CT 成像中体素和像素的概念以及体素与像素之间的关系。

8. 基础 B 超图像数据处理包括哪些？

9. 请简述智能医学传感器技术的典型应用。

参 考 文 献

[1] 魏泽巍，何为，田春洋，等. 基于机器视觉的非接触式心率测量系统开发[J]. 电子制作，2022，30(11)：35 - 38.

[2] 于兹喜. 医学影像检查技术学[M]. 北京：人民卫生出版社，2016.

［3］　董育宁，刘天亮，戴修斌，等. 医学图像处理理论与应用［M］. 南京：东南大学出版社，2020.

［4］　LI H，FANG J，LIU S，et al. CR-UNet：a composite network for ovary and follicle segmentation in ultrasound images［J］. IEEE Journal of Biomedical and Health Informatics，2019，24(4)：974 – 983.

［5］　姚旭峰，李占峰. 医用 CT 技术及设备［M］. 上海：复旦大学出版社，2018.

［6］　田海燕，何茜，龙治刚. 医学影像与超声诊断［M］. 长春：吉林科学技术出版社，2019.

［7］　杨昆，薛林雁. PET/CT 基本原理与技术［M］. 上海：上海交通大学出版社，2018.

［8］　曲滨鹏，缪佳，曲超毅. B 超图像数据采集及其计算机图像处理技术［J］. 科技创新与应用，2020(10)：155 – 156.

［9］　杨谊，喻德旷，申洪. 小波变换联合互信息量的水平集策略分割 B 超病灶［J］. 计算机应用与软件，2016，33(1)：211 – 215.

［10］　ZHAO W，JIANG D，QUERALTA J P，et al. MSS U-Net：3D segmentation of kidneys and tumors from CT images with a multi-scale supervised U-Net［J］. Informatics in Medicine Unlocked，2020，19：1 – 11.

［11］　史婧婷，马炜，刘婷，等. 基于 CNN 的肌肉收缩超声图像分类［J］. 电视技术，2022，46(06)：63 – 67.

［12］　迈克 J.麦格拉思，克莱娜 N.斯克奈尔. 智能传感器：医疗、健康和环境的关键应用［M］. 胡宁，王君，王平，译. 北京：机械工业出版社，2016.

［13］　徐文峰，廖晓玲，覃浪. 智能医疗与应用［M］. 北京：冶金工业出版社，2019.

第8章 智能遥感信息感知技术

遥感（Remote Sensing）的概念由美国学者 E. L. Pruitt 于 1960 年提出，就是从遥远的地方观察地面，可以说是碧空中的慧眼。遥感起步于航空摄影测量，随着空间技术、信息技术、电子计算机技术等现代高新技术的迅速发展，遥感逐步发展成为一门新兴交叉科学技术。本章首先介绍遥感的技术基础、几种常用遥感技术成像原理以及图像特点等；然后介绍了遥感数据处理方法，这部分是本章的重点；最后介绍了遥感技术在不同领域中的应用，为遥感技术与其他领域技术的融合奠定了基础。

8.1 智能遥感技术基础

8.1.1 遥感的基本概念及分类

1. 遥感的基本概念

遥感的科学定义是从远处采集信息，即不必直接接触物体，通过探测仪器接收来自目标地物的电磁波信息，经过对信息的处理后可以识别出地物。狭义遥感是指使用各种传感器从不同高度的平台上接收来自地球表层的各种电磁波信息，并对这些信息进行加工处理，从而实现对不同的地物及其特性的远距离探测和识别。而广义遥感是指一切无接触的远距离探测，包括对电磁场、力场、机械波（声波、地震波）等的探测。

遥感主要是利用航空航天技术，宏观地研究地球、综合评价地球环境、进行资源调查与开发管理的一种技术手段。它是伴随着现代物理学（包括光学技术、红外技术、微波技术、雷达技术和全息技术）、空间科学、计算机技术等逐渐发展起来的一种先进、实用的探测技术。遥感技术通过遥感图像的方式给我们提供地表的真实信息，而一幅图像能够包含数千文字所表达的信息。

利用遥感图像研究地球表面很有优势，从影像上可以研究不同地物的分布模式和不同地物之间的空间关系，监视地面的变化，测量面积大小、深度和高度。概括来说，遥感图像所获得的地面信息是其他方法无法比拟的，它真实客观地记录了某一时刻一定地域范围的状况。通过遥感图像可以提取各类地面信息。但遥感影像与我们日常见到的普通相片不同，因此我们必须学习和掌握遥感影像的特征和解译技巧，如遥感影像成像方式、比例尺和分辨率的概念、遥感探测的电磁波谱段等，这样才能正确应用遥感图像。

2. 遥感的分类

目前遥感主要按照以下 6 个方面进行分类。

1）**按遥感探测的对象分类**

（1）宇宙遥感：对宇宙中的天体和其他物质进行探测的遥感。

（2）地球遥感：对地球和地球上的事物进行探测的遥感。以地球表层环境（包括大气圈、陆海表面和陆海表面下的浅层）为对象的遥感，叫作环境遥感，它属于地球遥感。在环境遥感中，以地球表层资源为对象的遥感，叫作地球资源遥感。

2）**按遥感平台分类**

（1）航天遥感：在航天平台上进行的遥感。航天平台有探测火箭、卫星、宇宙飞船和航天飞机。其中以卫星为平台的遥感叫作卫星遥感。航天平台一般处于海拔高于 150 km 的空中。

（2）航空遥感：在航空平台上进行的遥感。航空平台包括飞机和气球，其中飞机是航空遥感的主要平台。航空平台一般处于海拔低于 12 km 的空中。

（3）地面遥感：传感器设置在地面平台上，地面平台有三脚架、遥感车、遥感塔和船等。地面遥感一般只作为航空遥感和航天遥感的辅助手段，为它们提供地面试验的参考数据。

3）**按遥感获取的数据形式分类**

（1）成像方式遥感：能获取遥感对象的图像的遥感。成像方式遥感分为摄影方式遥感和扫描方式遥感两类。摄影方式遥感是指利用照相机或摄影机获取图像的遥感；扫描方式遥感是指以扫描方式获取图像的遥感，如专题制图仪（TM）、雷达等。

（2）非成像方式遥感：不能获取遥感对象的图像的遥感。例如，光谱辐射计只能得到一些数据而不能成像。

4）**按传感器工作方式分类**

（1）被动遥感：传感器只能被动地接收地物反射的太阳辐射进行遥感，这样的遥感即被动遥感。目前主要的遥感方式是被动遥感。

（2）主动遥感：传感器本身发射人工辐射，接收目标地物反射回来的辐射，这种探测地物信息的遥感即主动遥感，如雷达就属于主动遥感。

5）**按遥感探测的电磁波分类**

（1）紫外遥感：探测波段在 $0.05 \sim 0.38 \ \mu m$ 之间。

（2）可见光遥感：探测波段在 $0.38\sim0.76\ \mu m$ 之间。

（3）红外遥感：探测波段在 $0.76\sim1000\ \mu m$ 之间。

（4）微波遥感：探测波段在 $1\sim100\ mm$ 之间。

（5）多波段遥感：指探测波段在可见光波段和红外波段范围内，再分成若干窄波段来探测目标。

6）按遥感应用分类

遥感从大的研究领域可分为外层空间遥感、大气层遥感、陆地遥感、海洋遥感等。遥感从具体应用领域可分为资源遥感、环境遥感、农业遥感、林业遥感、渔业遥感、地质遥感、气象遥感、水文遥感、城市遥感、工程遥感及灾害遥感、军事遥感等。除此之外还可以更加细致地划分研究对象来进行各种专题应用。

遥感技术系统是实现遥感目的的方法论、设备和技术的总称，现已成为一个从地面到高空的多维、多层次的立体化观测系统，主要由遥感平台、传感器、遥感信息的接收和处理，以及遥感图像的判读和应用 4 个部分组成。其中遥感平台是指遥感中搭载传感器的运载工具。遥感平台的种类很多，遥感平台按平台距地面的高度大体上可分为地面平台、航空平台和航天平台 3 类。传感器是遥感技术系统的核心，用于收集、测量和记录从目标发射或反射来的电磁波。遥感信息主要是指由航空遥感和卫星遥感所获取的胶片和数字图像。航空遥感信息一般是在航摄结束后待航空器返回地面时回收的，这种信息接收方式又叫作直接回收方式；卫星遥感信息（如 Landsat 卫星等）不可能用直接回收方式，而是采用视频传输方式接收遥感信息。根据数据是否立即传送回地面接收站，遥感信息传输又可分为实时传输和非实时传输。遥感图像的判读就是将遥感图像的光谱信息转化为用户的类别信息，也就是为了有效地利用遥感数据，对数据进行分析、分类和解译，将图像数据转化为能解决实际问题的有用信息。

8.1.2　智能遥感的特性及发展历程

1. 智能遥感的特性

1）空间特性

运用遥感技术从飞机或卫星上获得的地面航空像片或卫星图像，比地面上观察的视域范围要大得多，为宏观研究地面各种自然现象及其分布规律提供了条件。根据探测距离的远近，目前遥感可以提供不同空间范围和宏观特性的图像，如一幅 1∶10000 的航空像片可以表示 $2.3\ km\times2.3\ km$ 的地面，连续拍摄的航空像片又可以镶嵌为更大的区域，以便进行全区域宏观的分析和研究。卫星遥感影像覆盖的空间范围更大，以美国陆地卫星 5 号（Landsat-5）为例，它距离地面的高度是 705.3 km，对地球表面的扫描宽度是 185 km，一幅 TM 图像代表的地表面积为 $185\ km\times185\ km$，可以全部覆盖我国海南岛面积大小的区域,这为区域的宏观研究提供了有利的条件。

2)时相特性

不论航空遥感还是卫星遥感都能够周期成像,有利于动态地监测和研究。一般卫星遥感的成像周期较短,可以获得多时段遥感影像。例如,Landsat-5 每天环绕地球 14.5 圈,覆盖地球一遍所需时间仅 16 天,如果两颗卫星同时运行,只需要 8 天。而气象卫星的周期更短,只有 0.5 天。航空遥感的成像周期取决于人为要求和计划,如上海的城市综合航空遥感飞行一般 4~5 年一次,近年来 2~3 年就重复飞行一次。总之,遥感的周期成像可以反映地表动态变化,如农作物病虫害、洪水、污染、火灾的情形和土地利用的变化等。

3)波谱特性

遥感探测的波段从可见光向电磁波谱的两侧延伸,扩大了人们对地物特性的研究。目前遥感能探测的电磁波段有紫外线、可见光、红外线、微波。地物在各波段的性质差异很大,即使是同一波段内的几个更窄的波段范围也有不少差别。因此遥感可以探测到人眼观察不到的地物的一些特性和现象,扩大了人们观测的范围,加深了人们对地物的认识。例如,植物在近红外波段的高反射特性是人眼无法识别出来的,但是在彩色红外航片和 TM 的近红外波段的图像上能清晰地反映出来。

上述特性决定了遥感具有信息量巨大、受地面限制条件少、经济效益好、用途广等优势。例如,Landsat-5 所携带的专题制图仪(TM)共有 7 个电磁波通道,可以记录从可见光到热红外的电磁波信息,每秒可接收 100 亿个信息单位,而较为先进的成像光谱仪在可见光到红外波段具有 100~200 多个波段。遥感图像为在自然条件恶劣、地面工作困难的地区(高山峻岭、密林、沙漠、沼泽、冰川、极地、海洋等)或因国界限制而不宜到达的地区开展研究工作提供了有利条件。

2. 遥感技术发展历程及趋势

下面介绍遥感技术的发展历程,并且分析当前遥感发展的态势。

1)遥感技术发展历史

(1)无记录的地面遥感阶段(1608—1838 年):1608 年,世界上第一架望远镜制造成功,为远距离地观测目标开辟了先河。

(2)有记录的地面遥感阶段(1839—1857 年):1839 年摄影技术的发明为摄影技术与望远镜的结合奠定了基础,并发展成为远距离的摄影。

(3)航空摄影遥感阶段(1858—1956 年):1858 年,法国人用载人气球从空中拍摄了巴黎的空中照片,使空中摄影的发展迈出了第一步。

(4)航天遥感阶段(1957 至今):1957 年 10 月 4 日,世界上第一颗人造地球卫星由苏联发射成功,卫星在离地面 900 km 的高空正常运行。

2)中国遥感事业的发展

20 世纪 30 年代,中国于个别城市进行过航空摄影。20 世纪 50 年代,我国开始系统的航空摄影；20世纪70年代以来，我国的遥感事业有了长足进步。

自从1970年4月24日发射"东方红一号"人造卫星，我国又相继发射了数十颗不同类型的人造地球卫星。太阳同步轨道的"风云一号"和地球同步轨道的"风云二号"的发射以及返回式遥感卫星的发射与回收，使我国开展宇宙探测、通信、科学实验、气象观测等研究有了自己的信息源。1999年10月14日中巴地球资源卫星01星（CBERS-01）的成功发射，使我国拥有了自己的资源卫星。"北斗一号""北斗二号"定位导航卫星及"清华一号"小卫星的成功发射，丰富了我国卫星的类型。2002年5月15日，以一箭双星的方式发射的海洋一号卫星和风云一号D星正式交付使用，结束了我国没有海洋卫星的历史。2002年10月27日，第2颗中国资源二号卫星升空并正常运行。至此，中国已有12颗应用卫星在太空中成功运行，这些卫星为资源一号、资源二号卫星（2颗）、风云一号（2颗）、风云二号（2颗）气象卫星、东方红三号、中星二十二号通信卫星、北斗一号定位卫星（2颗）和海洋一号海洋卫星，几乎涵盖了世界上在太空中运行的所有应用卫星品种，应用范围涉及国民经济诸多领域。

中国遥感系列卫星是指利用遥感技术和遥感设备，对地表覆盖和自然现象进行观测的人造卫星，主要应用于国土资源勘查、环境监测与保护、城市规划、农作物估产、防灾减灾和空间科学试验等领域。2006年4月27日，"遥感一号"在太原卫星发射中心发射成功。2018年1月25日，"遥感三十号04组卫星"在西昌卫星发射中心发射成功。

高分专项工程是我国中长期科学和技术发展规划纲要（2006—2020年）的16个重大科技专项之一。高分一号、二号、四号卫星发射升空，实现了亚米级高空间分辨率与高时间分辨率的有机结合。高分专项在网络上被亲切地称为"中国人自己的全球观测系统"。2019年11月28日7时52分，我国在太原卫星发射中心用长征四号丙运载火箭，成功将高分十二号卫星发射升空，卫星顺利进入预定轨道，任务获得圆满成功。

目前，我国有1000多家3S（GPS，RS，GIS）单位的数十万名从业人员，构成了我国遥感市场的主体，他们直接或间接从事卫星遥感技术的软硬件研制、应用和开发工作。资料显示，遥感已成为我国地理空间信息产业的一个重要组成部分，发挥的作用越来越明显，并成为有关行业的主导技术，如城市土地动态监测、违章用地处罚、水土流失调查、生态环境评价、大型工程选线选址等。

3）当前遥感发展趋势

为获得分辨率更高、质量更好的遥感图像和数据，新一代传感器正在加紧研制；随着遥感应用的不断深化，地理信息系统的发展与支持是遥感发展的又一研究方向。此外，除了遥感卫星与传感器技术，遥感信息处理技术中仍需要研究更具普适性的算法，以便把信息处理得更加精确、更加高效，并逐步推广应用于国民经济的各个领域。

8.1.3　常见的遥感数据格式

太阳辐射经过大气层到达地面，被地物反射后再次穿过大气层，被遥感传感器接收，并由传感器将这部分能量的特征传送回地面，被传送回地面的能量特征数据称为遥感数据。根据遥感平台的不同，遥感数据可以分为航空遥感数据与卫星遥感数据。前者包括黑白航空像片、彩虹外航空像片、热红外航空像片与其他航空像片；而后者包括 LANDSAT 数据、SPOT 数据、RADARSAT 数据、ASTER 数据与高分辨率卫星数据，即从各遥感卫星系统中获取的数据，例如，LANDSAT 系统是美国对地观测体系内进行中分辨率遥感的主要系统，主要用于陆地资源调查和管理、水资源调查和管理、测绘制图等。

用户从遥感卫星地面站获得的数据一般为通用二进制数据，外加说明性头文件。其中，二进制数据主要有波段顺序格式（Band Sequential，BSQ）、波段按像元交叉格式（Band Interleaved by Pixel，BIP）和波段按行交叉格式（Band Interleaved by Line，BIL）三种数据类型。BSQ、BIP、BIL 本身并不是影像格式，而是三种用来为多波段影像组织影像数据、将图像的实际像素值存储在文件中的常见方法，是原始二进制数据文件，必须具有关联的 ASCII 文本头文件（.hdr）来指示行、列、位深度等，此外还可能伴随可选的统计文件（.stx）、分辨率文件（.blw）、颜色文件（.clr）。BSQ 格式是按波段保存数据的，即一个波段保存后接着保存第二个波段。数据按图像的波段顺序以独立文件形式记录存放，每个波段的文件则以像元的行、列序号排列。当图像处理中仅需对一个波段的数据进行处理时，这种格式最为方便，只要调用所需的波段数据文件即可。BIP 格式是按像元保存数据的，即先保存第一个波段的第一个像元，接着保存第二个波段的第一个像元，依次保存。在这种格式中，因为各个波段的同一个像元灰度值集中在一起，所以可以一次读出，调用方便。这种格式最适合提取典型地物光谱曲线，分析遥感图像光谱特征，依据光谱特征进行合成增强以及自动识别分类处理。BIL 格式是按行保存数据的，即保存第一个波段的第一行后，接着保存第二个波段的第一行，依次类推，这种格式比较节省存储空间。

BIL 格式的数据针对影像的每一行按波段存储像素信息。例如，有一个三波段影像，所有这三个波段的数据将被写入第 1 行，然后是第 2 行，依次类推，直至达到影像的总行数。图 8.1 显示了一个三波段数据集的 BIL 数据。如图 8.2 所示，BIP 格式数据与 BIL 格式数据类似，不同之处在于每个像素的数据是按波段写入的。以同一个三波段影像为例，波段 1、2 和 3 中第一个像素的数据将写入第 1 列中，然后是第 2 列，依次类推。BSQ 格式按每次一个波段的方式存储影像的信息。也就是说，首先存储波段 1 中所有像素的数据，然后存储波段 2 中所有像素的数据，依次类推。图 8.3 显示了一个三波段数据集的 BSQ 数据。

卫星图像的接收、存储是在遥感卫星地面站中完成的，收集到的数据通过 A/D 转换变成数字数据，目前的卫星图像数据都是以数字形式保存的。随着计算机技术的飞速发展，卫星图像的保存格式也趋于标准化，大多采用了 GeoTIFF、JPEG 2000、ECW、MrSID、

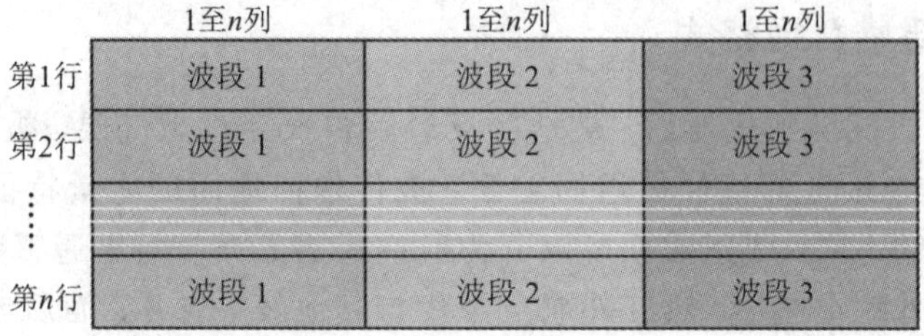

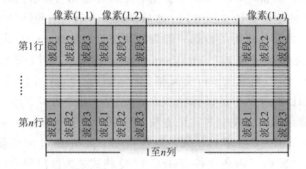

图 8.1   BIL 数据格式

图 8.2   BIP 数据格式

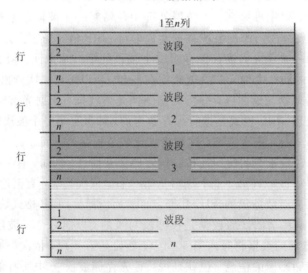

图 8.3   BSQ 数据格式

HDF 和 NetCDF 等格式。TIFF（Tag Image File Format）是图形图像处理中常用的格式之一，其图像格式很复杂，但它由于具有灵活多变的图像信息存放方式，可以支持很多色彩系统，而且独立于操作系统，因此得到了广泛应用。各种地理信息系统、摄影测量与遥感等应用要求图像具有地理编码信息，例如图像所在的坐标系、比例尺、图像上点的坐标、经纬度、长度及角度等等。但对于存储和读取这些信息，纯 TIFF 格式的图像文件是很难做到的。GeoTIFF 作为 TIFF 的一种扩展，通过在 TIFF 的基础上定义一些 GeoTag（地理标签），来对各种坐标系统、椭球基准、投影信息等进行定义和存储，使图像数据和地理数据存储在同一图像文件中，这样就为广大用户制作和使用带有地理信息的图像提供了方便的途径。JPEG 2000 在无损压缩下仍然具有比较好的压缩率，因此 JPEG 2000 在图像品质要求比较高的医学图像的分析和处理中已经有了一定程度的应用。另外，目前电影院的放映系统的图像基本上是以 JPEG 2000 的格式存储播放的。JPEG 2000 可以实现 20∶1 的压缩比，类似于 MrSID 格式。ECW(Enhanced Compression Wavelet)是一种压缩图像格式，通常用于航空和卫星图像。这种 GIS 文件类型以其高压缩率而闻名，同时保持图像的质量对比度。ECW 格式由 ER Mapper 开发，但现在归 Hexagon Geospatial 所有。MrSID 格式通常用于需要压缩的正射影像。MrSID 图像具有 SID 扩展名，并附带一个文件扩展名为 SDW 的世界文件，它具有令人印象深刻的压缩比，可以将彩色图像按超过 20∶1 的比例压缩。HDF(Hierarchical Data Format)由美国国家超级计算应用中心（NCSA）设计，用于管理极其庞大和复杂的科学数据。它是一种通用的数据模型，对集合中数据对象的数量或大小没有限制。ArcGIS 能够读取 HDF4 和 HDF5 数据，免费的开源 GDAL(命令行)工具支持将 HDF 文件转换为 GeoTIFF。此外，NetCDF(Network Common Data Form)格式是一种面向数组的数据接口，用于存储多维变量。NetCDF 文件内容可以是随时间变化的温度、降水量或风速，它通常作为 GIS 数据存储格式用于涉及海洋和大气界的科学数据。

8.1.4 智能遥感数据传输接口及协议

1. 遥感数据传输接口

1) RS-422

RS-422 是美国电子工业协会在 20 世纪 70 年代末推出的一种全双工的数字通信电气标准，RS(Recommended Standard)代表推荐标准，接口标准全称是“平衡电压数字接口电路的电气特性”。它采用平衡驱动差分接收电路，最大传输速率为 10 Mb/s，最大传输距离为 1200 m，允许一条总线上最多可连接 10 个接收器。由于采用差分信号传输，RS-422 总线信号的抗干扰能力强，并且接口简单，广泛应用于航天工程、自动化控制和仪器仪表等领域。例如，航天工程中的重要组成部分——空间遥感相机的研制中，其电子学系统设计一般划分为主控单元和成像单元两部分，这两部分之间采用 RS-422 总线进行通信。主控单元接收星载计算机广播的卫星姿态信息和地面控制命令，主要完成像移补偿速度计算和工作时序控制功能，多采用 DSP＋CPLD 架构；成像单元接收主控单元发送的像移补偿参数，产生图像探测器的驱动时序信号，控制图像探测器开始或停止拍摄任务，完成图像信号采集量化、图像数据预处理等功能，多采用 FPGA 来实现。成像单元由完全独立的五个通路组成，均挂接在 RS-422 通信总线上，通过设置不同的通信地址进行区分。通信接口芯片采用 NI 公司 3.3 V 标准的 QML 级别的低压差分芯片 DS26LV31W 和 DS26LV32W。波特率为 62.5 kb/s，数据位为 8 位，起始位和停止位各 1 位。主控单元和成像单元采用应答式通信协议。成像单元各个通路分配了不同的通信地址，均包含一片 FPGA 芯片，FPGA 实时监测 RS-422 总线接收端的数据，当接收到包含本通路地址的命令时，置 RS-422 发送使能有效，同时发送工程参数包作为应答。其他时刻，置 RS-422 发送使能为无效状态。图 8.4 为 RS-422 典型接口电路图。

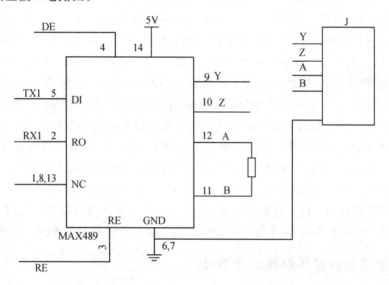

图 8.4　RS-422 接口电路图

2）RS-485

RS-485 是定义平衡数字多点系统中驱动器和接收器电气特性的标准，由电信行业协会和电子工业联盟定义。使用该标准的数字通信网络可以有效地在远程和电子噪声环境中传输信号。数据信号采用差分传输方式，可以有效地解决共模干扰问题。其中当两线之间的电压差为 +（0.2～6）V 时，可用逻辑"1"表示，当两线间的电压差为 -（0.2～6）V 时，可用逻辑"0"表示，这是一种典型的差分通信。信号最大传输距离可达 1200 m，传输速率则可以达到 10 Mb/s 以上，并且支持多个收发设备接到同一条总线上。RS-485 的接口非常简单，只需要一个 RS-485 转换器，就可以直接与单片机的 UART 串口连接起来，并且使用完全相同的异步串行通信协议。但是由于 RS-485 是差分通信，因此接收数据和发送数据是不能同时进行的，也就是说它是一种半双工通信。图 8.5 为 RS-485 典型硬件电路。

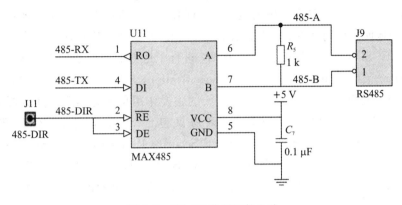

图 8.5　RS-485 典型硬件电路

2. 遥感数据传输协议

空间数据系统咨询委员会(Consultative Committee for Space Data Systems，CCSDS)是一个国际性空间组织，成立于 1982 年，主要任务是负责开发适合航天测控和数据传输系统的各种通信协议和数据处理规范，以适应航天器复杂化的需求，满足空间资源有效利用，加强国际合作。CCSDS 空间通信协议体系结构自下而上包括物理层、数据链路层、网络层、运输层和应用层，其中每一层又包括若干个可供组合的协议。空间通信协议的参考模型如图 8.6 所示。

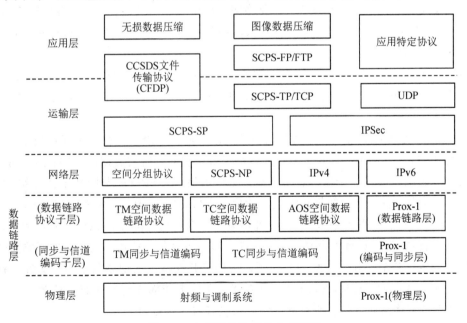

图 8.6　空间通信协议的参考模型

空间通信环境中网络具有传输时延大、信噪比低、突发噪声强、空间链路时断时续等特点，应用于地面通信网络的、面向连接的 TCP/IP 互联网协议在此环境中是无法高效工作的。因此，CCSDS 以 TCP/IP 协议为基础，进行了适当的修改和扩充，制定了空间通信协议规范（Space Communication Protocol Specification，SCPS），该协议在空间通信网络和地面通信环境之间架设起通信的桥梁。SCPS 的主要作用是为遥感卫星和数据中继卫星之间提供高效文件传输的保障。SCPS 系列协议包含 SCPS 网络协议（SCPS Network Protocol，SCPS-NP）、SCPS 安全协议（SCPS Security Protocol，SCPS-SP）、SCPS 传输协议（SCPS Transport Protocol，SCPS-TP）、SCPS 文件协议（SCPS File Protocol，SCPS-FP）。其设计的目标是支持全可靠性、尽力而为的可靠性和最低可靠性的通信；在各种延迟、带宽和错误条件下高效运行；在空间环境处理中能够高效运行；支持基于优先级的处理、无连接多播与面向数据包的应用程序。

SCPS-NP 对应 Internet 中的 IP 协议。该协议提供了非常简洁灵活的终端地址与组地址表示方法，提供了数据报的优先级操作机制和路由控制机制。与 IPv4 20 字节的报头相比，SCPS-NP 的报头仅仅包含数据报提供服务所需要的域，最小报头只有 4 个字节，大大节省了比特开销，降低了资源需求。此外，SCPS-NP 提供了可选择的路由方案与灵活的路由表维护方案，对空间网络动态拓扑的特点具有良好的适应性。SCPS-NP 主要的不足在于不支持与 IPv4 或者 IPv6 的互操作。若要将网络层中基于 SCPS-NP 的网络与基于 IPv4 或者 IPv6 的网络互联，则需要将 SCPS-NP 头转换为 IPv4 或者 IPv6。然而这种转换必然会损失 SCPS-NP 的部分功能。

SCPS-SP 为空间网络数据的传输提供了可选的端到端保护。SCSP-SP 是 SCSP 协议簇中唯一涉及安全保障的协议，提供了数据完整性检查、机密性机制、身份认证和接入控制服务，以防止数据受到攻击。

SCSP-TP 为空间通信网络提供端到端的数据传输。SCPS-TP 根据可靠性要求，将传输服务分为 3 类：完全可靠，针对上行指令、程序重注和下行压缩数据的传输；最大可靠，针对下形遥测和图像数据的传输；最小可靠，支持组播。SCSP-TP 支持基于优先级的处理，支持无连接多播，支持面向数据包的应用程序，能与商用 TCP、UDP 产品互操作。

SCPS-FP 支持带宽受限环境下的文件传输与指令传输。与 Internet FTP 协议不同，考虑到空间飞行器 CPU 计算能力与 RAM 空间有限、文件存储易受单粒子事件影响且轨道原因所导致的数据传输存在非连续性等问题，SCPS-FP 支持读取记录与更新、文件完整性检验与重复文本的压缩。同时，SCSP-FP 具有读取文件更新部分而不需要重传整个文件的功能，这使得带宽受限或者带宽非对称的空间通信任务大大受益。

智能信息感知技术

8.2 常见的遥感技术系统

8.2.1 智能可见光遥感技术

可见光遥感技术是指传感器工作波段限于可见光波段范围内的遥感技术。电磁波谱的可见光波长范围为 $0.38\sim0.76~\mu m$，是传统航空摄影侦察和航空摄影测绘中较为常用的工作波段。

由于感光胶片的感色范围在可见光波长范围内，故可得到具有较高地面分辨率与判读地图制图性能的黑白全色或彩色影像。但因受太阳光照条件的极大限制，加之红外摄影和多波段遥感的相继出现，可见光遥感已把工作波段外延至近红外区（约 $0.9~\mu m$）。其成像方式从单一的摄影成像发展为包括黑白摄影、红外摄影、彩色摄影、彩色红外摄影及多波段摄影和多波段扫描等的多样化成像，其探测能力得到了极大提高。利用可见光遥感进行的航天摄影测量，尤其以画幅式航天摄影机的应用为标志，目前很有发展潜力。

在遥感初期，照相是最主要和常用的遥感手段。最初使用黑白胶片，后来发展到使用彩色胶片和彩色红外胶片。对于由拍摄环境、摄影平台运动或其他因素引起的误差，遥感照相除了作几何校正，还要作辐射校正，只有经过校正，才可以对照片进行判读和测量。多光谱照相则是指在几个或十几个窄的光谱波段内同时拍摄同一地区的地物，因此可获得不同波段的一组黑白照片。对不同波段的照片进行组合处理，如光学彩色合成、电视与计算机的彩色合成与密度的彩色分割，用颜色突出信息，使得科技工作者更易判读和解译图像，从而获得所需要调查的地物与现象。而多光谱扫描系统的成功研制是遥感技术的一大进展，它利用分光和光电技术同时记录和发送某一被扫描点上的数个甚至数十个波段的光谱反射能的信息，并将同一波段的扫描像元构成一帧扫描像，因此可获得多个光谱波段的扫描像。对地观测星载遥感器有 Landsat 系列、中巴资源卫星、法国 SPOT-5 等，这些遥感器多为极地太阳同步卫星，能获取同一地区在相同的太阳光照条件下的多时相序列影像。例如，某多光谱扫描系统把 $0.47\sim1.1~\mu m$ 的光谱区分成四个波段，一个扫描点的大小相当于地面 $10~000~\mathrm{m}^2$，也称为一个像元。卫星飞到某地区上空时，就会发出四幅为一组的由像元组成的光谱反射能的图像信息，由卫星地面站接收。下面对遥感成像模型进行介绍。

1. 辐射传输模型

太阳辐射能量主要集中在可见光（$380\sim760~\mathrm{nm}$）波段，最大辐射强度的波长集中在 $470~\mathrm{nm}$ 左右，可光见波段是遥感应用的重要波段。地球表面所有物体都被动吸收和反射太阳辐射中波长在 $0.4\sim3.0~\mu m$ 的电磁波。依靠反射太阳辐射能量工作的光学遥感器称为被动遥感，在实际应用中成像遥感器多以被动方式获取图像信息。

通常假设大气基本透光并对所有电磁辐射的作用相同，但事实上大气中的气体有选择地散射和吸收特定波长区间的电磁辐射，波长短于 $0.3\ \mu m$ 的辐射完全被上层大气中的臭氧层吸收，而可见光的大气透过率较高。电磁波和大气之间存在两个基本的相互作用的物理过程——散射和吸收。大气散射指电磁波受大气微粒的影响而改变传播方向的现象。散射强度和微粒大小、电磁波波长相关，经大气散射后，地物反射和发射的电磁波的辐射方向发生改变，其中一部分到达遥感器。大气吸收则是指电磁波在传输过程中受到大气分子的吸收作用，大气选择性地吸收特定波长的电磁辐射，该波长段称为吸收带。光学遥感器工作波段如图 8.7 所示。与吸收带相对应的是大气窗口，是指能量透射率较高的区间。对于可见光而言，辐射衰减的主要因素是散射，对于波长更长的电磁波，衰减的主要原因是大气吸收。此外还有大气反射，它是指到达大气中云层的地物辐射电磁波的反射现象，该现象也影响传感器成像质量。

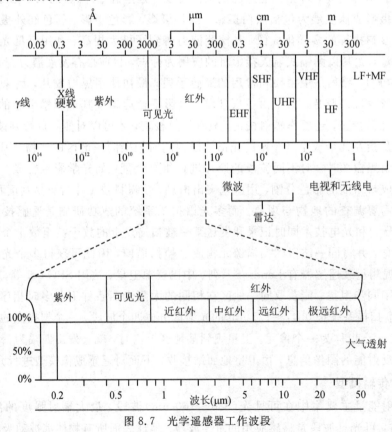

图 8.7　光学遥感器工作波段

2. 遥感器模型

　　光学被动遥感接收的电磁波包括太阳辐射电磁波和地球表面辐射电磁波两个部分，从路径上可分为三个部分：地表直接反射部分 L_λ^{su}，即地物场景直接反射并进入遥感器观测角（GIFOV）内的光强，这是遥感器成像的主要能量；大气向下散射后经地面二次反射后再进入 GIFOV 的辐射能量 L_λ^{sd}；太阳辐射向上散射被遥感器接收的部分 L_λ^{sp}，主要包括大气分子、瑞利散射、气溶胶或者空气中的悬浮物粒子造成的米氏散射等。遥感器所接收到的总辐射为

$$L_\lambda^{\mathrm{s}} = L_\lambda^{\mathrm{su}} + L_\lambda^{\mathrm{sd}} + L_\lambda^{\mathrm{sp}} \tag{8.1}$$

传感器接收某一地物反射的电磁波的同时，还会接收到由其他地物散射的不同路径的电磁信号，即"多路径效应"。多路径散射导致传感器接收到的信号并不都是目标信号，还包括其他地物的散射信号，即 GIFOV 附近地物直接反射或向上散射被传感器接收的部分，这种"邻近部分"辐射增加了像元校正的难度，减少了地物场景明暗边界的对比，弱化了遥感图像的边缘和纹理信息。表面反射和大气散射的影响不可忽略，辐射的大部分电磁波在多次反射和散射过程中被减弱，造成遥感影像的模糊和降质，这可以解释黑色地物目标为何在遥感影像中为灰色。

传输型光电遥感器由三个子系统组成，这三个子系统分别是光学系统、探测器系统和信号处理电子学系统。遥感器成像系统结构框图如图 8.8 所示。光学部件收集地物透过大气层传输到遥感器的辐射能量信号，在焦平面上聚焦形成图像；CCD 探测器阵列负责光电转化；经信号处理器（放大器、滤波器和其他电子元器件）处理后会引入电子噪声；A/D 转换将空域和幅度连续的模拟信号离散量化为数字信号，这个环节会引入检测器噪声、光学噪声、量化误差等，造成遥感影像质量下降，此外，星上压缩、编码也会造成信息的丢失。成像系统中始终存在电子噪声干扰，一般为高斯噪声或者泊松噪声。

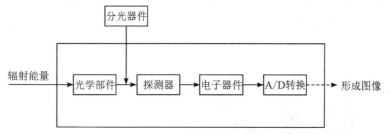

图 8.8　遥感器成像系统结构框图

遥感传感器类型多种多样，按照遥感器扫描方式，分为摆扫成像、推扫成像和凝视成像三种模式。不同工作方式对空间分辨率有一定影响。摆扫成像中，旋转平面镜沿垂直于飞行的方向来回摆动，配合沿轨道的飞行共同完成空间扫描，摆扫成像系统采用行扫描，每条扫描线均有一个投影中心，所得的影像是多中心投影影像，地面起伏会造成像点的移动和失真。携带遥感仪器的平台（如飞机、卫星）的姿态不稳定也会引起图像的几何失真、扭曲；此外成像时相机与地物场景之间的相对运动也会产生运动模糊。早期的遥感器多采用摆扫成像模式。推扫成像与摆扫成像系统类似，推扫成像系统利用遥感器平台向前飞行和与飞行方向垂直的扫描线记录，获取二维图像。推扫成像接收的信号要强于摆扫成像，

因为摆扫成像在一个像素内的时间很长。推扫成像采用的探测器可能存在不同的敏感性，如果没有校准好，就会导致图像条纹噪声。凝视成像采用二维阵列探测器，不依赖任何机械运动，它有两种模式：一种是理想凝视，遥感器的整个视场内像画面保持相对静止，物空间和像空间的所有单元一一对应，如地球同步卫星的对地观测成像，如图 8.9 所示；另一种是部分凝视，以较长时间停留在焦平面上获取二维观测图像，直到目标离开遥感器的视场，如欧洲空间局的 HSRC 和 SRC 相机。

图 8.9　凝视成像

8.2.2　智能高光谱遥感技术

高光谱遥感是高光谱分辨率遥感的简称，其光谱分辨率为纳米级。它利用很多很窄的电磁波波段（通常小于 10 nm），从感兴趣的物体获取有关数据，利用"图谱合一"的特点，研究地表物质的成分、含量、存在状态和动态变化与光谱反射率之间的对应关系。高光谱遥感研究的光谱波长范围包括可见光、近红外、短波红外、中热红外和热红外波段，把遥感波段从几个、几十个推向数百个、上千个，使得高光谱遥感数据每个像元可以提供几乎连续的地物光谱曲线，如图 8.10 所示，横轴为波长，纵轴 R 为反射率。可见高光谱遥感数据将

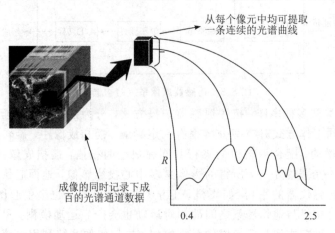

图 8.10　高光谱遥感示意图

表征地物属性特征的光谱信息与表征地物几何位置关系的空间信息有机结合起来，使得地物的精准定量分析与细节提取成为可能。

1. 高光谱遥感的特点

高光谱遥感具有不同于传统遥感的新特点。首先高光谱遥感的波段多，可以为每个像元提供几十、数百甚至上千个波段。若将图像上每个像元的灰度值按波长排列，则可以得到一条波谱曲线，如果再加上时间维，每一个像元就可以定义为一个波谱曲面。其次光谱分辨率高，光谱范围窄（一般小于 10 nm），波段连续，有些传感器可以在 350～2500 nm 的太阳光谱范围内提供几乎连续的地物光谱。最后高光谱遥感的数据量大，随着波段数的增加，数据量呈指数增加；并且由于相邻波段高度相关，信息冗余也相对增加。

因此，一些针对传统遥感数据的图像处理算法和技术（如特征选择与提取、图像处理等技术）面临挑战，而用于特征提取的主分量分析方法、用于分类的最大似然法等，不能简单地直接应用于高光谱数据。

2. 高光谱数据表达方式

1）图像立方体

高光谱遥感是将成像技术和光谱技术相结合的多维信息获取技术。高光谱遥感能够同时获取目标区域的二维几何空间信息与一维光谱信息，因此高光谱数据具有"图像立方体"的形式和结构，如图 8.11 所示。其图像空间用于表述地物的空间分布，而光谱空间则用于表述每个像素的光谱属性，体现出"图谱合一"的特点和优势。

图 8.11　光谱图像立方体

图像立方体是将高光谱数据表达为成像光谱的信息集。在通常显示二维图像的基础上添加光谱维，就可以形成三维的坐标空间。如果将成像光谱图像的每个波段数据都看成一个层面，则成像光谱数据在三维空间中会形成一个图像立方体——一个拥有多个层面、按波段顺序叠合构成的数据立方体。当然，在实际环境中只有二维的显示设备。因此，需要利用人眼的特性，将三维的图形图像信息通过视图变换的方法显示到二维设备上，以达到三维的视觉效果。

2）光谱曲线

对于某一点的光谱特征最直观的表达方式就是二维的光谱曲线。用直角坐标系表示光谱数据，如图 8.12 所示，其中横轴表示波长，纵轴表示反射率，则光谱的吸收特征可以根据曲线的极小值获得。在显示曲线时，必须将波段序号转换到光谱波长值，映射到水平轴上。

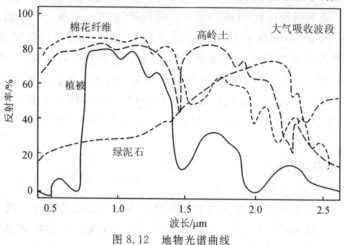

图 8.12　地物光谱曲线

由于成像光谱图像的波段数有限，光谱曲线只是一些离散的样点，通过这些样点再现光谱曲线需进行插值。最简单也最常用的插值方法是线性插值，即用折线连接样点构成光谱曲线。然而，这样连成的曲线不够光滑，特别是在波段数较少时尤为明显。如果要获得光滑的曲线，就要采用三次样条插值或其他方法。

3）光谱曲面

二维光谱图只能表示某一像元地物的特征，反映的信息量较少，不利于对整个成像光谱、图像光谱特征的整体表达。为了同时表达出更多的光谱信息，选取一簇光谱曲线，构成三维空间的曲面，用投影方式显示在二维平面上，形成三维光谱曲面图。三维光谱曲面就是在二维光谱曲线坐标系中添加空间轴，该空间轴可以沿扫描线方向或飞行方向。在显示光谱曲面时，用直线段连接相邻的网格点就可以显示出光谱曲面的形状。为了在二维显示设备上表达三维的光谱曲面图，还需进行二维视图变换以及隐藏线、隐藏面消除等处理。

3. 高光谱遥感机理

高光谱遥感器通常是指分辨率很高，在 400～2500 nm 的波长范围内其光谱分辨率一般小于 10 nm 的成像遥感器。正是由于高光谱遥感器的光谱分辨率高，往往在一定的波长范围内（比如可见光-近红外、可见光-短波红外），相邻波段有光谱重叠区，也就是连续光谱成像，所以高光谱遥感器一般又被称为成像光谱仪。

高光谱遥感成像的关键技术包括图像的获取、传输和处理等技术。成像光谱技术是集探测器技术、精密光学机械、微弱信号探测、计算机技术、信息处理技术等为一体的综合性技术，每个单项技术的发展都会推进成像光谱技术的提高。成像光谱技术的分类方法也有很多，从原理上可以分为棱镜光栅色散型、干涉型、滤光片型、计算机层析成像、二元光学元件成像、三维成像光谱技术。下面介绍两种主要的成像光谱仪及其原理。

1）棱镜光栅色散型成像光谱仪

棱镜光栅色散型成像光谱仪入射狭缝位于准直系统的前焦面上，入射的辐射经准直系统准直后，经棱镜和光栅狭缝色散，由成像系统将光能按波长顺序成像在探测器的不同位置上。色散型成像光谱仪按探测器的构造可分为线列与面列两大类，它们分别被称为摆扫型成像光谱仪和推扫型成像光谱仪，其原理图分别如图8.13和图8.14所示。在摆扫型成像光谱仪中，线列探测器用于探测任一瞬时视场内目标点（即目标上所对应的某一空间像元）的光谱分布。扫描器的作用是对目标表面进行横向扫描。一般情况下空间的第二维扫描（即纵向或帧方向扫描）由运载该仪器的飞行器（如卫星或飞机）的运动所产生。在某些特殊情况下，空间第二维扫描也可用扫描镜实现。一个空间像元的所有光谱分布由线列探测器同时输出。此种成像光谱仪的代表有 AVIRIS 和中分辨率成像光谱仪 MODIS 等。在推扫型成像光谱仪中，面列探测器用于同时记录目标上排成一行的多个相邻像元的光谱，面列探测器的一个方向的探测器数量应等于目标行方向上的像元数，另一个方向的探测器数量与所要求的光谱波段数量一致。同样，空间第二维扫描既可由飞行器本身实现，又可使用扫描反射镜。一行空间像元的所有光谱分布由面列探测器同时输出。此种成像光谱仪的代表有 AIS、HRIS、HIS、MODIS-T 等。

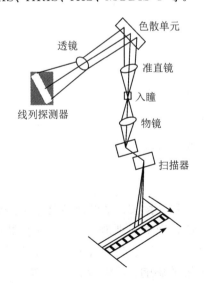

图 8.13　摆扫型成像光谱仪原理图

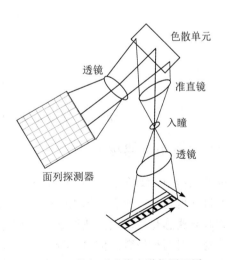

图 8.14　推扫型成像光谱仪原理图

2) 干涉型成像光谱仪

干涉型成像光谱技术在获取目标的二维信息方面与色散型技术类似,通过摆扫或推扫可以得到目标上的像元,但每个像元的光谱分布不是由色散元件形成的,而是利用像元辐射的干涉图与其光谱图之间的 Fourier 变换关系形成的。通过探测像元辐射的干涉图和利用计算机技术对干涉图进行 Fourier 变换,来获得每个像元的光谱分布。获取光谱像元干涉图的方法和技术是该类光谱仪研究的核心问题,它决定了由其所构成的干涉型成像光谱仪的适用范围及性能。目前,遥感领域中获取像元辐射干涉图的方法主要有迈克尔逊型干涉法、双折射型干涉法和三角共路型干涉法三种。基于这三种干涉方法,形成了三种典型的干涉型成像光谱仪。其中对于迈克尔逊型干涉成像光谱仪,从图 8.15 中可以看出,它具有一对精密磨光的平面镜,分别作为动镜和静镜(系统)。从物面射来的光线通过狭缝经准直镜对准后,直射向分束器。分束器是由厚薄和折射率都很均匀的一对相同的玻璃板组成的,靠近准直镜的一块玻璃板(分束板)的背面镀有银膜,可以将入射的光线分为强度均匀的两束(反射部分和透射部分),其中反射部分射到静镜,经静镜反射后再透过分束板通过成像镜进入探测器;透射部分射到动镜上,经反射后经分束板的镀银面反射到成像镜,进入探测器。这两束相干光线的光程差各不相同,在探测器上就能形成干涉图样。通过移动动镜进行调整,就可以进行不同的干涉测量。分束器中靠近动镜的一块玻璃板(补偿板)具有补偿光程的作用。

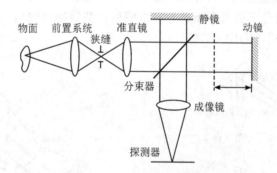

图 8.15 迈克尔逊型干涉成像光谱仪原理图

8.2.3 智能微波遥感技术

在电磁波谱中,波长在 1~1000 mm 范围的波段称为微波。微波遥感是指通过微波传感器获取目标地物发射或反射的微波辐射,经过判读处理来识别地物的技术。微波遥感分为主动式微波遥感和被动式微波遥感。主动式微波遥感由微波传感器自身发射微波束,再接收从地物反射回来的微波信号,很少受到太阳辐射的影响,可以全天候工作,不受成像时间和大气条件的限制,应用很广泛。被动式微波遥感由微波传感器接收地面地物的微波

216

辐射，受太阳辐射的影响比较大，其成像受时间和大气条件的限制。接下来主要介绍主动式微波遥感，重点介绍雷达遥感图像的特性。

1. 主动式微波遥感

主动式微波遥感的特点是传感器系统自身发射微波辐射，并接收从目标地物反射或散射回来的电磁波。微波遥感的传感器有成像和非成像方式两种类型。非成像方式的传感器有散射计、高度计、无线电地下探测器；成像方式的传感器有微波辐射计和雷达。微波辐射计是被动式微波遥感成像的传感器，雷达是主动式微波遥感成像的传感器。这里主要介绍雷达。

雷达是由发射机通过天线在很短时间内向目标地物发射一束很窄的大功率电磁波脉冲，然后用同一天线接收目标地物反射的回波信号而进行显示的一种传感器。因此雷达系统一般包括发射机、接收机、天线和存储器。其工作原理是天线发出的一束电磁波（或微波）辐射射向目标，电磁波辐射与目标发生相互作用，其中有一部分背向散射返回到天线，雷达接收机探测到回波信号，经一系列处理后，送入存储器，存储器的信号经成像后形成雷达图像。

雷达天线的工作波段主要为微波波段，但也有利用其他波段的，如利用红外波段工作的红外雷达，利用激光器作为发射波源的激光雷达等，都是当前微波遥感的前沿技术。雷达天线的工作方式为侧视，雷达可分为真实孔径侧视雷达（Real Aperture Radar，RAR）和合成孔径侧视雷达（Synthetic Aperture Radar，SAR）。其中真实孔径侧视雷达是按雷达具有的特征来命名的，它表明雷达采用真实长度的天线接收地物后向散射并通过侧视成像，雷达波的发射和接收都是以其自身有效长度的效率直接反映到显示记录中的。运动平台携带真实孔径天线从空中掠过，由天线向平台的一侧或两侧发射波束并扫描地面，这些波束在平台运动的方向上是很窄的，在垂直于平台运动方向上是延展的。而合成孔径侧视雷达的设计思想是通过一定的信号处理方法，使得合成孔径侧视雷达的等效孔径长度相当于一个真实孔径雷达的天线长度。合成孔径侧视雷达提高距离分辨率的主要方法是用宽脉冲频发射和用压缩滤波器对回波信号脉冲宽度进行压缩，从而使宽调频脉冲被压缩成窄脉冲。因此，合成孔径侧视雷达是一种高分辨率相干成像雷达。高分辨率在这里包含两层含义：即高的方位向分辨率和高的距离向分辨率，它采用以多普勒频移理论和雷达相干为基础的合成孔径技术来提高雷达的方位向分辨率，而距离向分辨率的提高则通过脉冲压缩技术来实现。合成孔径侧视雷达与真实孔径侧视雷达的主要差异在于合成孔径侧视雷达是利用合成孔径原理来改善方位向分辨率的。

雷达的遥感平台有飞机和卫星，以飞机为平台的雷达遥感叫作机载侧视雷达遥感，以卫星为平台的雷达遥感叫作星载雷达遥感。现代机载雷达一般在微波波段工作，工作波长不大于 22 cm，短波波长扩展到红外和激光波段。机载侧视雷达遥感所能获得的目标信息包括：根据回波时延测出的目标距离；利用多普勒效应测出的目标相对速度、振动或旋转频率；通过测量回波到达雷达的角度来确定的目标方向角；根据回波幅度测出的目标几何尺寸和介质特性；根据目标散射场测出的目标形状等。但机载雷达图像由于侧视入射角的不同与在侧视区间内强度不同，常常对不平坦的地面产生叠掩、透视收缩和阴影等几何变化。这些几何畸变和亮度变化给机载雷达图像的解译造成困难，在一定程度上妨碍了机载雷达的利用和发展。星载雷达遥感的发展则克服了上述的问题，例如欧洲航天局对地观测卫星系列之一的 ENVISAT 卫星载有多个传感器，分别对陆地、海洋、大气进行观测，其中最主要的传感器是改进型合成孔径雷达 ASAR。ASAR 工作所在波段的波长为 5.6 cm，具有多极化、可变观测角度、宽幅成像等许多独特的性质，因此能够提供更加丰富的地表信息。

2. 雷达图像的特性

1）雷达图像的亮度

雷达图像亮度变化主要依赖于地物目标的后向散射特性。地物后向散射截面产生的强回波信号在影像正片上呈现为白色调，弱回波信号在影像正片上呈现为灰暗色调。通过雷达图像亮度可以认识不同地物的后向散射特性，从而识别出地物类型。为了细分影像中的色调，通常采用亮白色、白色、灰色、深灰色、暗黑色和黑色来进行描述，分别与雷达回波的很强、强、中、中偏弱、弱和无六种程度相对应。

2）雷达图像的穿透力

微波辐射具有很强的地表穿透能力，除了能穿云破雾，对一些地物或介质（如岩石、土壤、松散沉积物、植被、冰层等）有一定的穿透能力。因此，微波遥感不仅能反映地表的信息，还可以在一定程度上反映地表以下物质的信息。概括地说，微波比光波对植被的穿透性要强，但是穿透能力不仅与波长和观测角有关，还与植被类型、植被含水量和植被空间分布密度等有关。如图 8.16 所示，在植被穿透能力上，波长较长的微波辐射比短波长的辐

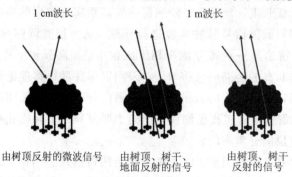

图 8.16　微波信号穿过植被的穿透性

射强，这是因为较短波长的微波信号更容易被植被散射，所以短波长一般更多地反映了上层植被的信息，只有较长的微波才有可能反映下层植被和植被下地面的信息。因此，微波频率的高端（如 1 cm 波长）只能获得植被层顶部的信息，而微波频率的低端（如 1 m 波长）则可以获得植被层底层甚至地表以下的信息。

3）雷达图像的极化

雷达波束具有偏振性（又称为极化）。电磁波与目标相互作用时，会使雷达波（电磁波）的偏振产生不同方向的旋转，从而产生水平、垂直两个分量。若雷达波的偏振（电场矢量）方向垂直于入射面，则称为水平极化，用 H 表示；若雷达波的偏振（电场矢量）方向平行于入射面，则称为垂直极化，用 V 表示。常用的极化方式有 4 种，即水平发射水平接收（HH）、垂直发射垂直接收（VV）、水平发射垂直接收（HV）和垂直发射水平接收（VH）。前两种为同向极化（或参考极化），后两种为异向极化（或交叉极化、正交极化）。

雷达遥感系统的极化方式可影响回波强度和对不同方位信息的表现能力。即不同的极化方式会导致目标对电磁波的不同响应，使雷达回波强度不同，图像之间产生差异，而具有不同的图像特点和用途。利用不同极化方式下图像的差异，可以更好地观测和确定目标的特性和结构，提高图像的识别能力和精度。

4）雷达图像的几何特性

雷达图像具有近距离压缩、顶底位移、透视收缩等几何特征，均属原理性几何失真。一方面这种特性可以用于进行地形、地物的测量和分析；另一方面该特性会严重影响到与其他遥感图像的配准，并使雷达图像的几何校正和数据分析比其他遥感图像更为复杂。

雷达图像是侧视带状成像，发射脉冲与接收回波之间有个时间"滞后"，该时间差和传感器与目标间的距离（斜距）呈正比。因此在斜距图像上，各目标点间的相对距离与目标间的地面实际距离并不保持恒定的比例关系，图像会产生不均匀畸变。这就是雷达斜距图像的比例失真。

由于雷达是按时间序列记录回波信号的，因此入射角与地面坡角的不同组合，会出现不同程度的透视收缩现象。即在有地形起伏时，面向雷达一侧的斜坡在图像上被压缩，而另一侧则被延长。

雷达图像的顶底位移对雷达图像的辐射性质和几何性质都有极大的影响。雷达是一个测距系统，近目标（即高目标的顶部）离雷达天线近，回波先到达，远目标（即高目标的底部）离雷达天线远，回波后到达。因而顶部先于底部成像，产生目标倒置的视觉效果，这种雷达回波的超前现象，便形成了雷达图像的顶底位移（或称叠掩现象）。但并不是所有高出地面的目标都会形成顶底位移，只有当雷达波束俯角与坡度角之和大于 90°时才有此现象。一般来说，俯角越大，出现顶底位移的概率就越高。因此，顶底位移多在近距离点发生。可以说，顶底位移是透视收缩的一种极端情况，它发生在入射角小于局部地形倾斜角的情况下。

此外，当有地形起伏时，背向雷达的斜坡往往照不到，便产生阴影，阴影总是在背离雷达的方向，雷达阴影的存在对图像解译有利也有弊。适当的阴影能够增强图像的立体感，丰富地形信息。所以在比较平坦的地区，允许雷达图像有适当的阴影。但在地形起伏大的山区，应避免阴影太大。为了补偿阴影区丢失的信息，也可以采用多视向雷达成像技术，使在一种视向时的阴影区目标可在另一种视向的雷达图像上看到。

5）图像的辐射特征

每一时刻，雷达脉冲照射的地表单元内部都包含了很多散射点，这一单元的总的回波是各散射点回波的相干叠加，各散射点的回波矢量相加后得到的幅度为 V，相位为总的回波。每一散射点回波的相位与传感器距该点之间的距离有关，因此当传感器有一点移动时，所有的相位都要发生变化，从而引起合成的幅度 V 发生变化。这样当传感器移动时，若连续观测同一地表区域，则将得到不同的 V 值，这种 V 值的变化被称为雷达信号的衰落。对于由完全随机分布的许多散射点目标组成的照射表面的衰落，其动态范围都很大，很难取得一个接近于平均值的取样值，而对于遥感应用来说，一个重要的问题是如何从观测到的信号强度中得到平均值的估计值。为了准确地得到地表观测单元的散射特性，需要多次获取观测值，然后取平均值。

同样地，具有相同后向散射截面的两个相邻观测单元，若在细微特征上有差异，则它们的回波信号也会不同，这样本来具有常数后向散射截面的图像上的同质区域，像元间会出现亮度变化，这被称为斑点。那些回波功率衰减到远低于平均值电平的像素的灰度值很低，在图像上就表现为黑点；那些回波功率增强到远高于平均值电平的像素很亮，在图像上表现为亮点（见图 8.17）。

图 8.17　RADARSAT-1 图像上的斑点

8.3 智能遥感数据处理技术

8.3.1 智能遥感数据预处理

1. 遥感图像的辐射校正

辐射校正是指对由于外界因素、数据获取和传输系统而产生的系统的、随机的辐射失真或畸变进行的校正，是消除或改正因辐射误差而引起影像畸变的过程。用传感器观测目标的反射或辐射能量时，所得到的测量值与目标的光谱反射率或光谱辐射亮度值等物理量之间的差值叫作辐射误差。辐射误差造成了遥感图像的失真，影响遥感图像的判读和解译，因此，必须消除或减弱辐射误差。需要指出的是，导致遥感图像辐射量失真的因素很多，除了由遥感器灵敏度特性引起的畸变，还有视场角、太阳角、地形起伏以及大气吸收、散射等的强烈影响。

遥感图像辐射误差主要包括三个方面：

(1) 传感器的灵敏度特性引起的辐射误差，如光学镜头的非均匀性引起的边缘减光现象、光电变换系统的灵敏度特性引起的辐射畸变等；

(2) 光照条件差异引起的辐射误差，如太阳高度角的不同引起的辐射畸变与由地面倾斜、起伏引起的辐射畸变等；

(3) 大气散射和吸收引起的辐射误差。

辐射校正的目的主要包括：

(1) 尽可能消除因传感器自身条件、薄雾等大气条件、太阳位置和角度条件及某些不可避免的噪声等引起的传感器的测量值与目标的光谱反射率或光谱辐射亮度等物理量之间的差异；

(2) 尽可能恢复图像的本来面目，为遥感图像的识别、分类、解译等后续工作奠定基础。

为了获取地表实际反射的太阳辐射亮度值或反射率，辐射校正通常包含传感器校正（辐射定标）、大气校正、地形及太阳高度角校正三方面的处理。

传感器校正是为了消除传感器本身所带来的辐射误差，并将传感器记录的无量纲 DN 值（遥感获取的像元灰度值）转换成具有实际物理意义的大气顶层辐射亮度值或反射率。传感器校正依靠的是辐射定标，辐射定标的原理就是建立数字量化值与其所对应视场中辐射亮度值之间的定量关系，以消除传感器本身产生的误差。辐射定标可分为相对辐射定标与绝对辐射定标。相对辐射定标是指理想状况下，在遥感图像获取过程中，对于传感器中的每一个探测元件，其输出的 DN 值都应与入射的辐射亮度呈正比，且比例因子相同。即当传感器入瞳处的入射光照完全均匀一致时，各个探测元件应该输出完全相同的 DN 值。相对辐射定标是为了校正探测元件的不均匀性，消除探测元件的响应不一致性，对原始亮度值进行归一化处理，从而使入射辐射量一致的像元对应的输出像元值也一致，以消除传感器本身的误差。需要注意的是，相对辐射定标得到的结果仍是不具备物理意义的 DN 值。绝对辐射定标可建立 DN 值与实际辐射值之间的数学关系，目的是获取目标的辐射绝对值。绝对辐射定标可以在相对辐射定标的基础上进行，也可以直接通过原始 DN 值和实际辐射值建立数学定标模型，从而获取目标地表辐射量。绝对辐射定标得到的是大气顶层的辐射亮度值(或反射率)。大气顶层的辐射亮度计算，即将初始的 DN 值转换为辐射亮度，其表达式如下：

$$L_\lambda = k \cdot DN + C \tag{8.2}$$

其中，L_λ 是波段 λ 的辐射亮度值，k 和 C 分别是增益和偏移。

大气校正是将大气顶层的辐射亮度值(或反射率)转换为地表反射的太阳辐射亮度值(或地表反射率)，主要是为了消除大气吸收、散射对辐射传输的影响。按照大气校正后的结果，大气校正可以分为绝对大气校正和相对大气校正；根据大气校正原理的不同，其又可以分为统计模型和物理模型。其中，统计模型是基于地表变量和遥感数据的相关关系而建立的，不需要知道图像获取时的大气和几何条件，具有简单易行、所需参数较少的优点，由于可以有效地概括从局部区域获取的数据，一般具有较高的精度。但是由于区域之间具有差异性，统计模型只适用于局部地区，并不具备通用性。物理模型是根据遥感系统的物理规律建立的，可以通过不断加入新的知识和信息来改进模型。物理模型机理清晰，但是模型复杂，所需参数较多且通常难以获取。有的物理模型为提高计算效率会选择简化或假定某些过程。

2. 遥感图像的几何校正

在遥感成像过程中，传感器生成的图像像元相对于地面目标物的实际位置发生了挤压、拉伸、扭曲和偏移等变化，这一现象称为几何畸变。几何畸变会给基于遥感图像的定量分析、变化检测、图像融合、地图测量或更新等处理带来误差，所以需要针对图像的几何畸变进行校正，也就是几何校正。

几何畸变的原因包括传感器内部因素(如透镜、探测元件、采样速率、扫描镜等引起的畸变)、遥感平台因素(如平台的高度、速度、轨道偏移及姿态变化引起的图像畸变)、地球因素(如地球自转、地形起伏、地球曲率等)。此外，大气折射和投影方式的选择也会造成几何畸变。按照畸变的性质，几何畸变可以分为系统性畸变(内部)和随机性畸变(外部)。系统性畸变是指遥感系统造成的畸变，这种畸变一般有一定的规律性，并且其畸变程度事先能够预测，例如扫描镜的结构方式和扫描速度等造成的畸变。随机性畸变是指大小不能预测，其出现带有随机性质的畸变，例如地形起伏造成的随地而异的几何偏差。

遥感图像的几何校正分为几何粗校正和几何精校正两种。几何粗校正是根据畸变产生的原因，利用空间位置变化关系，采用计算公式和取得的辅助参数进行的校正，又称为系统几何校正；几何精校正是指利用地面控制点做的精密校正。几何精校正不考虑引起畸变的原因，直接利用地面控制点建立起像元坐标与目标物地理坐标之间的数学模型，实现不同坐标系统中像元位置的变换。

几何校正涉及两个过程，即空间位置（像元坐标）的变换与像元灰度值的重新计算（重采样），下面分别对这两个过程进行介绍。

像元坐标变换包括直接法与间接法。直接法是从原始图像阵列出发，依次计算每个像元在输出图像（校正后图像）中的坐标。直接法输出的像元值大小不会发生变化，但输出图像中的像元分布不均匀。间接法则是从输出图像（空白图像）阵列出发，依次计算每个像元在原始图像中的位置，然后计算原始图像在该位置的像元值，再将计算的像元值赋予输出图像像元。间接法能保证校正后图像的像元在空间上均匀分布，是最常用的几何校正方法，但需要进行像元灰度值的重采样。

图像数据经过坐标变换之后，像元中心位置通常会发生变化，其在原始图像中的位置不一定是整数的行列号，因此需要根据输出图像每个像元在原始图像中的位置，对原始图像按一定规则进行重采样。通过对栅格值进行重新计算，可以建立新的栅格矩阵。重采样就是根据原始图像的像元信息内插为新的像元值。数字图像灰度值最常用的重采样方法有最近邻法、双线性内插法和三次卷积法：

（1）最近邻法：与谁近就取谁的灰度值作为自己的灰度值。该种方法的优点是方法简单、处理速度快，且不会改变原始栅格值。但该方法最大会产生半个像元大小的位移，处理后的图像不够平滑。该方法一般用于数据的预处理。

（2）双线性内插法：根据已知的四个像素点值，分别沿垂直方向和水平方向进行两次插值操作，交点处的值即为该点像元的灰度值。与最近邻法不同的是，双线性内插法用到了四个点像元的灰度值，而最近邻法只用到了一个点像元的灰度值。使用双线性内插法的重采样结果比最邻近法的结果更光滑，但会改变原来的栅格值，丢失了一些微小的特征。该方法适用于表示某种现象分布、地形表面的连续数据。

（3）三次卷积法：利用更多的像元点的灰度值，原理和双线性内插法相似。三次卷积法能使图像变得平滑，视觉效果好，但是会破坏图像光谱信息，当不需要再进行基于光谱分析的数据处理，而只是用于制图表达时可采用此方法。该方法适用于制图表达。

3. 遥感图像融合

遥感图像融合是指对不同的传感器获得的两个或两个以上的源图像中的冗余信息和互补信息进行处理，获得一幅某个具体场景或目标的新图像。这个图像更易于对某个场景或目标作出解释，比任何一幅源图像获得的信息更准确、更全面、更可靠且更符合人或者机器的视觉特性，以便于图像的后续处理和更好地满足应用要求，如图 8.18 所示，图(d)即为图(a)、(b)、(c)的融合。源图像的冗余信息可用于改善信噪比，提高图像的可靠性，而互补信息则能够使图像获取的信息更丰富。融合后的影像将各波段的信息进行最优化组合，同时兼具了全色波段较强的空间结构信息和多光谱波段较为丰富的光谱信息，特征信息得到了明显的增强，有利于目视解译、自动分类等信息提取。

(a) 视角1遥感图像

(b) 视角2遥感图像

(c) 视角3遥感图像

(d) 融合遥感图像

图 8.18　遥感图像融合

　　从融合层次上来划分，遥感影像融合可以划分为像素级、特征级和决策级 3 个水平。像素级融合是指将多源影像数据进行空间配准之后按照一定的算法组合到单一图像的过程，属于最低层次的融合。该层次上的融合直接对像元点进行诸如加、乘、差值、比值、线性平均、多元回归等运算的融合，能够保留原始影像的主要信息，具有较高的精度。但像素级融合也存在一定的局限，如费时、对影像配准精度要求高、处理信息量加大等。常用的像素级融合方法主要有 RGB 彩色合成法、IHS 变换、Brovey 变换融合、主成分分析法、高通滤波法、回归变量代换及小波变换等方法，许多遥感处理软件(如 ENVI、Erdas 和 PCI)都提供上述的融合方法。特征级融合需要在原始影像配准之后对研究对象的相关特征进行提取，然后将提取的特征图像按照神经网络模型或统计模型进行融合；融合后的图像实现了可观的信息压缩，能够提供决策分析所需要的特征信息，一般都是分类图像。特征级融合方法主要有基于 Bayes 统计理论和基于 D-S 证据理论的融合法、聚类分析法、神经网络法等。决策级融合中，首先对待处理的图像(原始图像、像元级或特征级融合图像)分别进行信息提取(分类)，再将得到的增值信息通过一定的决策规则进行融合以解决不同数据所产生的结果不一致性，从而提高对研究对象的辨别程度。决策级融合方法有基于专家知识的专家系统、D-S 证据理论融合法、最大似然法等。

　　其中，像素级融合方法中的 IHS 变换是指将原始多光谱图像从 RGB 空间变换到 IHS

空间，IHS 代表亮度(I)、色调(H)、饱和度(S)，然后用高分辨率图像或用不同投影方式得到的待融合图像替代 I 分量。在 IHS 变换中，三种成分的相关性比较低，这使得我们能够对这三种分量分别进行处理。I 成分主要反映地物辐射总的能量以及空间分布，即表现为空间特征；而 H、S 则反映光谱信息。传统的 IHS 变换的基本思想是将 IHS 空间中的低分辨率亮度用高分辨率的图像的亮度成分代替，其基本流程如图 8.19 所示。

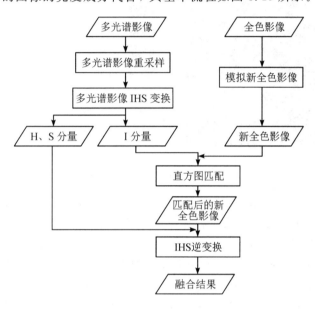

图 8.19　IHS 变换流程图

8.3.2　智能遥感数据信息感知

1. 遥感图像地物分类

图像分类的目的在于将图像中的每个像元根据其不同波段的光谱亮度、空间结构特征或其他信息，并按照某种规则或算法划分为不同的类别。而遥感图像分类则是利用计算机技术来模拟人类的识别功能，对地球表面及其环境在遥感图像上的信息进行属性的自动判别和分类，以达到提取所需地物信息的目的。图 8.20 是对某一遥感图像的地物分类图。

在过去的几十年里，学者们对遥感图像的分类进行了诸多研究，并提出了许多分类方法。按是否需要选取标记样本，遥感图像分类方法可分为监督分类和非监督分类。根据最小分类单元，遥感图像分类方法可分为基于像元的分类、基于对象的分类，以及基于混合像元分解的分类。此外，不同类型的遥感图像(如多光谱遥感图像、高光谱遥感图像、合成孔径雷达图像)的分类方法也不尽相同。由于目标分类通常是在特征空间中进行的，因此特征的表达与学习是实现目标分类的关键。根据表达和学习特征的方式，现有的遥感图像分类方法可大致分为三种，即基于人工特征描述的分类方法、基于机器学习的分类方法和基于深度学习的分类方法。这三种方法并无严格界限，相互之间有重叠和借鉴。

图例：
- 日本卷心菜
- 中国卷心菜
- 萝卜
- 生菜
- 牧场
- 山药
- 森林
- 塑料薄膜
- 无植被覆盖

遥感图像分类

图 8.20 遥感图像分类

早期的图像分类主要是基于人工提取的图像特征进行的。这些方法主要依靠有大量专业领域知识和实践经验的专家来设计各种图像特征，例如颜色、形状、纹理、光谱信息等，这些特征包含了大量可用于目标分类的有用信息。几个最具代表性的人工描述特征包括颜色直方图、纹理特征、方向梯度直方图和尺度不变特征变换。建立在概率统计基础上的机器学习为遥感图像分类提供了许多可行方法。典型的机器学习方法包括支持向量机、决策树、主成分分析法、K-均值聚类和稀疏表示等。深度学习作为机器学习算法中的一个新兴技术，其动机在于建立模拟人脑进行分析学习的神经网络，它能通过海量的训练数据和具有很多隐藏层的深度模型学习更有用的特征，最终提升分类的准确性。近年来，深度学习在图像分类应用中取得了令人瞩目的成绩，越来越多的学者开始将深度学习应用于遥感图像处理。几种常用的深度学习方法包括卷积神经网络、深度信念网络等。

卷积神经网络(CNN)是模仿人类视觉大脑皮层机理建立的网络。一个典型的 CNN 由输入层、卷积层、池化层和全连接层、输出层构成，CNN 的下层通常学习基本特征，随着网络深度的增加，特征变得更加复杂并且被分层构建。全连接层在 CNN 网络的末端，前层用于学习复杂的非线性函数并提取抽象特征，最终特征被输入全连接层进行分类。近年来，CNN 在图像分类处理领域取得了巨大的成功。比较成熟的 CNN 模型包括 AlexNet、VGG、GoogleNet、ResNet 等。CNN 在遥感图像分类中也有着广泛的应用。CNN 的主要缺点在于需要大数据量的训练集来学习确定各层网络参数。同时，随着网络层数的增加，CNN 容易出现局部最优及过拟合。

深度信念网络(DBN)由 Hinton 等人提出，它由多个受限玻尔兹曼机(RBM)和反向传播网络组成。DBN 通过训练其神经元间的权重，可以让整个神经网络按照最大概率生成训练数据。其训练过程是采用非监督方式自下而上通过每层的 RBM 学习无标签样本提取图像特征，在 DBN 的最后一层连接一个分类器，接收 RBM 的输出特征向量作为它的输入特征向量，有监督地训练分类器，最后用反向传播算法微调整个 DBN，以达到一个较好的分类水平。DBN 通过对各 RBM 层进行单独训练完成整个网络的训练，提升了网络的训练速度，使系统对复杂数据分类问题的处理能力有较大提升，并且克服了直接对深度神经网络进行训练时容易出现局部最优等问题。DBN 在多项遥感图像分类实验中的分类精度达到 80％以上。DBN 的缺点在于模型不能明确不同类别之间的最优分类面，所以在分类任务中，分类精度可能没有判别模型高。

2. 遥感图像目标检测

目标检测是遥感图像信息提取领域中的研究热点之一，具有广泛的应用前景。深度学习在计算机视觉领域的发展为海量遥感图像的信息提取提供了强大的技术支撑，使得遥感图像目标检测的精确度和效率均得到了很大提升。然而，由于遥感图像目标具有多尺度、多种旋转角度、场景复杂等特点，在高质量标记样本有限的情况下，深度学习在遥感图像目标检测应用中仍面临巨大挑战。图 8.21 是某港口遥感图像目标检测结果图。

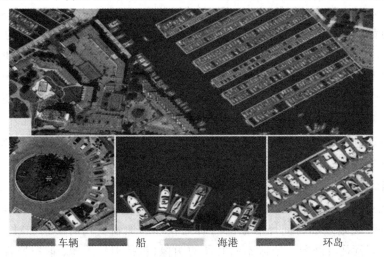

遥感图像
目标检测

图 8.21　遥感图像目标检测

遥感图像目标检测任务一般是在大尺度图像中进行多目标检测，这些目标的尺寸差别较大，尤其是小目标较多的情况下，很难学习到丰富的特征表达。这就需要目标检测模型在多目标、多尺度变化下仍然具有较好的识别能力，保持尺度不变性。目标检测模型主要是利用卷积神经网络提取的最后一层特征进行分类和定位的，但是多层特征提取会导致最后一层包含的小目标信息较少，导致对小目标检测的精度很低，低层的卷积特征层包含更多的纹理、颜色、结构等细节信息，高层的卷积特征层具有更强的语义特征。充分利用多尺度特征图不仅可以实现小目标检测,还有利于目标的特征学习。多尺度目标检测大多通过构建多尺度特征金字塔的方法,融合低层的高分辨率信息和高层的语义信息,以提高小目标检测精度。多尺度特征金字塔一般有两种结构:一种是自下而上进行特征融合,将低层特征和高层特征的反卷积输出进行融合;另一种是自上而下进行特征融合,将高层特征上采样与低层特征进行融合。

对任意旋转角度的目标具备识别能力,以实现旋转不变性一直是目标检测领域的重要课题。遥感图像目标(如飞机、船舶等)比较狭长,一般呈现多种旋转角度,这就需要模型对任意旋转角度的目标具备较强的识别能力。当旋转目标之间排列紧密的情况下,仅使用最小矩形包围框标记样本,会增加无用的背景信息,影响模型的判断,从而无法准确检测每个目标的位置。为了有效分辨目标旋转前后的特征,可在 CNN 结构的基础上加入一个新的全连接层,通过引入正则化约束条件来学习训练样本的旋转映射。或者可以通过加入旋转不变正则化和 Fisher 判别正则化来增强 CNN 的特征表达,以实现目标检测模型的旋转不变性。

基于深度学习的目标检测方法需要大量样本进行训练,而获取大量的样本需要很高的人工成本和时间成本。现有研究大多是基于迁移学习的,即将基于自然图像的预训练模型进行微调训练后,用于遥感图像目标检测。然而,遥感图像中的目标往往拍摄视角单一,尺度变化大,且所处的背景环境复杂,这使得目标的特征表达与自然图像存在较大的差异。因此,仅依靠迁移学习方法的遥感图像目标检测可能得不到较好的检测结果。数据增广也是解决样本量少的一种通用方法,通过几何变换、色彩抖动、高斯噪声等方法扩充训练数据集,丰富数据多样性,以增强模型的泛化能力。弱监督学习可以使用图像级标注进行迭代学习来扩充训练样本,从而不断提高训练样本质量,大大降低人工标注成本。此外,弱监督学习还可以使用每次训练得到的置信度高、易与正样本混淆且在视觉上和正样本相似的负样本对模型进行迭代训练,有效抑制背景,增强模型的学习能力。

3. 遥感图像变化检测

辛格将遥感变化检测定义为"在不同时间观察一个物体或现象的状态差异的过程",遥感变化检测提供了一种在地理和时间尺度范围内研究和理解地物变化的模式和过程的手段。遥感图像变化检测就是借助同一地区不同时期的图像(包括卫星影像、航空影像),通过影像处理和数学模型来获取各种地表动态变化信息并识别其状态差异。

随着遥感技术的发展,不同类型的卫星已被发射到太空中,使我们可以得到多平台、多传感器、多角度的遥感数据。由于遥感影像具有高时间分辨率、易于计算机处理、空间和光谱分辨率选择广泛等优点,其在过去的几十年里已经成为不同变化检测应用的主要数据源。

遥感变化检测方法按照技术手段不同大致可分为传统变化检测和基于人工智能的变化检测两类。有学者将传统变化检测方法概括为以下几类:可视化分析方法,即通过图像的纹理、形状、大小和模式来视觉判读是否发生变化;基于代数的方法,如图像差分、图像回归和变化向量分析（CVA）等算法；基于变换的方法，如缨帽变换、主成分分析算法；基于分类的方法，如期望最大化算法（EM）、各种无监督算法和人工神经网络（ANN）等；基于先进模型的方法，如 Li-Strahler 反射率模型、光谱混合模型、生物物理参数法等。许多传统的变化检测技术的应用范围相对有限，且受大气条件、季节变化、卫星传感器和太阳高度的影响，变化检测的精度降低。因此随着计算机技术的快速发展，传统变化检测方法的研究已转向与人工智能技术融合的阶段。人工智能技术可在数据中学习相关特征，并利用这些学习到的知识实现特定的目标和任务。其中，由于人工智能中的深度学习算法具有独特的结构，基于深度学习的变化检测已经成为遥感领域的研究热点。大量研究表明，基于深度学习的变化检测方法在特征提取方面优于传统方法，这得益于其强大的建模和学习能力。深度学习模型可从原始数据中提取复杂、非线性、不同层次的特征，尽可能地模拟影像与现实地理特征之间的关系，从而能够检测出更真实的变化信息；而且深度学习模型利用多时间数据中的空间和上下文信息来学习分层特征表示，这些高级特征表示在变化检测任务中具有较好的鲁棒性。

　　变化检测如今已被广泛应用于森林植被检测、土地覆盖变化、环境监测、灾害监测评估、城市规划等领域。例如，可以借助变化检测功能检测研究区域内植被覆盖、建筑物与构筑物等是否发生了变化，从而明确森林火灾受灾情况或研究城市化进程；变化检测还可以明确具体变化类型，如退耕还林还草；甚至分析变化的时空分布模式，实现自然事件的预警；变化检测还可以监测气候变化，如分析冰川或海岸线的变化等。图 8.22 展示了使用变化检测功能得到的建筑物变化提取结果。可以看到增加的建筑物（粉色框）被准确地识别，且建筑物轮廓与实际较为贴合。除此之外，模型对形状改变的建筑物（红色框）和被拆除的建筑物（蓝色框）也有较好的提取效果，建筑物边界清晰完整。

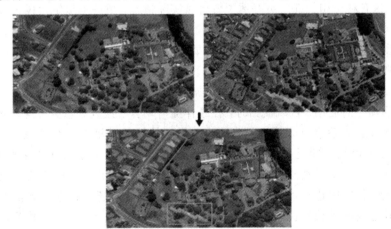

遥感变化检测

图 8.22　遥感变化检测

8.4 智能遥感技术典型应用

8.4.1 智能遥感技术在矿山水文地质勘查中的应用

基于智能遥感技术的矿山水文地质勘查过程，实际上是智能遥感技术与传统矿山水文地质勘查的结合。智能遥感技术具有传统电法勘探法、地球物探法等技术不具备的优势，如采集信息全面，获取信息速度快，不受时间、空间、地域、环境的影响等。

基于智能遥感技术的矿山水文地质勘查的原理是：首先从采集信息的卫星、飞机或飞行器上的遥感器中获取地面目标的电磁辐射信息，将获取到的全部信息反馈到地面信息传输与接收装置，该装置对所有信息进行简单的筛选、整合后，经过智能图像处理设备对采集到的各信息进行分析比对，最后绘制成二维立体图像。由于不同物质的光谱吸收反射特性不同，因此各物质的成像信息也不同。遥感器可以捕捉到各物质的电磁波信息，通过不同的电磁波的反馈来获取和绘制水文地质勘查的最全面的信息。在传统遥感技术仅有的三种探测波段（绿光、红光和红外光）基础上，智能遥感技术还能对微波段进行探测，因此探测效率更高，获取数据更广，绘制结果也更精确。

8.4.2 无人机遥感图像在台风灾害中的应用

无人机遥感图像在台风灾害中的应用主要体现在以下几个方面。

(1) 在台风预报中的运用。在台风预报工作中，以卫星为主，协同无人机，在平台中进行三维台风模拟，动态模拟台风过境的全过程，可视化地反映台风逼近时间、强度变化、行走路径和影响范围等信息。这有利于相关部门更好地了解台风实际情况，更好地拟定台风灾害应对策略，把灾害损失降到最小。例如，高新兴科技集团构建的立体防控云防系统在此方面具有突出优势，通过高点增强摄像机的鸟瞰视角观察、调度低点监控的资源，实现立体监控，在统一门户下完成多个网格、重点区域的防控指挥作战任务。制作相应片区三维台风信息网页，方便市民了解台风动向，提前制定出行方案，做好防范措施，有效避免事故的发生。

(2) 在台风监控管理中的运用。台风横扫时，往往伴随有乌云、强风等恶劣天气，卫星测量和高空航空摄影测量往往容易被云层遮挡，导致采集到的影像的资料分辨率较低。目前为弥补高空影像分辨率较低的情况，有效地观测地面状况，多采用固定摄像头来监测，将这些摄像头连接到平台上，实时观测特定区域是否因台风而受到影响，该种方式缺乏灵活机动性。利用无人机在低空中进行航拍监控，不仅不受云层遮挡，还可根据实际情况调整位置进行监控，弥补上述两类摄影测量方法的不足，根据获取到的影像数据，并关联实时摄像头，打造高分辨率实时三维实况观测台风，及时了解台风的最新情况，密切关注台风动向。

（3）在灾后救助工作中的运用。对台风过境后的区域用无人机进行航拍，快速查灾核灾。根据无人机得到的结果，确定需要救助的地点，及时安排救援队前去支援，协助各部门重点做好受难群众的营救、道路的清理、积水的疏通等工作，实时巡查救助现况，及时上报出现的问题。例如，浙江大华技术股份有限公司的可视化应急指挥调度系统将语音调度、视频监控、视频会商、预案管理以及安防业务应用到该智能平台上，利用无人机迅速核查房屋、粮食作物受灾、经济作物受灾的具体情况，快速掌握受灾资料，并在平台上存档备案，为下一步开展救助工作奠定基础。

（4）在灾后重建工作中的运用。被台风肆虐后的区域往往会遭到严重破坏，灾后重建的工作较为繁重。目前天地伟业技术有限公司的水利影像监测仪主要利用 AI 人工智能影像识别技术，实现了智能控制闸门启闭、监控水位、识别漂浮物和水岸垃圾等，运用无人机对整个城市进行航拍排查，得到的数据作为 AI 识别的基础资料，二次建模存档于平台中，可用于灾前灾后的三维可视化对比。

对于出现电力基础设施受损的地区，用搭载 LiDAR 的无人机排查现场状况，准确找到坍塌的电力设施，迅速安排专业人员到达现场抢修。这种方式可以省去大量人力资源，大幅度缩短救援时间，给灾后重建工作带来极大便利。根据现场状况，针对需要重建的建筑物或构筑物，将其拟建的单体化模型放到平台相应的位置，可三维旋转查看其拟建效果，与建后实景效果相同，有利于相关单位对重建建筑作出相关决策与合理安排。

8.4.3　防汛抗旱中遥感技术的应用

遥感提供的技术支持和空间信息可为防汛抗旱工作提供科学依据，在水利工程及现代地球空间信息等领域的应用前景十分广泛。遥感技术具有数据更新速度快、监测周期更短、预测范围大及精准度高等优点，被越来越多地应用于水利行业。该技术可实现连续不间断的动态监测，应用过程中不受恶劣天气、灾害及地域等条件限制。航天技术和空间信息提取方法的快速发展，在很大程度上推动了遥感技术的深入研究与广泛应用，为提供多相位、多平台、高分辨率的防汛抗旱动态监测提供了技术条件和重要基础。

1. 防洪减灾中遥感技术的应用

1）洪涝灾害监测

实质上，对水域范围的预测即为洪涝灾害监测，而受淹面积可通过计算水体正常状态下的覆盖范围与发生涝灾时水域面积之差来获得。遥感影像获取水体的主要依据是水体反射率在可见光波段和红外波段的变化规律，微波段后向反射少的电磁波由于水面镜反射作用呈现出响应特征。全天候实时监测的微波影像、可见光影像主要用于洪灾时水体的提取，当前有亚米级、米级甚至几百米级空间分辨率遥感卫星数据可供水体提取，应结合实际情况选择合适的数据。实施监测中具有更高自主性的无人机航空遥感，在地面调查中的应用日趋广泛。

遥感提取水体的方法按照不同的数据类型可分为雷达影像和光学影像两大类。决策树法、光谱主成分分析、光谱特征变异法、差值法、水体指数法、阈值法及各种方法的组合为光学影像水体信息识别的常用方法，也有研究报道了目视直接判断、考虑云层去除水体提取法、色度判别法等其他方法。因为雷达遥感技术不受昼夜、云雾等条件限制，所以利用该技术提取水体的方法现已广泛应用于洪灾监测领域。随着国产数据源和遥感影像的日趋完善，洪水灾害的全过程监测已成为现实。因此，遥感监测还应包括受淹时长这一重要参数。当前，由于洪水曲面拓扑结构会发生改变，利用水平集方法来追踪受淹情况易受淹没范围改变的影响，对此可利用遥感影像提取的多景或两景水体模拟确定，为进一步确定不同区域的受淹历时提供更多的数据信息。

通过遥感监测模拟出厄尔尼诺、拉尼娜、台风现象的发展与发生过程，不断提升卫星监测降水的精度，以上过程均可对洪涝灾害预警预报产生较为显著的影响。

2）洪涝灾害评估

承灾体、孕灾环境和致灾因子组成了洪涝灾害评估体系，其功能体系具有脆弱性、风险性及危险性等多重属性。遥感技术提供的数据资料主要用于承灾体、淹没历时、受淹范围等的预测，若存在较高精度的数字高程资料也可用水深的监测。承灾体在特定的水流速度、淹没历时和水深情况下的损失率选用脆弱性指标描述，受数据资料局限性和影响因子复杂性等条件限制，准确评判其脆弱性成为当前的薄弱环节。所以，尽管评估模型能够较为系统地根据脆弱性、承灾体、致灾因子、孕灾环境等计算洪涝损失，但由于难以准确获取损失率大小，在实际应用中仍受到一定的限制。当前，各行政区受淹面积和不同用地面积的计算为洪涝灾害评估的根本依据，尤其是考虑居民地和耕地面积，重点分析受淹公路与铁路长度、大型商场、学校、医院、工矿企业、水深、影响人口、受淹历时等。

社会经济数据库在空间上的分布情况为洪灾预测的基本条件，由于行政界限与淹没区域往往存在偏差，必须在空间尺度上展现统计的行政单位经济数据。通常情况下，淹没区内的交通、耕地、重要工矿企业比较容易确定，可以直接获取此类数据，而受淹房屋、影响人口一般按照居民地受淹范围估算。另外，房屋间数和居住人口数在居民地面积上也不尽相同，应在农民居民地和城镇面积上分摊统计年鉴中的农村及城镇人口数，不同地区的房屋类型和结构存在各自的特点，根据实验点模拟情况来估算受淹房屋和户籍人口具有较高准确度。同时，实际居住和户籍人口往往因较大的流动而存在明显的差别，采用一般的技术难以有效解决这一问题。

我国最早于1980年开始遥感监测洪灾的研究，通过一系列的重点科技攻关项目探索了遥感监测洪灾的评估模式，有效解决了方法、模型、数据和软件的综合问题。同时，建立了相应的图形库、数据库、图像库等，这在很大程度上提高了遥测技术的广泛应用，并取得了较好的成效。

3）洪水预报预警

防汛工作中洪水预报预警发挥着巨大作用，且随着计算机和卫星技术的快速发展，遥感技术作为一种非工程措施能够提供用于建模所需的信息，例如，基岩岩性、不透水面积、塘坝与小水库、土壤类型、植被密度与类型、土壤含水量、地形、坡向坡度、地表温度、蒸散发等。近年来，有学者将流域水文模型与遥感技术相耦合用于洪水预报预警；有关研究将热量平衡与水量平衡相融合，从而建立了一系列的 TOPUP、VIC、PEST-EW 等水文模型，遥感技术提取的信息与这些模型的基础数据密切关系，这就为数据资料不足地区的洪水预报提供了一种重要手段。

4）洪水风险图

洪水风险图现已引起社会各界的广泛关注，目前在防洪减灾领域中的应用日趋广泛，它是一种非工程减灾措施，并且为近年来研究的重要课题。在评价和分析洪水灾害风险时，遥感技术获取了大部分的数据信息，主要包括孕灾环境信息和承灾体信息两大类。其中，孕灾环境信息包括湖泊、水系、植被、地形、三角洲、冲积扇、河漫滩沼泽、旧河道、天然冲积堤等水体分布信息；承灾体信息包括铁路、公路、居民地、耕地、土地利用等。

2. 旱情检测评估中遥感技术的应用

近年来，由于降水量时空分布不均衡以及水资源储蓄量不足，严重的干旱事件频繁发生。干旱问题严重损害着我国农业的可持续健康发展，对我国经济发展造成严重的威胁。

截至目前，世界上还未形成普遍适用、统一的干旱定义，衡量干旱的指标因关注对象的不同而存在一定差异。例如，不平衡蒸发与降水引起的水分短缺为气象干旱的定义，一般选用蒸发量、气温、降水量等指标表征；农作物的正常生长发育受到植物体内水分亏缺的影响为农业干旱的内涵，通常采用农作物生长状况、土壤含水量等参数反映；大气降水与土壤水、地表与地下水之间的不均衡为水文干旱的基本概念，常选用地下水位、河道水位、土壤含水量、径流量和蓄水量等指标描述。同时，有研究提出了社会经济干旱、生态干旱的定义，衡量其干旱程度的参数较为复杂，评判指标体系还在完善中。

在空间中，干旱存在以片分布的特征，其覆盖范围较为广泛且存在一定的发展过程，不具备突发特性。在空间范围上，墒情观测系统存在一定的局限，通常无法系统体现面上的真实状况；另外，该系统具有较高的维护与建设成本。而遥感监测干旱能够充分发挥其优势，且可以满足监测的要求。用于干旱监测的数据精度要求不高，但对于时间分辨率有较高要求，多数情况下存在免费数据源，因此其成本较低。目前，较为常用的有风云系统卫星和 MODIS 卫星数据，其相关产品也已比较成熟。

1）干旱监测

遥感技术可以提供地表温度、湖库等水源地面积、大宗农作物种植空间分布、蒸散发、植被指数、土壤含水量等信息。其中，多种干旱均考虑的参数为土壤含水量，该指标与洪水预警预报、干旱程度等因素相关。另外，普遍关注的指标还包括植物生长形态。遥感模型和方法的研究应从提取这两方面信息的角度考虑。当前，墒情站实测数据为模型参数确定的主要来源，而发展迅速且更加有效的研究方法为陆面过程模型。

目前，用于干旱监测的方法较多，不同监测模型的适用范围存在差异。全天候和全天时监测为微波遥感技术的典型特征，所以云为影响可见光的主要参数。许多南方区域出现无云的情况很少，甚至要在全区域一旬内拼出无云的影像也存在较大困难，所以这些地区比较适用反演模型。

2）干旱评估

旱情等级的面积与空间分布为旱情遥感评估的主要内容，为持续获取时间采取连续监测的方法。通常条件下，我国旱情分布图需要每旬发布一次，特殊要求时可作加密处理。根据遥感监测旱情评估可知，在定性层面大部分人都认可其总体态势预测情况（最旱、哪里干旱、哪里不旱）与实际情况基本一致。然而，间接指标在物理上的联系为遥感技术反映旱情的根本依据，如温度、作物生长情况等，行业指标与提出的很多参数、许多模型并不存在联系，其区域适用性和规律性仍需要不断完善。旱情监测理念的变化在很大程度上取决于评估的巨大需求，既然在定性上可以接受旱情遥感监测结果，在应用层面上具有一定推广价值，那么在应用过程中应逐步解决模型参数、区域适用性、定量指标分级等问题，而这些问题在实际应用中并未真正得以解决。在防汛抗旱二期指挥系统建设中纳入了遥感技术，这对于旱情遥感的发展带来了机遇，且一些地区的旱情监测可选用已建成的水利部遥测系统实现回访。另外，从经济效益的角度对比旱灾损失及抗旱措施，对于推广遥感技术的应用和抗旱减灾具有重要意义。

8.4.4　地理环境中遥感技术的应用

随着科学技术的日新月异，现代城市化的不断深入发展，人类对地理环境资源的索取越来越多，环境问题也越来越突出。人类只有加强对地理环境的技术性监测，才能更好地应对各种自然灾害，处理好人与自然地理环境的关系。不断发展的遥感技术和地理信息系统技术在我国的地理环境中得到了有效的应用，例如对地质环境的勘查、林业资源的保护、开发与管理、湿地资源的研究、土壤侵蚀与污染研究等等。并且遥感技术和地理信息系统技术的科学合理利用对地理环境的控制与管理、社会的可持续发展起着关键性的效用，为生态文明建设和人类与自然地理环境的和谐发展铺平道路。

利用航空遥感技术进行土地利用调查和土地利用图更新始于 20 世纪 80 年代末，当时全国航空摄影资料覆盖全国，为全国首次采用航空遥感技术全面开展土地调查提供了条件。与传统的测绘方法比较，采用航空遥感技术进行土地调查的方法不仅节省了调查时间，而且还提高了调查成果的精度和质量。虽然当时调查所采用的航摄像片采集时间与调查时间不一致，相差几年和十多年，但农区土地利用变化还是很小的。随着国家改革开放和经济建设的快速发展，国家和地方基础设施建设、农业产业结构调整、生态环境建设等项目的实施，土地利用动态变化加快，原有的调查资料已不适用经济建设的需要，需要精度更高的遥感资料进行土地利用基础资料的不断更新。部分经济发达地区近几年已开展了应用航空、航天遥感资料和 3S 技术，进行第二次土地调查。例如，北京市利用高分辨率 IKONOS 卫星更新土地利用现状图，南京、太原、杭州等城市采用最新的大比例尺航摄资料，重新制作大比例尺的地籍图和土地利用图。

　　土地利用动态监测的目的在于及时掌握土地利用动态变化，原国家土地管理局从 1996 年开始利用卫星遥感资料开展了土地利用动态监测研究试验。1999 年国家正式立项"土地利用遥感监测"项目。土地利用动态遥感监测不断采用现代化技术手段，形成一套比较完善的技术方法和体系。随着卫星遥感技术的不断发展，卫星遥感图像的分辨率不断提高，遥感监测应用范围和领域也不断扩大。1999 年首次应用高分辨率(10 m)卫星数据对全国 66 个 50 万人口以上的城市进行了监测；2000 年又开展了全国 62 个特大城市的监测以及对西部 29 个县(市)生态退耕调查的监测，并开展了应用更高分辨率(5 m 和 1.0 m)卫星数据应用研究和试验；2001 年完成了 43 个大城市中 351 个县、区、市的土地利用动态监测，并辅助检查了土地利用总体规划执行情况，复核了年度土地变更调查统计数据。其成果在辅助开展土地变更调查、更新土地利用图、配合土地执法监察中起到了重要作用。2002 年在完成 25 个大城市土地利用监测基础上，应用更高分辨率(2.5 m)卫星数据进行 1∶1 万尺寸的土地利用图更新，为地方土地利用规划、管理提供现实性强的基础成果资料。遥感监测项目的实施，准确及时地反映了我国重点城市建设用地执行规划的情况，特别是建设占用耕地的情况，为国土资源管理和相关部门决策提供了依据，应用监测成果发现和查处了一批重大土地违法案件，为土地执法监察提供了高效、科学的手段；同时，应用遥感监测和 GPS 技术，对土地变更调查和生态退耕调查进行复核，掌握了调查数据的准确程度。

　　森林资源的监测对于林业资源的保护和管理有着非常重大的意义，森林资源的保护有助于维护生物的多样性、发展林业、调节空气和生态平衡以及社会经济的发展。因此，为了监测和保护森林资源，遥感技术和地理信息系统技术的应用不可小觑。图 8.23 提供了三明市森林覆盖图。生态文明建设是我国现阶段发展的重点，而林业建设与森林资源管理的矛盾一直处于非常棘手的状态。为了解决生态文明建设的难点，早在 20 世纪 90 年代，遥感技术和地理信息系统技术的结合就在我国森林防火、加快发现起火点的速度中起着重要作用；此外，在防治森林病虫害中，利用卫星遥感可以获取虫害区域的光谱曲线，控制其蔓延趋势。地理信息系统技术最初在林业资源管理中的应用是森林资源数据的清查与管理，比如林业制图、树木的种类、林木资源的规模大小等；同时，地理信息系统技术在林种结构、森林资源的分析和评价经营方面也发挥着重要作用。例如，在我国的三北防护林信息的检测管理中，就采用了地理信息系统来配准遥感影像，输出森林分布的地形图。尽管遥感技术和地理信息系统技术在森林资源的管理中已经有了较长时间的应用，但仍然存在着一些问题亟须改善。例如，由于我国经济发展水平不均衡，这两种技术只能在经济相对发达的地区得以应用，这将导致调查所得的内容和数据不全面，数据不真实，因此无法真正为林业建设和资源保护作出实际的贡献。毫无疑问，我们应该加大技术性的资金投入与研究，加大遥感技术和地理信息系统技术在森林资源监测应用中的广度和深度，提高对森林资源清查的数据真实性，有效地利用技术为森林资源保护提供硬件支持，实现森林的可持续发展。

图 8.23　三明市森林覆盖图

土壤资源是人类赖以生存和发展的基本资源。随着现代化城市的发展，土壤污染越来越严重，大量工业废渣、废水排入土壤加速了土壤环境的恶化，对整个土地环境造成了巨大的压力。采用遥感技术和地理信息系统技术来调查土壤资源，是人类面临可持续发展危机的一个必然趋势。遥感技术相对于传统调查手段大大提高了信息获取量和信息获取速度，利用卫星遥感影像，可以进行不同级别的土壤制图、分析土地资源的分布规律、识别和区分不同的土壤类型，高光谱遥感技术还可以用来测量土壤光谱数据、评价土壤性质的细微差别。而地理信息系统技术则多应用于土壤环境相关数据的存储、收集和统计，以及土地资源利用调查和监测等。在前期对基础的监测数据进行处理，然后开发建立分析和预测模型，如在农业管理中发现土壤和水污染的影响因素和生成机理。通过与遥感技术的结合，地理信息系统技术可更新资源数据库，在不同的环境预测模型下对不同的土地资源利用情况进行叠加分析和缓冲分析等，例如土壤侵蚀研究、湿地研究和水土流失的动态监测，地理信息系统通过整理合成海量数据来实现制图和空间分析，与遥感技术结合，再加上相应的统计模型，对水土流失的动态监测和保持工作发挥了重要的作用。此外，遥感技术和地理信息系统技术的集成还广泛应用于湿地资源信息的分析和处理、湿地环境的评价和规划。

课后思考题

1. 请简述遥感的定义。遥感涉及的技术有哪些？
2. 目前遥感能探测的电磁波段有哪些？
3. 请简述遥感技术系统由哪些部分组成。
4. 在智能可见光遥感中，遥感器成像系统主要的部件有哪些？
5. 智能高光谱遥感的特点有哪些？
6. 遥感图像的分类主要包括哪些方法？请说明这些遥感图像分类方法的原理。
7. 遥感图像的目标检测主要包括哪四个环节？请简述目标检测的流程。
8. 目标检测的特征分为哪三类？他们的分类依据是什么？
9. 智能遥感技术目前有哪些典型应用？
10. 请读者在网上下载一个遥感图片，并且运用相关算法进行遥感图像地物分类、目标检测、目标识别以及遥感图像变化检测。

参 考 文 献

[1] 尹战娥. 现代遥感导论[M]. 北京：科学出版社，2008.

[2] 龚健雅. 人工智能时代测绘遥感技术的发展机遇与挑战[J]. 武汉大学学报：信息科学版，2018(12)：1788-1796.

[3] 李超群. 遥感影像数据格式研究及通用影像格式设计[D]. 郑州：中国人民解放军战略支援部队信息工程大学，2005.

[4] 黄展，李陆，弥宪梅，等. 空间通信协议(SCPS)及其应用：现状、问题与展望[J]. 电讯技术，2007，47(6)：7-11.

[5] 贾英杰. 可见光遥感图像地物信息提取技术研究与应用[D]. 北京：北京邮电大学，2020.

[6] 孙涛. 光学遥感影像复原与超分辨率重建[M]. 北京：国防工业出版社，2012.

[7] 朱西存. 高光谱遥感原理与方法[M]. 北京：化学工业出版社，2019.

[8] 童庆禧，张兵，郑芬兰，等. 高光谱遥感的多学科应用[M]. 北京：电子工业出版社，2006.

[9] 张兵. 高光谱图像处理与信息提取前沿[J]. 遥感学报，2016(5)：1062-1090.

[10] 盖乐. 浅谈遥感图像辐射校正与增强技术[J]. 科教导刊，2009(9)：178-179.

[11] 阮建武，邢立新. 遥感数字图像的大气辐射校正应用研究[J]. 遥感技术与应用，2004，19(3)：206-208.

［12］ 邵鸿飞，孔庆欣.遥感图像几何校正的实现［J］.气象，2000，26(2)：41－44.

［13］ 钱永兰，杨邦杰，雷廷武.用基于 IHS 变换的 SPOT-5 遥感图像融合进行作物识别［J］.农业工程学报，2005，21(1)：102－105.

［14］ 崔璐，张鹏，车进.基于深度神经网络的遥感图像分类算法综述［J］.计算机科学，2018，45(z1)：50－53.

［15］ 贾坤，李强子，田亦陈，等.遥感影像分类方法研究进展［J］.光谱学与光谱分析，2011，31(10)：2618－2623.

［16］ 刘小波，刘鹏，蔡之华，等.基于深度学习的光学遥感图像目标检测研究进展［J］.自动化学报，2021，47(9)：2078－2089.

［17］ 付涵，范湘涛，严珍珍，等.基于深度学习的遥感图像目标检测技术研究进展［J］.遥感技术与应用，2022，37(2)：290－305.

［18］ 袁嘉艺.遥感和地理信息系统技术在地理环境中的应用［J］.地矿测绘，2021，4(6)：46－48.

第三篇
新型智能感知系统

国务院印发的"十四五"现代综合交通运输体系发展规划提出，要提升交通运输领域的信息传输覆盖度、实时性和可靠性，加强智慧云供应链管理和智慧物流大数据应用，精准匹配供需，有序建设城市交通智慧管理平台，加强城市交通的精细化管理。在这一过程中，智能交通信息感知技术显得尤为重要，同时该技术的发展加快了传统交通模式向基于数据与科技的新型智慧交通模式的转变。物联网传感技术在这个过程中发挥了重要作用，它不仅能集成各种现代化信息通信技术，还能传输各种信息，整合网络功能，实现网络互联和互通。在智能交通信息感知系统的设计中，物联网传感技术将发挥积极作用。本章将对智能交通信息感知系统进行全面的介绍。

9.1 智能交通系统的简介与发展现状

9.1.1 智能交通系统的简介

智能交通系统(Intelligent Transportation System，ITS)是指将信息技术、计算机技术、数据通信技术、传感器技术、电子控制技术、自动控制理论、运筹学、人工智能等先进科学技术有效地综合运用于交通运输服务所构成的系统。该系统通过加强车辆、道路和使用者之间的联系，减轻了路面交通运行的压力、减少了安全隐患，并在保障人身安全、提高工作效率、改善自然环境、节约能源等方面发挥全方位作用。

近年来，在经济全球化的推动下，我国国民经济持续发展，城市化和工业化进程加速推进。这使得完善我国的智能交通系统不仅仅是一个庞大的交通工程，还与社会、经济、人民生活和工作密切相关。我国老城区改造和新城市建设的推进，对交通系统硬件设施的建设和运用提出了不断提高的要求。因此，我国的智能交通系统需要结合我国的人口数量、地理环境特点、社会需求等进行建设和完善，建立适用于中国国情的智能交通系统理论，并在此基础上推进智能交通系统的建设。

9.1.2 智能交通系统的发展现状

智能交通的概念形成于 20 世纪 80 年代，其中最具代表性的是美国的智能车辆道路系统(IVHS，1992 年)、欧洲的高效安全欧洲交通计划(PROMETHEUS，1986 年)、欧洲的车辆安全道路结构计划(DRIVE，1989 年)以及日本的道路交通信息通信系统(VICS，1995年)。它们的共同特点是将各种先进科学技术有效地综合运用于整个交通服务、管理和控制领域，从而建立一种实时、准确、高效的综合运输管理系统，以解决日益严重的道路交通拥堵、交通事故和环境污染问题。

美国、欧洲国家和日本是世界上经济发展水平相对较高的地区，也是 ITS 开发和应用比较成熟的国家。从它们的发展情况来看，智能交通系统的发展已经不再局限于解决交通拥堵、交通事故和环境污染等问题，还成为缓解能源短缺、培育新兴产业、增强国际竞争力和提升国家安全的战略措施。

中国在智能交通系统方面起步较晚，与发达国家相比存在较大差距。1988 年，北京市从意大利引进了两套电子监控设备，开创了我国城市交通领域使用电子监控设备的先例。随后，上海、沈阳等城市陆续从国外引进了一些较为先进的城市交通控制和道路监控系统。从 20 世纪 90 年代中期开始，在科学技术部和交通运输部的组织下，我国交通运输界的科学家和工程技术人员开始专注于 ITS 技术的研究，并取得了长足进步。1999 年 11 月，科学技术部批准成立了国家智能交通系统工程技术研究中心。在交通运输部和科学技术部的组织下，该中心完成了一系列关键项目，包括"九五"国家重点科技攻关项目"中国智能交通系统体系框架"、国家基础性科研项目"中国 ITS 标准体系框架研究"、交通运输部重点科研项目"智能运输发展战略研究"等。这些项目为我国成功实施 ITS 打下了良好的基础。图 9.1展示了我国智能交通系统在各发展阶段的关键技术。

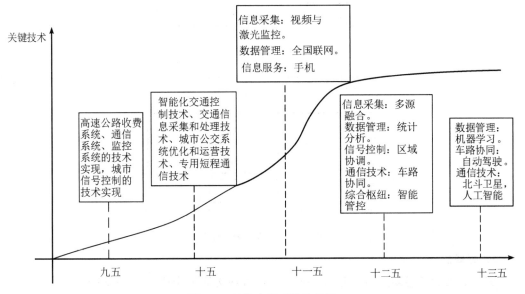

图 9.1　智能交通系统的发展

9.2 智能交通信息感知系统架构体系与关键技术

9.2.1 系统的物联网架构体系

智能交通信息感知系统基于物联网传感技术，通过各组成部分的分工协作与有机结合，实现物与物之间的交互与沟通。其物联网架构体系主要包括感知层、网络层和应用层，如图 9.2 所示。感知层作为整个物联网网络的末梢节点，负责传输物理实体的属性信息，可实现较长距离的传输。感知工具是将物理实体的属性信息转化为可在网络层传输的信息的工具。网络层负责汇集、处理、存储、调用和传输感知层转化而成的物体属性信息。它起到连接感知层和应用层的作用，可确保信息的可靠传输和有效管理。应用层负责分析处理数据，实现智能化系统的管理功能。

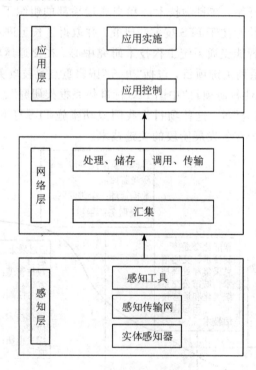

图 9.2 物联网架构体系

1. 感知层

图 9.3 展示了感知层的示意图。感知层是实现物联网全面感知的基础，包括 RFID 读写器和标签、M2M 终端、传感器、摄像头、传感器网络和传感器网关等设备。该层的关键

任务是完成对物体的感知和识别，以及信息的采集和捕获。该层的突破点在于如何使相关设备具备更敏感、更全面的感知能力，同时朝着具有低功耗、小型化和低成本的方向发展。

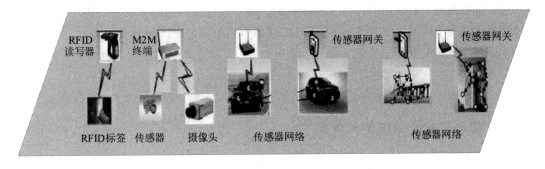

图9.3　感知层

2. 网络层

图9.4展示了网络层的示意图。网络层技术主要用于实现物联网信息的双向传递和控制。网络层的重点是进行无线接入网和核心网的网络改造和优化，以适应物物通信需求。此外，具有低功耗、低速率等物物通信特点的感知层通信技术和组网技术也是网络层所需要的。

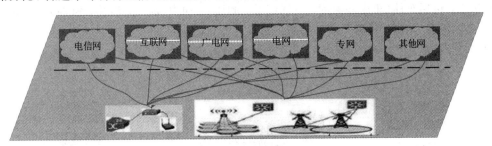

图9.4　网络层

3. 应用层

应用层主要包括应用支撑子平台和应用服务子平台。

1）应用支撑子平台

应用支撑子平台用于支撑跨行业、跨应用、跨系统的信息协同、共享、互通，主要包括信息开放平台、环境支撑平台、服务支撑平台。

（1）信息开放平台：将各种信息和数据进行统一汇聚、整合、分类和交换，并在安全范围内开放给各种应用服务。

（2）环境支撑平台：根据用户所处的环境进行业务的适配和组合。

（3）服务支撑平台：面向各种不同的泛在应用，提供综合的业务管理、计费结算、签约认证、安全控制、内容管理、统计分析等功能。

2) 应用服务子平台

应用服务可以划分为行业服务和公众服务。

（1）行业服务：通常面向行业自身特有的需求，由行业内的企业提供，例如智能电力、智能交通和智能环境等。其中智能交通包括移动便民终端、先进交通管理系统、先进出行者信息系统、先进公共运输系统、商用车辆运营系统、先进车辆控制和安全系统，以及自动化公路系统等。

（2）公众服务：面向公众的普遍需求，由跨行业的企业提供综合性服务，如智能家居等。

9.2.2 自动驾驶子系统架构体系

自动驾驶技术是实现智能交通的关键。自动驾驶汽车首先需要配备一套完整的感知系统，以取代驾驶人的感知能力，并提供周围环境的信息；其次，需要具备一套集成智能算法和高性能硬件的控制系统，以取代驾驶人的决策能力，制定驾驶指令和规划行驶路径；最后，还需要一个完善严密的执行系统，可以代替驾驶人的手脚动作，执行驾驶指令和控制车辆状态。其中，感知系统包括环境感知、内部感知和驾驶人感知。内部感知主要通过CAN总线采集车内各个电子控制单元的信息，以及车载传感器实时产生的数据，用于获取车辆状态，包括车体（车内外温度、空气流量、胎压）、动力（油压、转速、机油）和车辆安全（安全带、气囊、门窗锁）等方面的信息。驾驶人感知通过人机交互界面或传感器获取驾驶人的操控、手势、语音等控制指令，以及面部表情等检测信息，用于接收控制命令和监测驾驶人状态。自动驾驶子系统的架构体系如图9.5所示。

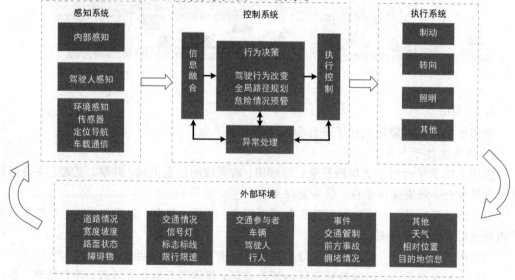

图 9.5 自动驾驶子系统架构体系

9.2.3　智能交通关键技术

1. 射频识别技术

射频识别(Radio Frequency Identification，RFID)技术是一种利用射频信号通过空间耦合(交变磁场或电磁场)实现无接触信息传递，并通过传递的信息来对特定项目进行识别的技术。通过RFID技术，可以对任何物品进行标记并读取与用户相关的有用属性信息，为物品之间的连接提供了信息基础。图9.6展示了射频识别技术的示意图。

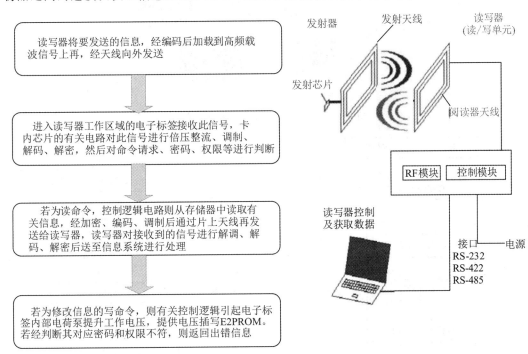

图9.6　射频识别技术示意图

2. 传感器技术

传感器是一种能够感受和检测被测对象特定物理信息，并将其转换成相应有用信号的设备。图9.7展示了智能交通中用于信息感知的常用的传感器。

3. 决策支持系统

决策支持系统(Decision Support System，DSS)是一种信息系统，通过人机交互的方式辅助决策者解决半结构化和非结构化决策问题。它提供了一个环境，让决策者能够分析问题、建立模型、模拟决策过程和方案，并利用各种信息资源和分析工具来提高决策的水平和质量。图9.8展示了智能交通信息感知决策支持系统的示意图。

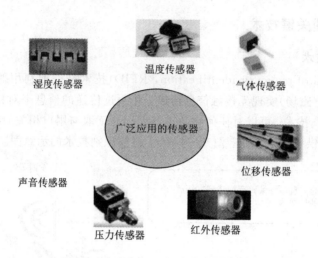

图 9.7　智能交通信息感知常用传感器

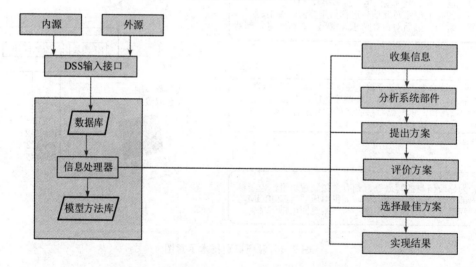

图 9.8　智能交通信息感知决策支持系统

4. 云计算

IT 基础设施和服务的交付和使用模式,是指通过网络以按需、易扩展的方式获取所需的资源(包括硬件、平台和软件)或服务。这种模式通过将计算任务分布在大量的分布式计算机上,使得企业能够根据应用需求使用有限的资源,从而充分利用资源并提高整体的计算能力。云计算作为一种典型的模式,可以提供强大的计算能力,并且成本较低。

9.2.4　智能驾驶关键技术

智能驾驶的核心需求是"安全"。智能驾驶技术的本质是通过模拟人类驾驶员的行为，以机器的视角来进行驾驶。其技术框架可以分为环境感知层、智能决策层、控制执行层三个层面，涉及多个技术模块，包括传感器、计算平台、算法、高精度地图、操作系统（OS）、人机界面（HMI）等。

尽管智能驾驶的关键技术在于决策和执行，但环境感知层所获得的感知信息是作出准确决策的重要支撑。环境感知层的作用是让系统"了解"路况，知道周围有什么，以及方向是什么。环境感知层可以划分为外部环境信息的感知和车内信息的感知。这涉及道路边界检测、车辆检测、行人检测等多项技术。感知过程依赖于多种传感器，例如光学摄像头、激光雷达、速度和加速度传感器等。此外，高精度地图可以与传感器配合，实现实时数据协同，进行实时导航。

智能决策层是自动驾驶系统中作出决定的"人"。它需要根据感知信息进行决策判断。传感器对周围环境进行充分感知，从而生成大量的数据信息。智能决策层需要综合考虑安全性、舒适性、节能性等多个方面，根据这些信息找出最优、最合理的驾驶决策，然后将指令发送给控制执行层，实现车辆的自动驾驶。无论是提高车辆对环境的感知精度，还是优化底层执行系统的控制精度，都是优化智能驾驶性能的关键。决策能力的高低决定了车辆是否能够安全行驶，这是智能驾驶技术能否真正上路应用的前提条件。

控制执行层是"决策"的实际执行者。在接收到智能决策层发出的指令后，控制执行层对车辆进行控制，完成加速、刹车、转向等实际驾驶动作。

9.3　智能交通信息感知技术

智能交通信息感知系统是一个集成了众多高科技的大型系统，而传感器是其中一个重要的组成部分。

9.3.1　常用传感器及其工作原理

从传感原理的角度考虑，智能交通信息感知系统中常用的传感器包括磁性传感器、图像传感器、雷达传感器、超声波传感器和红外传感器等。

1. 磁性传感器

磁性传感器主要是利用磁性物理量的变化情况，并通过对磁性标记的反应来测量相关物理量的。例如，通过测量埋设在路面的磁钉与安装在汽车底盘上的磁性传感器之间相互作用力的大小，可以检测车辆相对于车道中心的偏移。图9.9展示了一个磁性传感器的示意图。

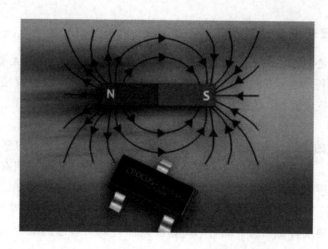

图 9.9　磁性传感器

2. 图像传感器

图像传感器主要用于图像处理设备，用于识别道路标线、检测前后车辆和探测道路上的障碍物等。例如，CCD 摄像机是一种常见的图像传感器，它将捕捉到的图像传输到图像处理中心，在经过处理后可以获取车辆偏离程度和与前方车辆的距离等数据。图 9.10 展示了一个图像传感器的示意图。

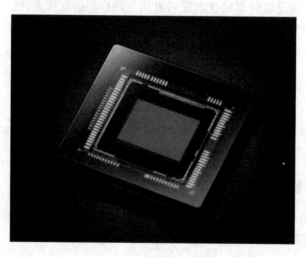

图 9.10　图像传感器

3. 雷达传感器

雷达传感器是根据多普勒效应原理工作的装置。例如，安装在车辆或道路上的雷达传感器会发射一束微波，当遇到车辆或其他障碍物时，波束会被反射回到天线。通过分析车辆进入和离开检测区域时产生的两个脉冲，可以将其转换为所需的交通参数，如车速、交通流量等。图 9.11 展示了一个雷达传感器的示意图。

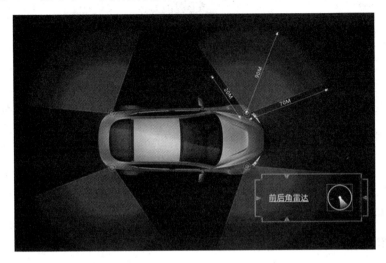

图 9.11　雷达传感器

4. 超声波传感器

超声波传感器工作原理如下：首先，传感器发射一束能量到检测区域，然后接收反射回来的能量束。通过相关的转换装置，将能量束转换成所需的数据。根据这些数据，可以判断被检测物是否存在以及其与传感器的相对位置等信息。图 9.12 展示了一个超声波传感器的示意图。

图 9.12　超声波传感器

5. 红外传感器

红外传感器利用发射器和接收器的组合，发射光束并接收反射光束；通过检测反射光束频率的变化，可以获取所需的数据。图 9.13 展示了一个红外传感器的示意图。

图 9.13 红外传感器

在智能交通信息感知系统中，存在许多类型和原理不同的传感器，并且这些传感器正在快速发展中，在此不再详细介绍。

9.3.2 传感器在 ITS 中的具体应用

传感器在 ITS 中广泛应用于车辆检测、车辆识别、车辆控制、环境信息检测、危险驾驶警告等方面。图 9.14 展示了汽车中常见的传感器。

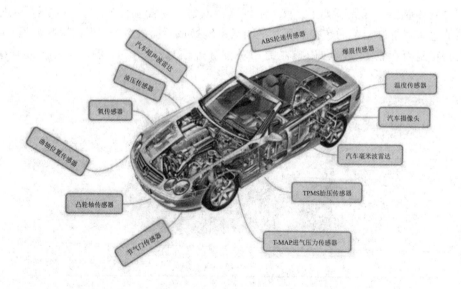

图 9.14 汽车中常见的传感器

1. 车辆检测传感器

车辆检测传感器用于检测车辆的存在和通过情况，主要用于检测交通流信息，又被称为车辆检测器或车检器。交通流信息是实现交通管理控制和交通诱导的重要基础,包括交通流量、交通速度等。车辆检测传感器可分为磁频车辆检测器、波频车辆检测器和视频车辆检测器三大类。磁频车辆检测器通过检测车辆通过检测器时的磁场变化来检测车辆的存在情况和相关参数,包括环形线圈检测器、磁阻检测器、地磁检测器、微型线圈检测器、磁成像检测器和摩擦电检测器等。波频车辆检测器包括雷达检测器、超声波检测器、微波检测器、红外检测器和光电检测器等。视频车辆检测器实际上是由车辆检测技术、摄像机和计算机图像处理技术结合而成的视频车辆检测系统,是一种更先进的车辆检测技术。接下来进一步简要介绍常用的车辆检测器。

1)环形线圈检测器

环形线圈检测器是一种传统且应用广泛的车辆检测设备。它由感应线圈、传输馈线和检测处理单元三部分组成,这三部分共同构成一个电感电容调谐电路。当电流通过感应线圈时,周围形成一个电磁场。当车辆驶入该电磁场时,车身金属会感应出涡流电流,导致磁场的磁力线减少,感应线圈的电感量降低,从而使整个电路的调谐频率上升,并产生相位偏移。检测处理单元根据磁场的变化检测车辆的存在情况,并计算出车辆的流量、速度、时间占有率和长度等交通参数。

2)磁阻检测器

磁阻检测器利用异向磁阻(AMR)效应,通过高分辨率的磁阻传感器芯片来探测车辆对地球磁场的扰动情况,从而检测出车辆的存在。磁阻检测器还可以根据不同车辆对地磁产生的扰动程度来识别车辆类型。磁阻检测器具有体积小、检测灵敏度高的特点,可采用多种安装方式,如路旁安装、埋入地面安装和车道上悬挂安装等,具有较高的适应性。此外,磁阻检测器便携性高,方便应用于临时检测交通流参数的场所。

3)雷达检测器

雷达检测器是一种根据多普勒效应原理工作的传感装置。它利用激光束照射到流体或固体表面,通过光电检测器测量多普勒频移来确定物体的速度。当应用于车辆速度检测时,雷达检测器发射激光束并接收车辆反射回来的波束,根据发射波和反射波的频率差异,可以计算出车辆的速度。雷达检测器通常分为连续波雷达检测器和导向型雷达检测器两种类型。

连续波雷达检测器悬挂在车道上方,向下方车道发射已知频率的无线电波,并接收反射波。通过分析发射波和反射波之间的频率差异,可以检测通过的车辆。导向型雷达检测器将无线电波通过传送线埋设在车道下方,当有车辆通行时,检测器可以感知到波的变化并进行计数。这两种雷达检测器具有高精度,并且不受车辆行驶的影响而产生磨损。它们在引进、使用和研制方面得到了广泛应用,并取得了良好的效果。

4)超声波检测器

超声波是一种频率高于 20 kHz 的机械波。它具有波长短、绕射现象小、方向性好和能定向传播的特点。超声波检测器是一种能够实现声电转换的装置,又被称为超声波换能器或超声波探头。它能够发射超声波信号并接收返回的超声波回波,并将其转换为电信号。超声波检测器主要包括脉冲波形检测器、谐振波形检测器和连续波形检测器等类型。

脉冲波形检测器利用声波的传播和反射原理,通过测量发射波和反射波之间的时间差来检测车辆的存在情况。在没有车辆通过时,探头与地面的距离是固定的,因此发射和接收时间也是固定的。当有车辆通过时,车辆的存在会缩短探头接收反射波的时间,从而表明有车辆通过或存在。脉冲波形检测器只能发射单一的波束,因此只能实现车辆计数和分类的功能,无法测量车速信息。为了测量多车道的交通流信息,需要在每个车道上方安装超声波传感器。由于超声波传感器需要安装在车道上方,其安装和维护需要中断交通。

谐振波型检测器采用在车道两边安装相向对立的发射器和接收器的方式。发射器发射的谐振波沿车道横向传播,并被对面的接收器接收。当车辆通过时,它会截断谐振波束,从而被检测到。

连续波型检测器与连续波雷达检测器的工作原理相似。它向道路发射连续的超声波束,当车辆靠近时,由于多普勒效应,反射的超声波的频率将发生变化。通过检测频率的变化,就可以判断车辆是否存在。

5) 微波检测器

微波检测器主要由微波发射器、接收器、控制器、调制解调器等组成。它通过发射频率为 10.525 GHz 或 24.125 GHz 的连续频率调制微波,在检测区域形成一个扇形的微波检测区,覆盖长度可达 60~70 m。当车辆通过该微波检测区时,会反射一个微波信号,检测器接收并分析反射的微波信号,通过计算接收频率和时间的变化参数,可以获取车道交通流量、平均速度、车道占有率等交通流的基本信息。

微波检测器的安装方式有侧向安装和正向安装两种。侧向安装只能检测车辆的平均速度,而正向安装可以实时检测车辆的速度。然而,正向安装只能检测单个车道的交通流信息,如果要检测多车道的车辆信息,就需要安装多个检测设备。此外,正向安装还需要安装悬挂门架,而在道路中间进行安装会中断交通。因此,一般情况下,微波检测器采用侧向安装方式。

微波检测器具有同时检测多个车道、高精度检测、便于安装、全天候工作和易于维护等特点。新型的微波检测器还包括数字双雷达系统,能够同时形成两个扇形微波检测区,可以准确检测多车道的交通流量、实时速度、车辆长度、车辆类型等信息。

6) 红外检测器

红外技术已经发展成为一门新兴的科学技术。红外光的波长范围为 0.1~100 μm,它是太阳光谱的一部分。红外光最显著的特点是具有光热效应,能够辐射热量,它是光谱中具有最大光热效应的区域。与其他电磁波一样,红外光具有反射、折射、散射、干涉和吸收等特性。不同物体对红外光的热效应各不相同,热能强度也会有所差异。例如,对于黑体

（能够完全吸收投射到其表面的红外辐射的物体）、镜体（能够完全反射红外辐射的物体）、透明体（能够完全穿透红外辐射的物体）和灰体（能够部分反射或吸收红外辐射的物体），它们会产生不同的光热效应。

红外检测器是一种将红外辐射量变化转换为电信号变化的装置，通常由光学系统、敏感元件、前置放大器和信号调节器组成。红外检测器基于热电效应和光子效应的原理制成，一般分为主动式和被动式两种类型。

红外反射式检测器探头是一种红外检测器，该装置由一个红外发光管和一个红外接收管组成。其工作原理是通过调制脉冲发生器产生调制脉冲，然后经过红外探头辐射到道路上。当车辆通过时，红外线脉冲会从车体反射并被探头的接收管接收。经过红外解调器解调后，信号经过选通、放大、整流和滤波等处理，最终触发驱动器输出一个检测信号。

红外检测器通常采用顶置或路侧式的安装方式，具有快速准确、轮廓清晰的检测能力。然而，它也存在一些缺点。例如，工作现场的灰尘或冰雾可能会影响系统的正常工作。此外，红外检测器不适用于每小时交通量超过 1000 辆的双车道或多车道道路，因为它无法区分同时通过的两辆车，这可能导致计数误差的产生。

7）光电检测器

物质在光的作用下释放电子的现象称为光电效应。被释放的电子称为光电子，而光电子在外电场中运动形成的电流称为光电流。光电效应遵循以下规律：① 光电流的大小与入射光的强度呈正比。② 光电子的动能只与入射光的频率相关，而与光的强度无关。③ 当入射光的频率低于某一极限值时，无论光的强度多大或照射时间多长，都不会产生光电子。④ 从光照开始到光电子释放，整个过程仅需约 10^{-9} s。

光电检测器是一种将光量的变化转换为电量的变化的传感器，其物理基础是光电效应。光电效应分为外光电效应和内光电效应两种。外光电效应是指在光线的作用下，物体内的电子逸出物体表面向外发射的现象。光电管、光电倍增管等器件是基于外光电效应原理制成的。内光电效应是指光照射在物体表面时，引起物体电导率变化或产生光生电动势的现象。在交通检测中应用的光电检测器可分为光束切断型和光束反射型两种。光束切断型的原理是发出一道光束并使其穿过车行道射向光敏管（光电管），当汽车通过时切断光束，光敏管测出后激发计数器进行计数。光束反射型的原理是光束从路面反射到光敏管上，当汽车通过时，光束从汽车上反射，光敏管测出这种特殊的反射光后，激发计数器进行计数。

8）视频车辆检测器

视频检测技术是一种基于计算机视觉和图像处理的视频处理技术，用于对路面上的运动目标物体进行检测和分析。视频车辆检测器利用视频摄像机作为传感器，通过分析摄像机拍摄的交通图像，在视频范围内划定虚拟线圈或检测区域。运动物体进入检测区域时，会导致背景灰度发生变化，从而感知到运动目标的存在。通过该技术可以实现对车辆、行人等运动目标的检测、定位、识别和跟踪，并对检测、跟踪和识别的运动目标的交通行为进行分析和判断，从而获取交通流量、速度、占有率等交通数据信息。

视频车辆检测器可以安装在车道上方或侧面。与传统的交通信息采集技术相比，它采用单台摄像机和处理器就能够检测多个车道的交通信息，并提供现场的视频图像。此外，它还具有直观可靠、安装调试维护方便、价格经济等优点。然而，该技术也存在一些缺点。首先，它容易受到恶劣天气、灯光和阴影等环境因素的影响，这可能导致检测的准确性下降。特别是在恶劣天气条件下，检测正确率可能会降低甚至无法进行检测。此外，灯光、阴影等环境因素也会导致误检率显著增加。

视频检测技术目前相对于线圈检测技术而言还不够成熟和稳定。目前的视频检测技术受到使用环境、检测算法和硬件平台等方面的限制，还存在一些缺陷，需要进一步的改进和提高。然而，视频检测技术具有独特的优势，是不可替代的。随着技术的发展和检测方法的更新，视频检测技术将在许多方面逐渐取代其他检测方式，成为获取交通信息的重要来源和手段。未来，随着对基于视频的车辆检测算法研究的不断深入，立体视觉检测和多传感器检测将成为发展的趋势。

2. 其他类型的交通检测器

其他类型的交通检测器还包括电容式检测器、压电式检测器和地震式检测器。

电容式检测器分为机械性电容检测器和非机械性电容检测器。机械性电容检测器的工作原理是当车辆经过时，车轮的压力改变了两个重叠的柔性金属面之间的间隔，从而引起它们之间静电耦合的变化，最终通过适当的检测手段来检测电容的变化。非机械性电容检测器则是利用车辆金属物的干扰改变两个电极之间的电容值，这种变化可以通过非机械性电容检测器进行检测。

压电式检测器利用车轮所施加的压力，通过适当的机械连接使压电元件受力，并输出相应的电压信号，以进行检测。

地震式检测器则是利用车辆经过时所产生的地面振动信号，通过地震传感器来检测车辆的存在和运动。

这些检测器利用不同的原理和检测手段，用于检测车辆的存在、运动和其他相关信息。

9.3.3 车辆定位导航技术

传感器感知系统虽然可以为自动驾驶汽车提供周边环境信息，但在实现全局环境的高精度定位方面存在困难。在大范围环境感知、行车路径规划和提升经济舒适驾驶等方面，其表现还有待提高。定位导航系统运用车辆定位技术、地理信息系统（Geographical Information System，GIS）、数据库技术、信息技术、多媒体以及远程通信技术，为车辆提供全局定位、路线设计、路径引导和综合信息等功能，以实现车辆与环境的有机融合，超越视距感知辅助，规划行车路径，从而提高行驶平稳性和经济性。

常用的定位导航技术包括卫星定位系统、惯性导航系统（Inertial Navigation System，INS）、航迹推算（Dead-Reckoning, DR）、地图匹配（Map Matching, MM）、环境特征匹配和基于激光雷达的定位，以及多传感器融合定位等技术。

1. 卫星定位系统

全球定位系统(GPS)属于卫星定位系统，由空间卫星系统、地面监控系统和用户接收系统三个子系统组成。其主要功能之一是提供三维导航能力，通过GPS导航接收器可以对汽车进行导航。汽车GPS的主要组成部分包括GPS导航、自律导航、微处理器、车速传感器、陀螺传感器、CD-ROM驱动器和LED显示器。通过GPS接收器接收卫星信号，准确确定目的地的经度、纬度，以及时间和车速等信息。通过引入差分GPS技术，可以进一步提高汽车定位导航的精准度。

然而，在一些无法接收到GPS卫星信号的地方，例如高层建筑群和地下隧道等位置，汽车将启用自律导航系统。系统利用车速传感器检测汽车的行驶速度，并经过微处理器处理数据，结合速度和时间信息计算前进距离，并通过陀螺传感器直接检测行驶方向。陀螺传感器还具有数据自动保存功能，即使出现更换轮胎导致停车的情况，系统仍可重新设定。

GPS检测到的汽车位置坐标数据、行驶方向和路线轨迹与自律导航系统检测到的结果并不完全一致，为了解决这个问题，采用地图匹配技术和地图匹配电路实时修正汽车实际行驶路线与电子地图之间的误差。通过微处理器中的整理程序进行快速处理，确保及时获取汽车位置在电子地图中的准确位置，并根据此提供精确的行驶路线提示。

其他卫星定位系统包括欧洲空间局的伽利略卫星导航系统、俄罗斯的格洛纳斯导航卫星系统(GLONASS)，以及中国的北斗卫星导航系统。

2. 惯性导航系统

惯性导航系统(Inertial Navigation System，INS)又被称为惯性参考系统，是一种独立于外部信息和无须向外部辐射能量的自主导航系统。它可在空中、地面和水下等各种环境中工作。惯性导航的基本原理是基于牛顿力学定律，通过测量载体在惯性参考系中的加速度，对其进行时间积分，并将其转换到导航坐标系中，从而得到速度、航向角和位置等导航信息。惯性导航系统属于推算导航方式，即根据已知点的位置，以及连续测得的运动体航向角和速度推算出下一个点的位置，因此可以连续测量运动体的当前位置。惯性导航系统中的陀螺仪用于建立导航坐标系，使加速度计的测量轴在该坐标系中保持稳定，并提供航向和姿态角度信息；加速度计用于测量运动体的加速度，经过时间积分后得到速度，再经过时间积分即可得到位移。

根据安装方式，惯性导航系统可分为平台式惯性导航系统和捷联式惯性导航系统。

平台式惯性导航系统根据所建立的坐标系不同，可分为空间稳定和本地水平两种工作方式。前者的台体相对于惯性空间是稳定的,用于建立惯性坐标系。后者的特点是基准平面由两个加速度计输入轴构成,能够始终跟踪飞行器所在点的水平面。

捷联式惯性导航系统根据所使用的陀螺仪类型不同,可分为速率型和位置型。前者采用速率陀螺仪,输出瞬时平均角速度矢量信号;后者采用自由陀螺仪,输出角位移信号。

3. 航迹推算

航迹推算是指根据汽车的航向和速度信息来推算汽车的位置。当航向信息的精度较差时,航迹推算系统推算出的汽车轨迹很快会偏离汽车实际行驶的轨迹。因此,在航迹推算系统中,对航向信息的精度要求比较高。为了提高航向信息的精度,同时考虑到低成本的要求,比较理想的方法是将磁罗盘和速率陀螺这两个航向传感器的信息进行融合。一方面,磁罗盘提供了速率陀螺确定航向的初值,并且可以抑制速率陀螺航向误差的积累;另一方面,利用速率陀螺的相对航向具有短时精度高的特点,可以降低外界磁场对磁罗盘测量的干扰。

4. 多传感器融合定位

基于任何单一定位技术的系统都存在无法克服的局限性。随着应用场景和环境的不断复杂化,组合定位导航系统成为研究和应用的热点。目前,多传感器融合定位方式主要有以下几种:基于 GPS 和惯性传感器的传感器融合定位;基于激光雷达点云与高精度地图的匹配定位;基于计算机视觉技术的道路特征识别,使用 GPS 卫星定位的方式。

在实际行驶中,汽车使用卫星定位和惯性导航定位时都存在各自的缺点。卫星定位信号可能会在隧道或建筑群的遮挡下中断。而惯性导航定位虽然可以在短时间内提供连续且精度较高的汽车位置、速度和航向信息,但其定位误差会随着时间的累积而增加。由于多种传感器技术各有优劣,目前尚不存在单一传感器可以满足所有工况需求的方案。因此,考虑将多个传感器的数据进行融合,可以显著提高汽车的定位精度。目前可以通过卫星导航 GPS 定位、惯性导航系统定位和航迹推算系统定位等方式获取多源定位信息,并利用深度神经网络或扩展卡尔曼滤波等方法实现多源信息的融合定位。

特别地,卫星定位与惯性导航的融合是实现厘米级定位的重要手段,具有成本低、精度高和可靠性高的特点。基于差分 GPS 和惯性导航 IMU 的组合是较为常见的定位方法,其精度达到米级水平。对于精度要求不高的定位场景,差分 GPS 和惯性导航 IMU 的组合是一种理想的选择。在 GPS 信号良好时,GPS 起到主导作用;当 GPS 信号暂时中断(例如在隧道环境中)时,惯性导航可以依靠航位推算在短时间内提供较高精度的定位。然而,对于自动驾驶车辆来说,这样的定位精度显然是不够的。因此,在差分 GPS 和 IMU 的基础上,结合激光雷达或双目视觉进行地图匹配,可以获取车辆在高精度地图中的局部具体位置,从而实现更精确的厘米级定位精度。

9.4 智能交通信息处理技术

9.4.1 视频识别与检测

1. 视频识别与检测概述

视频识别与检测技术是智能交通系统中的关键技术之一。与传统的人工检测技术不同，智能交通系统利用先进的图像处理技术和人工智能机器视觉技术，极大地提升了检测速度和效率。同时，云平台提供了大规模存储空间，为交通信息的存储提供了便利，并为有效数据的挖掘提供了充足的资源。

机器视觉可以分为低级、中级和高级三个层次，三个层次具有不同的用途和特点。低级层次主要用于突出图像中的有用信息，对图像进行视觉处理，为自动识别做准备。中级层次则侧重于突出图像中的感兴趣区域，并进行分割和检测，从而获得图像的客观信息。高级层次涉及对图像的理解，使机器能够像人类一样理解图像并进行交互。移动目标检测属于中级层次的研究。视频识别与检测的基本原理是基于对视频序列中每一帧图像的分析和处理，从中筛选出移动目标并进行识别。

机器视觉还可以分为静态视觉和动态视觉两种。静态视觉指的是监控不动的目标，而动态视觉则是监控目标的运动。目前智能交通系统中主要使用静态视觉技术。

2. 视频识别与检测方法

摄像机负责采集视频原始图像信息，将光信号转化为电信号并进行传输。对于静态视觉采集的视频图像，通常使用以下方法进行移动目标的提取。

1）背景差分法

背景差分法是基于特定背景下的移动目标检测方法。它的步骤是先选取一帧初始背景图像，然后将目标图像与背景图像进行差分运算，以提取目标。在智能交通系统中，背景差分法的应用难点在于背景图像的时变性，即每个时刻的背景都有可能不同。因此，在移动目标检测系统中，背景图像需要不断更新，这种更新和维护工作会带来很大的不便。

在选择背景时，一般可以考虑选择没有目标的第一帧图像作为背景。在交通视频中，通常选择没有车辆的路面作为背景。然而，由于交通背景图像具有时变性，单一背景并不符合车辆检测的实际需求。为了获得精确和高效的背景，可以考虑在视频的基础上建模背景。例如，可以使用均值法背景建模、中值法背景建模或单高斯分布背景建模等方法。但是，每种建模方法都存在一定的局限性，尤其是在复杂背景中。

2）光流法

光流法基于像素点和速度矢量之间的一一对应关系，构建了一个描述运动场景的图像。该方法利用图像中的亮度变化来反映每个像素点的灰度变化。当目标物体与背景相对运动时，移动目标所在的像素点会有速度矢量的变化，从而可以快速筛选出移动目标。二维速度矢量是可见点的三维速度矢量在成像表面上的投影，因此光流法不仅包含了运动目标的信息，还包含了周围景物的丰富信息。

光流法具有良好的场景变化适应性，可以在不了解场景信息的情况下识别运动目标的位置。然而，光流法对光照变化非常敏感且依赖性较高，现实场景中的光照很难保持恒定不变，因此在现实场景中，光流法的识别误差较大，精度较低。同时，由于车辆在现实场景中行驶速度较快、距离较长，导致计算量大且耗时长。而传统的光流法计算速度较慢，难以在要求实时性和精确性的场景中同时满足要求。因此，对于要求严格的实时场景而言，传统的光流法并不适用。

3）帧间差分法

帧间差分法是一种基于视频序列相邻帧图像的灰度值差异来检测移动目标的方法。它通过计算两张图像的灰度值差异来实现目标的检测。通常，该方法会读取相邻两帧图像，并通过对应像素点的灰度值差分进行计算，得到差分图。接着，差分图会经过二值化处理，并需要选择一个合适的阈值作为前景点和背景点的判别标准。

相对于其他方法，帧间差分法在智能交通系统中的视频识别与检测方面更为适用。为了提高视频识别和检测的精度，该方法通常会结合图像分割技术和形态学处理技术进行后续处理。这些技术可以进一步优化结果，提高目标检测的准确性。

（1）图像分割技术。图像分割技术是一种将图像中的像素点分离成不同区域或对象的方法，用于加工和处理检测目标。在图像分割过程中，常用的算法包括阈值分割算法、边缘检测算法，以及区域生长算法和分裂合并算法。

① 阈值分割算法。阈值分割算法适用于前景和背景灰度值差别较大的图像。由于其实现方便、计算量小、性能稳定，通常用于图像的预处理。具体而言，该方法通过设定不同的灰度级阈值将图像分成多个区域，以确保各区域内部具有相同的属性，并与相邻区域的属性不同。然而，该算法对噪声较为敏感，并且对于灰度值对比不明显的图像处理效果较差，因此通常需要与其他算法配合使用。

② 边缘检测算法。边缘检测算法主要用于识别数字图像中明显变化的像素点，并将这些像素点连接在一起以获取图像的边缘信息，从而定位目标图像的边缘。边缘增强算法用于提高图像前景边缘和背景之间的对比度，通常与边缘检测算法结合使用，以突出图像的边缘轮廓。

③ 区域生长算法和分裂合并算法。区域生长算法和分裂合并算法是两种典型的连通区域分割技术。区域生长算法是一种基于图像中像素点的相似属性（例如灰度值、纹理特征或强度等）的算法。它首先从图像中用户感兴趣的区域或对象的大致位置选择一个或多个像素点作为种子点，然后从一个或多个种子点开始，逐步将具有相似属性的像素点聚集起来，

形成一个区域。这个过程通过反复比较像素点之间的相似性来进行迭代，并不断添加相似的像素点到区域中。区域分裂合并算法则是基于区域的合并和分裂操作，通过计算相邻区域的相似性，将相似度较高的区域进行合并，或者将相似度较低的区域进行分裂，从而实现图像的区域分割。

（2）形态学处理技术。形态学处理技术基于形态结构元素，用于衡量移动目标的形状，并进一步提取目标。常用的形态学运算方法包括膨胀、腐蚀、形态学梯度、开运算、闭运算、顶帽运算和黑帽运算等。在复杂背景下，通过目标差分和阈值分割得到的二值图像可能存在空洞和少量噪声。因此，可以利用腐蚀操作去除干扰点，然后再利用膨胀操作扩展感兴趣区域。应用形态学处理技术对阈值分割后的图像进行处理可以提高目标检测的准确性。

9.4.2 视频测速与跟踪

1. 交通系统中的测速手段

速度是交通系统中的重要监管指标。在交通系统中，有三种主要的移动目标速度检测方法：感应线圈测速、雷达测速和视频测速。

感应线圈测速方法需要在测速区域的适当位置安装感应线圈，利用电磁感应原理来检测移动目标的位置。然而，该方法存在一定的局限性，只能检测区间内移动的金属目标，同时仍然依赖于监控系统进行目标识别，因此在智能交通系统中并不适用。

雷达测速是传统交通系统中较常用的方法，它具有精度高和速度高的特点。然而，在复杂的多目标环境下，雷达测速的准确性大大降低，因为它的抗干扰能力较差，并且成本较高。此外，雷达测速受到地理和环境条件的限制，不适合在智能交通系统中广泛应用。

视频测速是智能交通系统中的重要技术之一，也是实现目标跟踪的重要手段之一。它的原理是根据每一帧图像中车辆的二维位置和特定参数，推算出车辆在视频中的三维位置，从而计算出车辆的速度。视频测速具有安装方便、抗干扰能力强和实时性等优点，结合人工智能等先进技术，可以在复杂环境下实现准确的检测。

2. 运动目标的定位与跟踪

在智能交通系统中，运动目标检测的基本思路是利用计算机视觉和图像处理技术对摄像头获取的交通视频序列进行分析，以获得相关的参数。目标跟踪在智能交通系统中不仅是车辆测速的方法，还是确保交通安全和维持治安的关键。以下是运动目标跟踪方法的思路：

1）移动目标特征的提取

这种方法的特点是不需要获取移动目标的完整信息，只需要提取部分特征即可进行跟踪观测。然而，它的局限性在于依赖移动目标特征集的稳定性和权重，如果没有足够稳定和具有权重的固定特征作为目标判断依据，容易导致错误跟踪和低效率。同时，如果移动目标发生人为遮挡或特征点丢失，也容易导致跟踪失败。基于以上局限性，在未来智能交通系统中，移动目标特征提取的方法可能很难得到进一步的发展。

2）移动目标的建模

这种方法是指对移动目标进行 3D、2D 或者线图模型的建立，或者进行更高层次的模型空间的构建，例如三维和二维空间。通过建立目标的模型，可以提高目标跟踪的可靠性。然而，建立模型的工作量和难度较大，适用于特定个例的实施，并不具有普遍的应用性。这意味着该方法在智能交通系统中可能无法广泛应用。

3）区域跟踪法

区域跟踪法是一种基于目标区域背景模板的方法，通过比较每一帧相邻图像的纹理、梯度、色彩等特征，筛选出移动目标，并选择最清晰的特征进行识别和跟踪，从而绘制目标在视频中的移动轨迹。这种方法非常适合应用于智能交通系统。区域跟踪法有两种常用的目标定位方法。

（1）灰度重心定位法。由于移动目标在视频序列中相邻帧之间的速度和方向变化不会很大，因此目标在图像中的灰度重心位置变化也较小。将灰度重心作为定位参数，可以利用每一帧的灰度重心点来建立移动目标的运动轨迹。

（2）亚像素定位法。这是一种典型的图像特征筛选技术，具有高定位精度，在计算机领域得到了广泛关注。它基于特定的形状分布和灰度变化程度对目标进行筛选。与灰度重心定位法不同，亚像素定位法通过筛选出一组矩特征来定位移动目标，而矩特征在视频成像中是不变的，因此可以用矩形框将移动目标在视频中定位。移动人脸识别等人工智能应用也基于类似原理。

9.4.3　行为预测及路径规划

1. 舱内感知(In-Cabin Sensing, ICS)技术

通过检测和追踪人体视觉特征，如头部朝向、面部表情、视线方向、手势以及肢体关节点等，可以分析驾驶员和乘客的身份信息、意图和行为，同时监测车内人员活动和相关物品，以提供更安全和智能的车内体验。

具体而言，ICS 技术需要准确检测驾驶员和乘客的身份、性别、年龄、五官、视线方向、头部朝向、手势、肢体关节点等信息，以及他们随身携带的物品。通过对这些关键信息的检测，ICS 技术可以应用于很多方面，例如驾驶员监控、乘客监控、舱内物品检测和驾驶舱人机交互。ICS 技术的一个核心应用是驾驶员监测系统(Driver Monitor System, DMS)，它可以监测和分析驾驶员的状态和行为，并提供相应的预警信息。DMS 的主要功能包括疲劳分

析、分神分析、动作分析(如打电话、抽烟)等。图9.15展示了特征-行为监测的示意图。

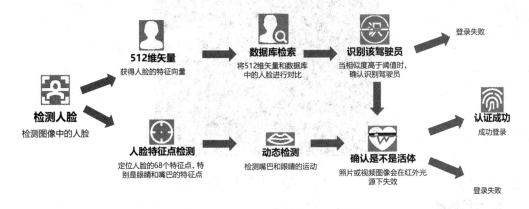

图 9.15　特征-行为监测

在 DMS 中，获取面部特征信息是基础且核心的任务。这些特征信息包括眼睛的位置和张闭程度、嘴巴的位置和张闭程度、耳朵的位置、面部的朝向等。这些信息直接影响着整个算法的准确性。在检测这些关键信息之前，首先需要进行驾驶员检测，即定位视频画面中的驾驶员。我们采用的人脸检测算法在实测中表现出色，平均准确率(Average Precision，AP)高达 97.4%。然后是分析五官特征，通过使用自主研发的基于神经网络的脸部特征点回归网络，可以精确定位眼睛、鼻子、嘴巴、眉毛等脸部特征点。最重要的是，我们的算法不仅可以分析画面中的人脸，还会根据分析到的人脸信息进行迭代、演进和修正，以确保算法对不同特征的人脸具有适应性。

脸部特征信息被用作行为/状态分析的输入。例如，如果要判断驾驶员是否处于疲劳驾驶状态，就需要分析一系列外部特征表现，如眼睛开合度的变化、眨眼频率的变化、打哈欠频率的变化、头部运动规律和节奏等。例如，可统计驾驶员在正常驾驶时间内的眼睛开合度。当驾驶员疲劳时，眼睛的开合度会在一段时间内缓慢地逐渐变小，这是疲劳的典型特征。

活体身份识别是智能车内系统中的另一个重要应用。通过分析活体检测数据，系统需要确认当前驾驶员是否为车主。许多车队利用这一功能来加强对驾驶员的管理。然而，一些人可能会利用照片等方式欺骗摄像头，因此需要系统进行判断和识别。

图 9.16 展现了活体检测数据，算法能够识别照片、铜版纸、3D 假人模型等，且识别率达到 99% 以上，避免司机对系统进行干扰。并且，活体检测技术是非配合式的，也就是说不需要用户进行点头、摇头、眨眼、张嘴等动作就能完成活体的判断，在用户体验上来说节省了司机很多时间。

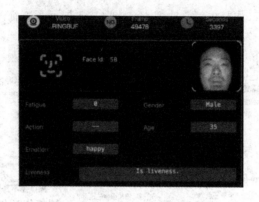

图 9.16　活体检测数据

2. 全舱感应

通过车内传感系统和多模人机界面方法，汽车制造商可以为驾驶员和乘客提供通过眼睛注视和手势识别等来控制特定车辆功能的服务。驾驶员可以通过眼睛注视识别来调整车镜，并通过手势进行操作。例如，当驾驶员注视仪表板时，仪表板会变得更亮，以方便操作，而当驾驶员将目光转向道路时，仪表板会恢复较低的亮度水平，以减少干扰。眼睛的注视还可以与声音结合，实现更多的语音控制。

通过先进的信息娱乐系统，驾驶员可以连接车外的数字系统（如家庭自动化系统），以提供更多的功能和服务。例如，驾驶员可以使用兴趣点搜索功能获取特定地标的相关信息，或者预订餐厅座位。无接触的互动方式（语音、手势或凝视）可以使信息娱乐系统在车辆内的布局设计上具有更多的灵活性。屏幕不再需要放在驾驶员伸手可及的范围内，而可以放置在驾驶员更容易快速扫视挡风玻璃和屏幕之间的位置，从而减少驾驶员看向道路以外的时间。

车内的摄像头可以识别乘客座椅上是否有人，这使得汽车制造商可以考虑去除压力传感器（被动乘客检测系统），从而降低成本。此外，人脸识别技术还可以用于确认交易，例如在停车场或通过车载私人助手进行订购。车辆内部的摄像头还可以用于其他应用，如视频会议电话或检测遗留物品。

车内感应平台通过像素级的人脸检测可以分析乘客的面部特征，如眉毛、眼睛、嘴巴和鼻子的位置信息，进而推断乘客的情绪状态，如高兴、愤怒、惊讶、厌恶、害怕或悲伤。这些情感信息在商业领域中的出租车、面包车等运输客户的车辆中具有实际应用，可以更准确地了解乘客的感受和需求。此外，情感感应还可以帮助汽车制造商了解用户对其硬件和软件的反应，通过检测用户的压力或享受程度来改进功能，从而打造更友好的用户体验。

目前，车内传感系统的路线图首先要满足基本的监管要求，以较低成本在整个车队中广泛部署。例如，在方向盘柱、仪表盘或中央显示屏上安装的单个摄像头可以检测到驾驶员的疲劳和分心情况。如果驾驶员的视线离开路面超过两秒钟,系统会发出音频警报或在仪表板上闪烁红灯。通过智能分析驾驶员的头部位置、眼球运动、眨眼频率和眼睛张开程度等指标,系统可以确定驾驶员是否有睡意。当驾驶员打瞌睡时,系统可能会通过晃动座椅或发出音频警报来提醒驾驶员。

该系统不仅满足基本的嗜睡和分心识别功能,还具备附加功能。它可以检测声音,并通过摄像头和指纹等生物特征准确识别驾驶员的状态。例如,系统可以有效判断驾驶员是否酒驾、紧张、陷入沉思,甚至可以识别测试员试图通过举着照片来欺骗自动驾驶系统的行为。

座舱感应是驾驶员感应的一个演化分支,利用广角摄像头覆盖车内更大的视野,包括前后排乘客座椅,以提供更全面的信息。通过座舱感应系统,可以判断驾驶员是否将手放在方向盘上,并且可以识别前排乘客,将他们的座位调整到相应的规格,并确保乘客正确佩戴安全带。通过全座舱状态检测,该系统能够确定车内有多少人,并准确识别车内人员的情绪。此外,该系统还能够检测到司机是否突发疾病,一旦检测到,系统就会触发自动感应系统,将车辆安全停到路边,并通知急救服务。

此外,广角3D摄像头可以安装在车内车顶朝下的位置,提供前排座椅的视野。这使得乘客能够通过手势、空中书写和前面提到的搜索点功能来控制车辆的各个方面。这种手势识别能力不断进化,并与驾驶员状态感知技术并行发展。

车内传感平台是硬件和软件的复杂集成。在硬件方面,平台配备了130万像素的摄像头,以60帧每秒的速度运行,并且红外垂直腔面发射激光器(VCSEL)可以无形照亮驾驶员,使系统能够在夜间观察到驾驶员的眼睛。

系统通过摄像头,收集面部数据点,并将其与驾驶员的基准数据进行比较,来判断驾驶员是否存在疲劳、紧张、分心或精力下降等情况。例如,系统可以观察驾驶员眨眼的次数是否增加或眨眼的时间是否延长,检测头部是否倾斜,判断眼睛是微闭的还是完全闭合的,以及观察面部表情是否发生变化。系统还可以追踪驾驶员的目光,确保其注意力集中在道路上。此外,系统还能察觉驾驶员的"愣神"情况——即驾驶员盯着前方,但没有真正注意的情况。先进的系统还能理解可能分散驾驶员注意力的因素,并帮助驾驶员重新集中注意力到道路上。

手势控制是通过向下的摄像头和三维手势识别智能来实现的,它基本上可以让司机通过手势与汽车进行交流。例如,在接听电话时,司机可以使用简单的滑屏手势来拒绝接听电话,也可以用一根手指轻敲来接听电话。顺时针旋转手指可以表示增加音量或放大控制台上显示的地图。用拇指和食指做一个圆圈,然后向右移动,可表示切换下一首歌曲或下一个菜单项等操作。为了解析来自车内摄像头的图像,典型的车内传感平台可能会使用20多个神经网络,且这个数字还在不断增加。这些网络总共包含7000多万个经过测试和优化的参数。最终,内部感应的舒适性和安全应用将集成并整合到信息娱乐和ADAS(高级驾驶辅助系统)域控制器上。

9.4.4 具体案例——智能校车信息感知

智能校车建立在智能公交系统的基础上，利用全球定位系统(GPS)、地理信息系统(GIS)和有线/无线通信网络，实现车辆的动态定位、无线通信和电子地图显示技术，从而实现对线路运营车辆、机动车辆和检修车辆的实时位置监控。这大大提高了调度指挥系统对运营状况的实时了解和应对能力。

1. 建设目标

1) 校车智能化监控调度

利用 GPS 技术、3G 通信技术、GIS 地图技术和视频处理技术，在统一的信息平台上实现对校车动态位置的实时监控、调度控制、双向通信、历史数据回放和车内外视频实时监控等功能，从根本上提高调度指挥系统对校车状况的实时掌握和应变能力。

2) RFID 身份识别

利用 RFID 身份识别卡将每个学生和司机的身份信息写入卡中，实现上下车的自动扫描，并将扫描记录和信息传输到后台监控中心。如果司机信息不正确或超载，校车将无法启动。通过车路协同技术，包括 GPS 定位、电子围栏(区域报警)、线路偏移报警、超速报警和分段限速等手段，有效规范行车路线和速度，确保行车安全，保护学生、教师和司机的安全。

3) 5G 实时视频/图像传输

结合车载 SD 卡录像和 5G 实时视频监控技术，预防超速、超载、超时疲劳驾驶等"三超"违规行为，及时响应车辆发生的突发事件，并进行事后取证和公正处理。

4) "六定"管理

通过 GPS 和视频监控技术，实现校车管理的"六定"管理模式，即定人(固定司机、随车管理教师或人员)、定车(固定班次)、定座位(固定学生座位)、定检(定时对校车进行检测维护)、定线路(固定接送线路)和定时间(固定接送时间)。这样可以确保校车管理的规范和有效性。

2. 建设要求

(1) 提供报警、故障排除和急救等服务，以提高校车运行的安全性和处理突发事件的能力。

(2) 在建立 GPS 应用服务的基础上，确立良好的系统接口，以便与其他信息服务进行集成。

(3) 在确保系统安全的前提下，采用国际通用的系统规范和传输协议，以便与其他系统进行网络连接和数据共享。

（4）后台监控调度中心应为学生和家长提供校车及路况的实时查询等服务。

3. 智能校车信息感知系统架构图

图 9.17 展示了智能校车感知系统架构图。

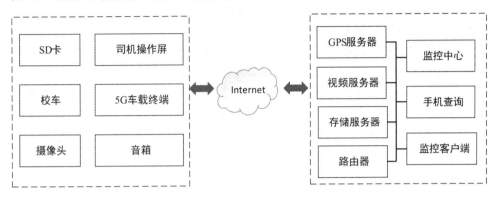

图 9.17　智能校车感知系统架构图

9.5　智能交通信息感知系统的发展趋势

9.5.1　智能交通技术的发展方向

　　智能交通信息感知系统的主要目标是为所有道路使用者提供帮助，保证无论他们采用何种交通方式，都可以减少延误并使他们能够顺利到达目的地。为实现这一目标，该系统需要实时了解当前的交通状况，并能够预测未来的情况，以便更有效地进行交通管理。此外，系统还需要满足多种出行方式的需求，以支持多模式交通。设备维护也是一个重要的关键问题，系统需要能够根据交通结构的变化进行相应调整。另外，系统运营者需要能够快速地对系统进行调整、仿真和测试相关的控制参数，特别是要尽可能避免重复工作。为了有效地利用和规划预算，系统必须与现有的信号控制机和检测器设备兼容，并支持尽可能多的开放标准。用户希望系统能够实现优化控制，而不必修改每一个信号控制机和信号灯头。

　　智能交通技术发展的总体趋势主要包括四个方面：交通运行态势的精确感知和智能化调控、载运工具智能化与人车路的协同、基于移动互联的综合交通智能化服务，以及主动式交通安全保障与交通应急联动。

　　（1）交通运行态势的精确感知和智能化调控。

　　从目前的交通运行态势来看，虽然人们可以在百度地图或高德地图上实时查看交通拥堵情况，但实时交通数据的融合和精确感知仍然有待完善。手机通信数据、停车数据、收费数据、气象数据等大数据的有效整合尚未实现。然而，随着智能交通技术的进一步提升，交通数据的采集将迎来巨大变革，并将逐步实现交通运行态势的精确感知和智能化调控。例如，即将推行的电子车牌可以在每辆车上安装一个 RFID 标签，从而清晰记录车主的行车轨迹，采集有效交通数据，并实现数据共享和流转。

（2）载运工具智能化与人车路的协同。

随着汽车智能化程度的提高，我们必须思考如何使交通系统适应智能汽车的发展，并进行相应的改变。目前，部分车辆已经能够实现自动驾驶或辅助驾驶，但这些车辆在行驶过程中可能受到其他非智能汽车的干扰，给行车安全带来风险。为了解决这个问题，未来可能会在一些高速公路或城市道路上设置专门为智能车辆设计的车道，缩短智能车辆之间的距离，提高道路的通行能力。因此，为了适应汽车智能化的变革，必须协调整个人车路系统，做出相应的改变，这也是智能交通技术研究的重要方向。

（3）基于移动互联的综合交通智能化服务。

随着移动互联网应用的增加，出现了滴滴打车等出租车叫车软件以及定制公交等服务，人们的出行模式正在发生变化。如果未来自动驾驶汽车得到普及，购买汽车可能不再必要，直接租赁方式将成为人们主要的出行方式，从而解决停车难的问题。根据国外的调查和实验，采用这种方式可以节约 80%~90% 的停车空间。此外，未来的交通信息服务将发展成为类似众包模式的信息服务，提供一个平台，具体的交通信息由大家共同提供。随着交通方式的改变，支付方式也将相应发生变化，未来的公交刷卡、高速收费和停车收费将通过统一的支付系统更便捷地完成支付。在交通控制系统领域，交通控制策略将从最初的模型驱动、区域控制向自动驾驶汽车的自主控制发展，现有的红绿灯系统也将相应取消。

（4）主动式交通安全保障与交通应急联动。

主动式交通安全保障与交通应急联动的发展趋势包括采用高级传感技术、智能监控、实时数据分析以及紧急响应系统，以预防交通事故，提高道路安全，迅速应对交通紧急情况，进一步降低事故损失。这强调了通过智能技术的应用来提高交通系统的安全性和应急响应能力。目前，物流在国内生产总值中占有重要地位，涵盖车辆调度、运输协调以及实时信息共享等多个方面，这些领域将逐渐朝着更协同的方向演进。在这一领域，主动安全防控技术已得到广泛应用，实现了 GPS 的实时跟踪。未来的发展将重点放在交通系统运行状态和安全状态的识别、紧急响应和快速联动技术等多个方向。此外，交通状态评估和主动安全保障技术也是未来的研究和发展方向。当前，在科学技术部、发展和改革委员会、交通运输部和工信部的支持下，包括安全领域和 V2X 通信等方面的相关项目已开展研究，并在高速公路等实际场景中进行了一些实验。

9.5.2　智能驾驶技术的发展方向

在 5G 时代的推动下，汽车驾驶技术迎来了全新的时代，互联网技术的不断创新也为汽车驾驶技术指明了方向。通过互联网技术，汽车可以实时采集和传输各项数据，并通过控制系统进行智能化控制。其中，智能化语音技术能够识别驾驶员的语音指令，并快速分析指令内容，实现相应的智能操控，实现了互联网和大数据的完美结合。目前，人工智能技术已经应用于汽车的电话、导航和空调系统控制，同时各种手势识别技术也在逐步完善，通过简单的手势传递驾驶意图，实现人车交互，从而实现智能化汽车驾驶效果。此外，人脸识别技术也逐步应用于汽车系统，通过识别人脸生物特征，实现更好的人车交互和智能化驾驶。

从控制方式的角度来看，智能驾驶技术可以分为直接控制式和分层式两种。

（1）直接控制式：通过纵向控制器直接控制期望的制动压力和节气门开度，实现对跟随速度和跟随减速度的直接控制，具有快速响应等特点。

（2）分层式：根据不同的控制目标设计上位控制器和下位控制器。上位控制器用于生成期望车速和期望加速度，下位控制器根据上位控制的期望值生成期望的油门开度和制动压力，实现对速度和制动的分层控制。

9.5.3　智能交通新技术

1. 城市交通大脑

城市交通大脑是指在大数据、云计算、人工智能等新一代信息和智能技术迅速发展的背景下，通过综合感知、认知、协调、学习、控制、决策、反馈、创新等类似人脑的智能，对城市及城市交通相关信息进行全面获取、深度分析、综合研判，并生成智能对策方案，完成精准决策、系统应用和循环优化，从而更好地实现对城市交通的治理和服务。它是城市智能交通系统的核心中枢，旨在解决城市交通问题并提供系统的综合服务。图 9.18 展示了城市交通大脑的示意图。

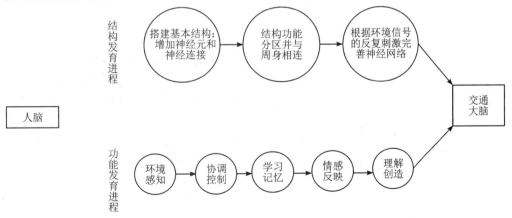

图 9.18　城市交通大脑

2. 高精度定位（如 GPS、北斗定位）

经过在轨测试，北斗三号卫星系统的空间信号测距误差已经达到 0.5 m，系统定位精度可达到 2.5～5 m。北斗地基增强系统的建成，进一步提升了定位精度，使实时的厘米级甚至毫米级高精度定位服务成为可能。

北斗系统已成功应用于"两客一危"车辆管理领域，建立了全球最大的北斗车联网平台。截至 2018 年，已有超过 500 万辆营运车辆接入北斗系统。通过车联网平台提供超速、疲劳驾驶等信息的提醒，道路运输重大事故率和人员伤亡率均下降近 50%。北斗系统的应用为车辆管理和道路安全做出了重要贡献。

3. 无感技术

无感技术是指通过大数据等新技术手段，简化传统交通流程，使出行者在特定环节（如收费、验票等）中实现无干扰通过，提高效率和舒适度。当前，无感技术主要应用于识别和支付领域，并因此衍生出了人脸识别和无感支付等技术。

（1）人脸识别技术。人脸识别技术是一种基于人的脸部特征信息进行身份识别的生物识别技术。它利用摄像机或摄像头采集含有人脸的图像或视频流，并自动在图像中检测和跟踪人脸，然后通过一系列相关技术对检测到的人脸进行识别。这种技术通常被称为人像识别或面部识别。图 9.19 是人脸识别技术的示意图。

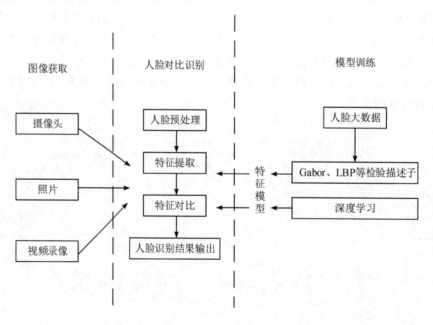

图 9.19　人脸识别技术

（2）无感支付技术。无感支付技术是指在交通领域中应用的一种支付方式，主要包括不停车电子收费系统(ETC)、车牌识别和北斗＋银联支付这三种途径。这些技术途径具有不同的特点，如表 9.1 所示。

表 9.1 不停车电子收费系统(ETC)、车牌识别和北斗＋银联支付的特点

技术	设备要求	识别距离	办理流程	车辆速度要求/(km·h^{-1})	使用场景	环境要求	产业链关系
ETC	需要安装OBU	十几米	复杂	0～120	高速不停车收费，部分停车场	低	复杂
车牌识别	开通手机 APP	3～6 m	简单	0～40	停车场	高	简单
北斗＋银联支付	开通手机APP，安装车辆北斗模块	实时定位，无距离限制	—	—	高速不停车收费，公共停车场自动收费，城市拥堵费征收，充电桩收费	—	复杂

ETC 技术在高速公路上的应用已经较为成熟，但使用该技术需要车主安装车载单元(OBU)，这一过程相对较为复杂。尽管如此，ETC 技术依然拥有较大的用户规模。

9.5.4 智能驾驶新技术

脑机接口(Brain-Computer Interface，BCI)是一种允许大脑与计算机之间进行通信的系统，该系统使得大脑可以在不依赖传统输出通路的情况下向外部环境发送信息或指令。一个完整的脑机接口系统通常包括信号采集、特征提取、特征分类和外部控制设备四个部分。操作 BCI 系统的主要过程如下：首先，使用放置在头皮上或头部的电极来采集大脑信号，然后对这些信号进行数据处理，并提取出特定的信号特征(例如诱发电位的幅值、感觉运动皮层的节律、皮层神经的放电速率)。这些特征可能包含用户的意图，因此可以将它们转化为能够控制外部设备的命令(例如简单的字符处理程序、轮椅或神经假肢)。BCI 系统成功的关键在于用户和系统之间的相互适应，用户需要提高其意图与信号特征之间的关联性，而 BCI 系统需要能够选择用户可以控制的特征，并将这些特征高效准确地转换为设备可以识别的命令。

BCI 工具可以分为非侵入性和侵入性两种类型。非侵入性工具通常使用位于头部附近的传感器来追踪和记录大脑活动。这些工具的安装和移除都比较简单，但是它们的信号相对较弱且不够精确。而侵入性工具则需要进行手术。这些电子设备需要植入颅骨下方，直接进入大脑，以针对特定的神经元组进行操作。目前，科学家正在开发的 BCI 植入物非常小，可以同时激活多达一百万个神经元。例如，加州大学伯克利分校的研究团队创造了一种约为一粒沙子大小的可植入传感器，这种可植入传感器被称为"神经尘埃"。侵入性工具可以提供更清晰、更准确的信号，但是像任何手术一样，植入它们需要面临一定的健康风险。

然而，现在的侵入性工具有了新的植入方案。例如，美国 Synchron 公司开发的微创脑机接口于 2021 年获得了美国食品药品监督管理局（FDA）的人体临床试验批准，取得了重大突破。Synchron 公司开发的 Stentrode BCI 设备小巧灵活，可以安全地穿过弯曲的血管。因此，Synchron 公司采用了一种直接利用神经血管平台的植入方法，通过颈静脉植入 BCI 设备，利用导管手术将技术输送到大脑和脊柱中。这种方法可以在两小时的手术内完成植入，无须进行开颅手术。由于不需要进行开颅手术，传感器可以在大脑的多个位置灵活布置，以捕捉各种类型的信号。与传感器相连接的 BrainPort 接收装置植入在患者的胸口，它没有内置电池，是通过无线方式进行供电和数据传输的，进一步提高了安全性。通过 Synchron 公司开发的 BrainOS 操作系统，可以将传感器读取到的信号转化为与外界进行交互的通用信号，实现与外界的沟通和交流。

为什么要研究脑机接口在无人车辆驾驶中的应用呢？例如，对于那些患有先天性重症肌无力等行动不便的人来说，很多事情（比如开车）一直以来都是无法实现的。然而，在人工智能和无人驾驶时代，通过脑机接口技术，这些人可以更好地体验驾驶，从而提高生活质量。通过用户身上的传感器，可以随时了解用户的用车需求，只需通过意念即可将汽车召唤到身边。当人坐在车里时，只需要通过脑中的意念就能够控制交通工具，实现无障碍驾驶。这种脑机接口控车技术的实现将使车辆不再仅仅是一个简单的工具，还是人们的智能伴侣，更好地为人们提供服务。例如，疲劳驾驶和忘记停车位置等问题在脑机接口控车技术实现后将不再存在。该技术实现了驾驶过程中双手双脚的解放，使人们能够有更多时间去处理其他事务。通过安装在头部的传感器，可以轻松获取用户的状态，并判断指令的准确性，从而避免安全事故的发生。这种技术为用户提供了更舒适的驾驶环境，当用户需要车辆时，车辆可以随时出现在他们面前。在驾驶过程中，只需通过脑部选择目的地，就可以安心地从事其他活动。如果需要停车或改变路径，也只需动动脑子就可以轻松实现。

意念控车的原理是通过脑机接口的采集设备获取人的脑电信号，这些设备可以是帽子、首饰或类似纽扣的植入设备；获取的脑电信号通过无线传输传送到汽车的驾驶芯片，也就是汽车的大脑；然后，汽车会对人的驾驶指令进行判断，包括合法性和符合驾驶规则性，随后再执行相应的驾驶指令。

目前，在汽车驾驶中，人们仍然需要使用手和脚来操控汽车。然而，随着人工智能技术的不断发展，脑控驾驶技术正逐渐实现，这将彻底解放人们的双手，使他们仅凭意念就能控制汽车。脑控驾驶技术利用计算机设备及时收集人类的脑电波，并进行快速的分析与处理，以了解驾驶员的行车意图，从而更准确地实现智能操控汽车。这项技术具有巨大的发展前景，同时重新定义了智能化驾驶的概念。

从我国当前脑控技术的发展来看，已经逐步完成了对岔道、虚线和斑马线等情况的测试。可以预见，不久的将来，脑控驾驶技术将实现全面推广，使人们能够更加便捷地驾驶汽车，享受更高质量的驾驶生活。

课后思考题

1. 请简述智能交通信息感知系统的物联网架构。

2. 视频中目标的识别和检测技术是智能交通信息感知系统中重要的技术，通常对于移动目标的提取常用哪些方法？

3. 在图像分割过程中，常用的算法主要包括阈值分割算法、边缘检测算法，以及区域生长算法和分裂合并算法，请分别解释其原理并且说明其优缺点。

4. 智能交通系统下视频测速实现原理是什么？

5. 请简述轨道数据采集系统的结构。

6. 智能交通系统的未来发展是什么？

8. 自动驾驶汽车应包括哪三大系统？其中，智能感知系统主要需要感知哪些信息？

9. 常用的车辆定位技术有哪些？

10. GPS 是怎么构成的？又是怎样实现对车辆的导航的？

11. 车辆在实际行驶中，采用卫星定位和惯性导航定位各有什么缺点？

12. 智能驾驶技术未来的发展方向是什么？

参 考 文 献

[1] 吴燕. 物联网技术在智能交通系统架构中的应用[J]. 自动化与仪器仪表，2016(6)：131-132.

[2] 蒋晟. 物联网传感技术在智能交通领域中的应用[J]. 内燃机与配件，2018(11)：232-233.

[3] 于春和，杜梦麒. 基于智能交通系统下视频监测技术的研究[J]. 通信电源技术，2020，37(9)：42-44.

[4] 孙静. 人工智能与智能交通的交叉融合[J]. 信息与电脑，2019(1)：139-141.

[5] 张溪. 大数据下智能交通系统的发展综述[J]. 信息与电脑，2019(1)：17-19.

[6] 李敏强，寇纪淞. 遗传算法的基本理论与应用[M]. 北京：科学出版社，2002.

[7] 杨博文. 智能交通系统的研究现状及发展趋势分析[J]. 中国设备工程，2019(2)：121-122.

[8] 陆化普. 智能交通系统主要技术的发展[J]. 科技导报，2019，37(6)：27-35.

[9] 谭慧芳. 中国智能交通系统的现状和发展对策[J]. 中小企业管理与科技(上旬刊)，2019(01)：43-44.

[10] 梁彪，邹涛. 基于 RFID 技术的城市交通数据采集系统分析[J]. 公路交通科技（应用技术版），2020，16(10)：381 – 383.

[11] 解艳. 基于 LabVIEW 的轨道交通数据采集系统设计与实现分析[J]. 电子设计工程，2019，27(15)：82 – 85.

[12] 许津，邱亚宇，兰天雯，等. 一种自动驾驶汽车的系统构造[J]. 内燃机与配件，2022，350(2)：230 – 232.

[13] 王艺帆. 自动驾驶汽车感知系统关键技术综述[J]. 汽车电器，2016，320(17)：4 – 5.

[14] 赵祥模，承靖钧，徐志刚，等. 基于整车在环仿真的自动驾驶汽车室内快速测试平台[J]. 中国公路学报，2019，32(6)：124 – 136.

[15] 孟祥雨，张成阳，苏冲. 自动驾驶汽车系统关键技术综述[J]. 时代汽车，2019(17)：4 – 5.

[16] 王涔宇，张平. 汽车自动驾驶关键技术分析[J]. 汽车实用技术，2021，46(23)：20 – 22，29.

[17] 蔡思，高丽洁. 自动驾驶汽车环境感知系统的研究[J]. 汽车零部件，2021 (11)：105 – 107.

[18] 李彦君. 摄像机的工作原理与拍摄技巧[J]. 办公自动化，2013(4)：61 – 62.

[19] 黄志强，李军. 无人驾驶汽车环境感知技术研究[J]. 装备机械，2021(1)：1 – 6.

[20] 张春蓉. 激光雷达在自动驾驶中的技术应用[J]. 产业与科技论坛，2021，20(21)：35 – 36.

[21] 景亮，赵程，燕玲，等. 基于毫米波雷达的城市轨道交通全自动运行设计与探索[J]. 智能城市，2021，7(16)：7 – 10.

[22] 许晖. 迷人的小眼睛 MINIEYE I-CS 座舱感知方案[J]. 汽车之友，2021 (21)：84 – 89.

[23] 伍小兵. 汽车 GPS 全球卫星定位系统应用分析[J]. 硅谷，2012(4)：8.

[24] 谭鹏辉. 惯性导航技术介绍及应用发展研究[J]. 科技视界，2016 (12)：151，172.

[25] 富立，范耀祖. 智能航迹推算系统的研究[J]. 航空学报，2000，21(4)：299 – 302.

[26] 徐文轩，李伟. 无人驾驶汽车环境感知与定位技术[J]. 汽车科技，2021(6)：53 – 60.

[27] 黄东凤. 人工智能在汽车驾驶技术领域的应用与发展[J]. 时代汽车，2022 (01)：42 – 43.

[28] 屈艺多，胡琳. 智能驾驶技术的现状与未来发展趋势[J]. 电子技术与软件工程，2019(11)：243.

[29] 林苏云. 脑机接口技术及其在智能家居中的应用[J]. 电子技术与软件工程，2021 (16)：135 – 137.

第10章 智能机器人信息感知系统

智能机器人的感知系统相当于人的五官和神经系统，是机器人获取外部环境信息及进行内部反馈控制的工具。感知系统将机器人的各种内部状态信息和环境信息从信号转变为机器人自身或者机器人之间能够理解和应用的数据、信息甚至知识，它与机器人控制系统和决策系统共同组成机器人的核心。

10.1 智能机器人系统概述

10.1.1 智能机器人的发展过程及应用

1. 智能机器人的发展过程

1956 年，明斯基提出了他对智能机器的理解：智能机器能够创建周围环境的抽象模型，一旦遇到问题，便能够从抽象模型中寻找解决方法。此外，智能机器人还有一些其他的定义：智能机器人是一种自动化的机器，与一般机器不同的是这种机器具备一些与人或其他生物相似的智能能力；智能机器人是具有感知能力、规划能力、动作能力和协同能力的一种高度灵活的自动化机器；智能机器人是一种可被编程，能根据传感器输入来执行动作或者作出选择的智能机器。

第一代机器人的全称为可编程再现型机器人，这种机器人在外界环境变化时不能做出自主调整，只能按照给定的程序进行机械性重复工作。第二代机器人是具有一定感知与自适应能力的离线编程机器人，区别于第一代机器人，它可以根据外界的变化在一定范围内自行调整程序。虽然第二代机器人还没有成熟的自动规划能力，但是已经开始向智能化方向发展并能够满足实用需要。第三代机器人为本章主要讨论探究的机器人——智能机器人。智能机器人属于人工智能时代的产物，它具有感知、识别、推理以及判断的能力。智能机器人能够通过各种传感器实时识别与测量周围的物体，此为感知和识别能力；同时，它也可以根据环境的变化来调节自身的参数以及动作策略，也就是通过对识别到的信息进行分析，作出推理和决策；此外，智能机器人还可以处理一些紧急情况。智能机器人具有一系列良好的特性：① 自主性，它可以在特定的环境中，不依赖任何外部控制，无须人为干预，完全自主地执行特定的任务，如救援机器人可以自主探索未知环境；② 适应性，它可以实时识别和测量周围的物体，根据环境的变化调节自身的参数，调整动作策略，以及处理紧急情况，如足球机器人之间可进行协作和动态避障；③ 交互性，机器人可以与人、外部环境或其他机器人进行信息交流，如个人娱乐服务机器人的语音交互能力；④ 学习性，机器人在自主感知环境变化的基础上，可以形成和进化出新的活动规则，自主独立地活动和处理问题；⑤ 协同性，在实时交互的基础上，机器人可以依据需求和任务实现机机协作和人机协同。

2. 智能机器人的应用

智能机器人在经济社会的各大领域中都有广泛应用。下面从军事、工业、医疗、教育几个方面做具体介绍。

在现代战争中，如何将士兵的伤亡率降到最低是各国都在研究的军事课题。因此未来军事发展的一大趋势就是利用智能机器人代替士兵作战。就目前而言，军事智能机器人能够完成搜索、监视、排爆、破障、攻击目标、运送物资、救助伤员等一系列作战任务，它们相比人类士兵更加精密、轻便、灵巧、抗毁、抗摔、抗打且能力更强。其中，无人机是军事智能机器人的典型代表，它已经成为常规性军事武器，在战场上主要起着对地打击、侦察监视敌方军情、干扰信号通信、战场通信等重大作用，有着举足轻重的地位。

在工业领域中，机械性的重复工作对于机器人而言并不是一件难事，第一代机器人就足以胜任。但是面对工业中杂乱无序的环境时，机器人便不能依靠设定好的程序正常工作，而智能机器人能够对周边的环境进行分析，并能根据当前环境作出较好的决策，从而更好地适应复杂的工厂环境。如图 10.1 所示的 AGV 物流小车是智能机器人在智能工业中的典型代表。AGV 物流小车是指能够根据工厂的实际情况生成通往目的地的最佳路径，并沿着最佳路径行驶的智能搬运车，其应用非常广泛。

图 10.1 AGV 物流小车

医疗作为民生福祉的重要一环，与智能机器人的结合尤为重要，其发展也备受关注。智能机器人能有效地帮助医生进行一系列医疗方面的诊断或辅助治疗。例如，术后康复是一个漫长而痛苦的过程，最新研制的医用外骨骼就可以用于术后恢复过程。外骨骼机器人作为一种特殊的可穿戴的机电一体化装置，通过非刚性连接套装固定在人体外部，并利用高功率密度的驱动装置驱动外骨骼的变形，从而辅助人类肢体运动。外骨骼机器人是一种柔性、智能驱动系统，可以减轻患者的痛苦，加快康复进程。

教育也同样是人们非常关心的问题。近年来，中国教育质量不断提升，素质教育在中国的呼声越来越高，传统的填鸭式教育模式正被学生与老师摒弃，而包含创新、合作共享等重要科学素养的教育形式正逐渐被广大学校和家长重视。在这种变革下，结合了人工智能的智能教育机器人应运而生，其目的是利用人工智能为每个学生创造良好的学习体验。智能教育机器人可充当家庭老师的角色，实现智能教育、成长陪护、开发益智、作业辅导、离线授课等多种功能。智能教育机器人还拥有自主判断、智能识别、优化决策等功能，能够根据不同学生的不同情况制订出不同的学习计划。同时，智能教育机器人拥有一定的学习能力，能够不断更新和记录学生的学习情况，进而不断跟进学生的学习进程，并能结合上述数据分析学生学习中遇到的困难与瓶颈。最终，通过不断调整智能教育机器人教学的方式与策略，达到智能教导学生的目的。

10.1.2　智能机器人系统的构成及功能

　　机器人发展到今天，主体框架结构已经落实。智能机器人系统包括三大部分六个子系统，其中，三大部分是指机械部分、传感部分和控制部分，六个子系统是指驱动系统、机械结构系统、感受系统、机器人-环境交互系统、人机交互系统和控制系统。

　　驱动系统就是为了使机器人运行起来，给各个关节即每一个运动自由度安置的传动装置。驱动系统既可以是液压传动、气动传动、电动传动或是把它们结合起来应用的综合系统，也可以是直接驱动或者是通过同步带、链条、轮系、谐波齿轮等机械传动机构进行间接驱动。

　　机械结构系统包括机身、臂部、手腕、末端操作器和行走机构等部分。每个部分都有若干个自由度，构成一个多自由度的机械系统。若基座具备行走机构，则构成行走机器人；若基座不具备行走及腰转机构，则构成图10.2所示的单机器人臂。手臂一般包括上臂、下臂和手腕三部分。末端操作器是直接装在手腕上的一个重要部件，它可以是二手指或多手指的手爪，也可以是喷漆枪、焊具等作业工具。

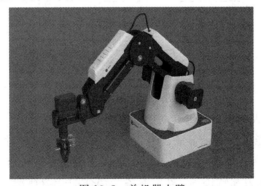

图 10.2　单机器人臂

　　感受系统包括内部传感器模块和外部传感器模块，其作用是获取内部和外部环境状态中有价值的信息。传感器的使用，使得机器人的机动性、适应性和智能化水平得以提高。虽然人类的感受系统对感知外部世界信息是极其灵敏的，但对于一些特殊的信息，传感器比人类的感受系统更准。

机器人-环境交互系统的作用是实现工业机器人与外部环境中的设备的相互联系和协调。可以将工业机器人与外部设备集成为一个功能单元，如加工制造单元、焊接单元、装配单元等；当然，也可以将多台机器人、多台机床或设备、多个零件存储装置等集成为一个能够执行复杂任务的功能单元。

人机交互系统的作用是使操作人员参与机器人控制并与机器人进行联系。

控制系统的作用是根据机器人的作业指令程序以及从传感器反馈回来的信号，控制机器人的执行机构去完成规定的运动和功能。如果机器人没有信息反馈功能，则为开环控制系统；如果机器人具备信息反馈功能，则为闭环控制系统。按照控制原理的不同，控制系统还可分为程序控制系统、适应性控制系统和人工智能控制系统；按照控制运动形式的不同，控制系统可分为点位控制和轨迹控制。

由于智能机器人的用途不同，其系统结构和功能也千差万别。图 10.3 是工业用智能机器人系统的基本构成。

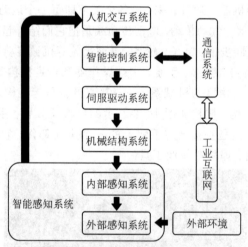

图 10.3　工业用智能机器人系统的基本构成

以工业应用的机器人为例，介绍其功能，具体如下。

（1）感知能力。智能机器人最显著的智能特征是具有对内和对外的感知能力。内部感知系统由一系列用来检测机器人本身状态的传感器构成，可实时监测机器人各运动部件的位置、速度、加速度、压力和轨迹等，并监测各个部件的受力情况、平衡状态、温度等。外部环境感知能力是通过外部感知系统来实现的，该系统通过一系列外部传感器进行传感信息处理，实现控制与操作。这些传感器包括碰撞传感器、远红外传感器、光敏传感器、麦克风、光电编码器、热释电传感器、超声传感器、连续测距红外传感器、数字指南针、温度传感器等。外部感知系统和内部感知系统构成了完整的机器人智能感知系统。智能感知系统中使用的传感器的种类和数量越来越多，每种传感器有一定的使用条件和感知范围，并且能给出环境或对象的部分或整个侧面的信息。

（2）控制能力。智能机器人的系统控制能力是通过智能控制系统实现的，该系统的任务是根据机器人的作业指令程序以及从内外部传感器反馈回来的信息，经过知识库和专家系统辨识并应用不同的算法分析和决策，进而发出控制指令，支配机器人去完成规定的运动和功能。如何分析处理这些信息并作出正确的控制决策，这需要专家系统的支持。专家系统解释从传感器采集到的数据，推导出机器人状态描述，从给定的状态推导并预测可能出现的结果，通过运行状态的评价，诊断出系统可能出现的故障。按照系统设计的目标和约束条件，规划设计出一系列的行动，监测所得的结果与计划的差异，提出维护系统正确运行的方法。人工智能系统与传统控制方法相结合，形成整个闭环控制过程，这需要大量的知识、规则、算法、模式识别等技术的支持。

（3）学习能力。随着对智能机器人的要求不断提高，机器人所面临的环境通常无法预知，非结构化环境成为主流。在动态多变的复杂环境中，机器人如果要完成复杂的任务，其学习能力就十分重要。在这种情况下，机器人应当根据所面临的外部环境和任务，通过学习不断地调节自身，在与环境交互的过程中抽取有用的信息，使之逐渐认识和适应环境。通过学习可以不断提高机器人的智能水平，使其能够应对一些意想不到的情况，从而弥补设计人员在设计过程中造成的可能存在的不足。因此，学习能力是机器人应该具备的重要能力之一，它为处于复杂多变环境下的机器人在理解环境、规划与决策等方面提供了有效保障，从而提高了整个机器人系统的运行效率。

（4）接入工业互联网的能力。智能机器人和其他智能产品一样，未来都要成为工业互联网的一个终端，因此智能机器人要具备接入工业互联网的能力。利用信息物理融合系统（CPS）的原理构建通信系统模块，对内与智能控制系统集成，采集机器人的所有运行状态；对外通过标准现场总线和以太网卡接入互联网，实现机器人之间、机器人与物流系统之间、其他应用系统之间的集成，实现物理世界与信息世界之间的集成。智能物联系统打破了传统物理世界和信息系统的界限，将数据变成及时而有用的信息，让用户充分享用虚拟和现实世界的各种资源。

10.1.3　智能机器人系统的多传感器信息融合

人类获取信息的方式有 5 种，即视觉、嗅觉、味觉、听觉和触觉，而机器人则是通过传感器得到这些感觉信息的。因此一个完备的智能机器人信息感知系统应包括立体视觉传感器系统、听觉传感器系统、触觉传感器系统、测距传感器系统、力和力矩传感器系统等。

对于人类来说，视觉是获取信息最直观的方式，人类 75% 以上的信息都来自视觉。对于智能机器人来说，视觉处理一般包括三个过程：图像获取、图像处理和图像理解。而在触觉方面，机器人的触觉传感器系统不可能实现人体全部的触觉功能，其触觉的研究集中在扩展机器人所必需的触觉功能上。一般地，把检测、感知和由于外部直接接触而产生接触、压力、滑觉的传感器，称为机器人触觉传感器。另外，机器人只有拥有听觉，才能与人进行自然的人机对话，从而听从人的指挥。达到这一目标的决定性技术是语音技术，它包括语音识别和合成技术两个方面。机器人嗅觉系统通常由交叉敏感的化学传感器阵列和适当的模式识别算法组成，可用于检测、分析和鉴别各种气味。而海洋资源勘探机器人、食品分析机器人、烹调机器人等还需要用味觉传感器进行液体成分的分析。

对各种感官获取的信息进行综合、对周围的环境和正在发生的事件进行估计是人类的基本本能，但对于机器人来说融合各个传感器感知的信息不是一件易事。要想有效地利用多个传感器完成一些高难度运作，那么就要将同一类型或者不同类型的传感器一起置于机器人的传感器系统里。多传感器通常会造成信息丢失和机器人的决策失误等问题，其原因大多是各个不同的传感器对采集的信息只做了单一的处理和判断。为解决该问题，可利用现有的信息，让处于相同外界环境下的多个传感器系统依据外界环境信息进行计算、分析与融合。

多传感器信息融合是指模仿人类专家的综合信息处理能力，将来自多传感器或多源的信息和数据进行智能化处理，从而获得更全面、准确和可信的结论。信息融合可以视为在一定条件下信息空间的一种非线性推理过程，即把多个传感器检测到的信息作为一个数据空间的信息 M，推理得到另一个决策空间的信息 N，信息融合技术就是实现 M 到 N 映射的推理过程，其实质是非线性映射。常见的多传感器信息融合的算法如图 10.4 所示。图 10.5 表明了信息融合过程包括传感器感知、A/D 转换、预处理、特征提取、信息融合和输出结果。

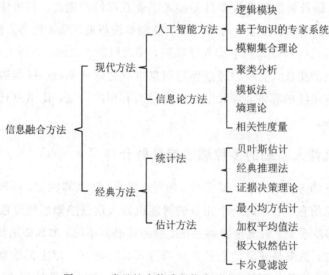

图 10.4　常见的多传感器信息融合的算法

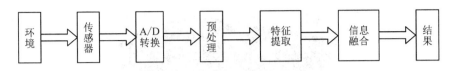

图 10.5　多传感器信息融合处理过程

10.2　智能机器人系统数据采集及传输

10.2.1　智能机器人系统中的典型传感器

1. 关键传感器

传感器是一种常见的却又很重要的器件，它是能够感受规定的被测量并按一定规律将其转换为有用信号的器件或装置。在机器人中起主要作用的几种关键传感器包括视觉传感器、磁性角度位置传感器、存在传感器、手势传感器、力扭矩传感器和电源管理传感器等。下面对这些传感器进行介绍。

1）视觉传感器

视觉传感技术近年来发展较快，目前在三维重建、人脸识别、多机联合等领域的应用已经非常成熟。视觉传感器采集的图像由处理器进行处理，提取出对特定任务有用的信息。视觉传感器主要包括各种摄像机，如 RGB 摄像机、多光谱摄像机和深度摄像机。摄像机中的光敏元件通常是 CCD 或者 CMOS，这些光敏元件利用光电效应原理将光信息转换成电信号，继而转换为数字信号。摄像机可以完成运动物体的检测以及定位等功能。二维视觉传感器已经出现很长时间了，许多智能摄像机可以用于协调工业机器人的行动路线，根据接收到的信息对机器人的行为进行调整。不同类型的摄像机有不同的原理，可以提供不同的信息。RGB 摄像机是人们日常生活中使用最多的一种摄像机，其原理是通过红、绿、蓝 3 种颜色及其组合来获取各种可见颜色。多光谱摄像机能够获取不同波段的图像，包括可见光和不可见光波长，因此可以获得一些 RGB 摄像机无法提供的信息。深度摄像机则将距离信息加入二维图像中，实现了立体成像。三维视觉系统必须通过两台摄像机在不同角度进行拍摄，这样物体的三维模型才可以被检测识别出来。相比于二维视觉系统，三维视觉系统可以更加直观地展现事物，图10.6 为三维视觉传感器的实物图。

2）磁性角度位置传感器

磁性角度位置传感器是服务行业以及工业机器人中使用较为广泛的传感器技术之一。如今，在许多领域中，几乎机器人的每个关节都使用两个或多个磁性角度位置传感器。对于每个运动轴或旋转关节，至少使用一个磁性角度位置传感器。目前许多机器人都使用小型但功能强大的无刷直流电动机（BLDC）来移动机器人的关节和四肢。为了正确驱动电动

图 10.6　三维视觉传感器

机，需要电动机位置反馈。另外，机器人关节的闭环电机控制也需要关节齿轮角度位置反馈。因此，对于机器人关节，在每个运动轴上都需要两个磁性角度位置传感器，磁性角度位置传感器能向联合电动机控制器提供电动机换向反馈。例如，对于需要在俯仰和滚动中都进行轴向运动的机器人脚踝，总共使用四个磁性角度位置传感器。通过每个关节具有这种类型的多重连接，以及对大多数机器人所需的大量关节的认识，就明白为什么磁性角度位置传感器在机器人产品中的使用如此广泛。图 10.7 是带有磁性角度位置传感器的机械臂。

图 10.7　带有磁性角度位置传感器的机械臂

3) 存在传感器

如今，存在传感器技术也被集成到机器人中，并且它们的信息被融合在一起，以提供机器人空间视觉感测以及物体检测和躲避的能力。2D 和 3D 立体视觉摄像头普遍出现在许多新型消费者和专业服务机器人中。并且，包括光检测和测距传感器（LiDAR）在内的飞行时间传感器等新的先进传感器技术也越来越多地部署在机器人中。LiDAR 提供了机器人在操作的空间和周围环境的高分辨率 3D 映射，以便它可以更好地执行任务并四处移动。类似地，超声波传感器被用于存在检测。像汽车中用于安全警报系统的对等设备一样，机器人中的超声波传感器用于检测附近的障碍物，并防止它们撞到墙壁、物体、其他机器人和人类。因此，超声波传感器在近场导航和避障方面发挥着重要作用，最终使得机器人性能和安全性得到改善。但是，超声波传感器能检测到物体的范围有限，从一厘米到几米不等，并且最大方向大约为30°。它们的成本相对较低，并且在近距离范围内具有良好的精度，但是其精度会随着范围和测量角度的增加而下降。它们还容易受到温度和压力变化的影响，并且容易受到其他近距离机器人的干扰，但这些机器人可以使用调谐到相同频率的超声波传感器，当与其他存在传感器结合使用时，它们可以提供有用且可靠的位置信息。当所有这些存在传感器（2D/3D摄像头、激光雷达和超声波传感器）的数据融合在一起时，正如我们在高端消费、专业服务机器人和工业机器人中所看到的那样，这些机器人能够实现空间感知、移动和执行更复杂的任务，而不会伤及自己、他人或周围环境。

4) 手势传感器

手势传感器也越来越多地集成到一些复杂的机器人中，以帮助提供用户界面命令。手势传感器具备三大特点：① 非接触式操作：基于光学技术，能准确识别手势，有效感应距离最高可达20 cm；② 抗干扰力：环境自适应识别算法自适应环境，抵抗环境光干扰能力强；使用带校验的通信协议，提高了通信抗干扰能力；③ 体积小，操作灵活：可通过串口配置部分功能；可通过指令控制进入和退出功耗模式。手势传感器技术包括光学传感器和机器人操作员佩戴的控制臂带传感器。使用基于光学的手势传感器，可以训练机器人识别特定的手部动作并基于特定的手势或手部动作执行某些任务。这些类型的手势传感器在家庭或医院为具有有限沟通能力的残疾人以及智能工厂提供了许多机会。使用臂带控制传感器，佩戴者可以根据操作员如何移动和打手势来进行通信和控制协作，以模仿和执行某些任务。例如，外科医生在每条手臂上都戴上臂章传感器，可以控制一对远程医疗机器人手臂进行手术，甚至远至地球另一侧。图10.8为手势传感器示意图。

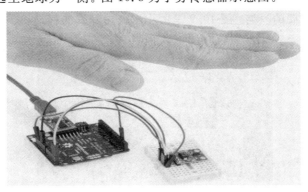

图10.8　手势传感器示意图

5）力扭矩传感器

力扭矩传感器也越来越多地用于下一代机器人中。力扭矩传感器不仅可以用于机器人的末端执行器和夹具，而且还可以用于机器人的其他部分，例如躯干、手臂、腿部和头部。这些特殊的力扭矩传感器用于监视肢体运动速度，检测障碍物并向机器人的中央处理器提供安全警报。例如，当机器人手臂中的力扭矩传感器检测到由于手臂撞击物体而产生的意外的力时，其安全控制软件可能会控制手臂停止运动并缩回其位置。力扭矩传感器还可以与存在传感器以及其他安全监视传感器（例如环境传感器）配合使用，以提供总体安全区域监视功能。

6）电源管理传感器

电源管理传感器已经被集成到自动机器人中，以帮助延长机器人在两次充电之间的工作时间，并确保锂离子电池（自动机器人中最常见的电池）在使用时不会过热充电或耗尽。电源管理传感器还用于电压调节以及机器人关节电机的电源和热管理领域。所有机载机器人电子设备（例如微处理器、传感器和执行器）都需要低噪声、低纹波电源和调节功能，以确保它们高效且正确地工作。用于机器人电源管理的最新传感器解决方案包括管理电池放电和充电的库仑计数，用于电压调节器的精确可靠的过热监控传感器以及电池管理设备中的电流传感器。由于所有这些新传感器技术的集成和融合，最新机器人可以更加独立和安全地运行。此外，由于机器人在计算能力、软件和人工智能方面的显著改进，并且与这些新的传感器技术协同工作，下一代机器人可以更轻松地适应各种应用需求。而且，他们可以比前任更准确、更快地执行任务。最后，他们可以在更广泛的家庭、企业和制造环境中与人类协作。

2. 扫地机器人中的传感器

扫地机器人已经成为许多用户家中常备的智能硬件产品，用于家庭烦琐的清扫工作，是智能家居产品中重要的一类。图 10.9 是由小米公司开发的扫地机器人产品。自 1997 年

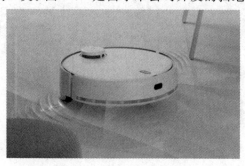

图 10.9　小米扫地机器人

第一代商用的扫地机器人在瑞典诞生以来，随着技术的发展，扫地机器人进行了多次更新，从原来的单滚刷设计，到现在的规划式扫描定位清扫，尤其在传感器和算法不断更新升级后，扫地机器人变得更智能。扫地机器人能够应对复杂的室内环境，并且可以规划自己的行动路线，同时还可以自动规避室内障碍物，好像有双眼睛一样，而这些都离不开传感器的加持。下面将结合扫地机器人对机器人中的传感器进行介绍。

1）激光雷达

建立精确的室内地图，规划打扫路线，主要依赖激光雷达，该传感器通常安装在扫地机器人的头部。通过激光照射到障碍物后得到的信息进行精准测距，绘制完整的室内图谱，规划路线。添加激光雷达后，扫地机器人可以拥有更精准的定位，即便是在无光环境下也能进行定位。当然安装激光雷达后也有两个缺点，一是需要频繁转动探测室内环境，这使得激光雷达容易损耗；二是无法探测到落地窗、落地镜、花瓶等高反射率物体。

2）红外光电传感器

安装这一传感器的目的是方便检测溶液。例如，地上有一团污渍，但打扫完成后不知道是否清扫干净；此时可以采用一定波长的红外发光二极管作为检测光源，通过检测地面上污渍的透射光强来检测溶液的浑浊度，最终帮助扫地机器人判断是否清扫干净。除此之外，红外光电传感器还能帮助扫地机器人避障，当检测到障碍物时，扫地机器人会自动减速轻触障碍物，并判断障碍物是否为窗帘、流苏等可通过的障碍物，尽可能在完全打扫的同时，保护智能设备与家居的安全。

3）PSD 位置传感器

该种传感器是一种能测量光点在探测器表面上连续位置的光学探测器，是一种新型的光电器件，又被称为坐标光电池。它是一种非分割型器件，可将光敏面上的光点位置转化为电信号。PSD 位置传感器作用在扫地机器人上，主要的目的是让其沿着墙壁发射出经过调制的红外光，从而令扫地机器人在墙边及经过障碍物时与墙面或障碍物进行更好的贴合，确保清扫没有死角。

4）压力传感器

扫地机器人被闲置的原因有很多，最主要的原因是滤网阻塞、尘盒清理麻烦等。滤网的堵塞会降低吸尘效率，而频繁更换滤网又会增加成本和劳动力，同时尘盒的过满也会影响吸力、降低清洁效率，因此如何精准判断滤网阻塞程度和尘盒空置程度就十分必要。通常扫地机器人使用光电检测等方式来粗略地判断尘盒的空置程度，但这种方式无法反映滤网阻塞的情况。而使用压力传感器可以更精准地监测滤网阻塞及尘盒的状态，方便实时地更换滤网或清扫尘盒并调整吸力。当然压力传感器还可以用来检测尘盒是否归位，避免在不装尘盒设备的情况下进行空转。

5）防跌传感器

加装防跌传感器，主要是为了增强扫地机器人在清扫过程时的方向性与防跌落性。该传感器的作用主要是进行测距，测量扫地机器人与边缘之间的距离，当距离缩短至临界值时，便停止前进或者调转另一个方向，从而实现防跌落的效果。当然，如果要更精确地避免扫地机器人跌落，还需要搭配陀螺仪及加速度传感器，以判断扫地机器人的运行状态。同时为了更进一步判断周围到底是悬崖，还是只是高一点的地毯，还需要搭配一个地毯识别传感器，通常采用超声波分辨，如果识别出是地毯，则会将扫地机器人切换成大吸力的模式。

6）回充传感器

许多扫地机器人已经可以在快没电时或者任务完成后回到充电处，这主要应用了回充传感器的功能。在扫地机器人中，回充传感器通常位于正前方，由多组红外接收器组成，可以精准锁定充电座指引信号，大幅提升回充效率。当电量过低时，控制器会向红外线发射器发送信号，红外线发射器向四周发射红外线，当充电基座感受到扫地机器人发来的信号时，也会进行反馈信号的发射。扫地机器人接收到充电基座的信号后，控制器便会通过红外线发射的方向找到充电基座，从而自动充电。

10.2.2 智能机器人系统数据交互传输

1. 人机交互

人机交互又称为人机接口、用户界面、人机界面，是一门设计、评估、实施以计算机为基础的系统，从而使这些系统能够较为容易地被人类使用的科学。

人与机器人之间的交互实现了人与计算机系统之间的信息传输，旨在从人的视角开发易用、有效且令人满意的交互式产品。它与认知心理学、计算机科学、用户模型等理论息息相关，是一个交叉研究领域。人机交互技术是指通过计算机输入、输出设备，以有效的方式实现人与计算机对话的技术。人机交互技术包括机器通过输出或显示设备给人提供大量有关信息及提示请示等，人通过输入设备给机器输入有关信息，回答问题及提示请示等。下面介绍一些常用的人机交互方式。

1）触摸式交互

触摸式交互目前应用非常广泛，随着触摸屏手机或电脑、触摸屏相机、触摸屏电子广告牌等等的广泛应用与发展，触摸屏与人们的距离越来越近，并且由于其便捷、简单、自然、节省空间、反应速度快等优点，触摸屏被人们广泛接受，成为时下较为便捷的人机交互方式之一。其中最火爆的触摸方式还要属多点触摸方式，多点触控技术是一种新兴的人机交互技术，在同一个应用界面上，没有鼠标、键盘，而是通过人的手势、手指和其他外在物体直接与电脑进行交互，改变了人和信息之间的交互方式，实现多点、多用户且同一时间直接与虚拟的环境交互，增强了用户体验，达到了随心所欲的境界。传统的触摸屏仅仅支持单点操作，如果多个点同时触碰，则会出现输入混乱的现象。图 10.10 所示的就是常见的触摸式交互。

图 10.10　触摸式交互

2）语音识别

语音识别技术又被称为自动语音识别，其目标是将人类语音中的词汇内容转换为计算机可读的输入，例如按键、二进制编码或者字符序列。不可否认，语音识别是未来人机交互最被看好的交互方式。尤其是针对当下的各种可穿戴式智能设备，通过对话的方式发出命令并产生交互是最高效可行的。语音交互的优势很明显，简单、直接、零学习成本。日常生活中，语言是人与人交流中最常用也是最直接的方式。自然语言对话式的交互，即使是老人和小孩也无须学习。用户可以"无感"地唤醒设备，"无缝"地获取信息、给予指令，毫无生涩和违和感，是较好的智能设备交互方式之一。

3）体感技术

体感技术又可称为动作识别或手势识别技术。体感技术这一概念在游戏领域早有涉及，全球三大游戏厂商均推出过自己的体感控制器，如微软和索尼推出的体感辅助设备Kinect 和 PS Move。从键盘到鼠标再到语音和触摸，再到多点触控，人机交互模式随着其使用人群的扩大和不断向非专业人群的渗透，逐渐回归到一种"自然"的方式。而体感技术的突破则预示着未来的主要发展方向是交互以一种最原始的方式进行。动作感应技术是目前几乎所有互动体感娱乐产品的核心技术，也是下一代高级人机交互技术的核心。动作感应技术主要是通过光学感知物体的位置，通过加速度传感器感知物体的运动加速度，从而判断物体所做的动作，继而进行交互活动。

2. 数据传输

网络机器人是通过因特网对机器人的行为动作给出指令的。由于网络机器人的发展技术还不够成熟，机器人很难完成我们交付的任务，还需要人为地给机器人提供关键性的指导。视频信号是控制人员获取机器人工作状态的最有力的途径，针对当前网络机器人的视频传输技术难题，有两种解决办法：一是基于无线网络技术的传输方法，二是基于 TCP(传输控制协议)/UDP(用户数据报协议)和实时传输协议(RTP)/实时传输控制协议(RTCP)的传输方法。第一种视频传输方法在研究和分析通信协议、无线网络技术和 Socket 通信的基础上，完成了机器人无线网络视频传输系统设计。第二种传输方法运用网络的传输层协议实现了机器人的数字化视频信息传输。

1) 基于无线网络技术的传输

无线网络技术下机器人的视频信号传输主要是通过基于 Socket 通信机制的网络通信完成的。Socket 提供了基于网络环境下进程间通信的一种方法。首先开启服务器系统，调用系统程序的建立函数、通信连接函数、接受请求函数、发送函数和接收函数。建立函数的作用是创立一个通信套接字，为通信做好准备；通信连接函数的作用是利用 Socket 通信，在两台计算机之间建立起通信，通信时间的长短取决于希望建立通信的计算机的个数，一般情况下个数为 5 个。之后就调用接受请求函数来同意请求，从而建立连接；连接建立后，两台计算机之间就可以通过调用发送函数和接收函数来发送和接收数据。客户端和服务器是处在同一地位的，数据传送结束后，双方都调用关闭函数关闭套接字。

无线网络技术下的信号传输利用编程软件，通过编写 Socket 通信的代码来完成程序的初步设计。在编写代码之前，要先用机器人的摄像头录下视频信息，再用 Socket 建立起操作人员和机器人的联系，并实现视频数据的传输。信号传输过程中，机器人为主端，控制对象为从端。首先通过机器人身上的视觉采集器对机器人的视野信息进行捕捉，最初捕捉到的视频信息是模拟的，通过模/数转换器转换成数字形式的视频信号，此时的视频格式不能兼容，还要将图像格式进行修改，最终修改成 MJPEG 标准格式。之后视频数据通过无线发射模块转换成无线信号。这样，通过网络，机器人内部的芯片就会接收这个信号，接收完毕后，信息就会通过 Socket 传输到计算机上，操作人员就会在计算机上看到机器人的实时视频图像。

计算机服务器端的实现主要由硬件初始化和套接字、服务器端初始化和发送数据三个部分组成。具体实施过程为：启动服务器，建立 Socket 通信和套接字，时刻探测网络状态，如果网络状态良好，则启动连接，运用多线程技术的并发性，一部分线程在机器人的芯片里通过 Socket 传输给操作人员，另一部分线程在传输过程中对视频信息进行整理。整理完毕之后，操作人员打开计算机就会看到机器人的实时视频图像。

2) 基于 TCP/UDP 和 RTP/RTCP 的传输

若利用 TCP/UDP 传输视频信号，则需要用户连接，即需要连接的两个用户间通过请求连接信号，建立通信信道。在信道建立完毕后，用户就可以在信道上进行视频信号数据传输了。但要注意的是，这条信道在传输完毕后就要暂停使用，在经过一段休整期后才能继续使用。该方案的优点是不会发生数据丢失的情况，通信的用户间通信情况良好。在数据传输时，用户间的通信情况决定了能否进行新一轮的数据传输。如果发送方和接收方的通信状态较差，将取消这次传输。它提供面向发送方与接收方的视频传输，不是断断续续的，是连续性的。另外，它还能控制网络视频传输时所耗费的数据流量，传输的流量取决于本地网络的地址稳定性。最后，TCP 传输是相互的，用户间可以同时相互传递信息。由于信息传输需要的连接步骤较为复杂，所计入的成本也较高，普通用户不会使用。由于传输层中的另一个协议 UDP 是面向无连接的，因此方便用户使用。用户可以不用打开负反馈功能，直接通过使用网络 UDP 协议层的端口将所要传输的视频数据发往另一台主机，因此 UDP 传输的范围很广，途径很多，而且不存在延误传输的可能性。此外，UDP 传输数据是按照依次录下的顺序开始的，彼此的记录间要有间隔。然而 UDP 也有两面性，它在进行视频传输时可能会发生错误，会出现数据乱序的可能。而且数据流越大，某些重要的数据越可能乱序甚至消失，从而影响了视频传输的实时性和准确性，所以 UDP 主要适用于较短视频数据的实时传输。

RTP 是针对 Internet 上多媒体数据流的一个传输协议，RTCP 负责管理传输质量，在当前应用进程之间交换控制信息。机器人在 RTP/RTCP 下传输视频信号的过程中，RTP 的运行顺序要先于 UDP，RTP 本身是一个独立的传输层，不存在与下一个传输层建立连接，因此可以兼容与之匹配的其他传输层建立协议，与它们一起被实行。在运行传输程序时，所编写的代码要包含 RTP 的运行代码。在控制端，操作人员在写程序的代码时，必须把 RTP 的执行程序写入运用 RTP 的总程序里，然后编写连接的代码，使 RTP 程序与 UDP 的网络接口建立连接，构成通信道路。这样在接收端，RTP 信息就可以进入机器人的内部芯片里，因此开发人员必须在机器人芯片上编写允许 RTP 进入的程序代码。与 RTP 有密切关系的 RTCP 可以让接收方向 RTP 的发送方进行信息的应答，并监测 QoS。为了将 RTP 数据传输的准确性做到最好，需要 RTCP 信息为应用程序找到本地网络的最准确的信息，从而使网络资源起到重要的作用，达到最佳的资源利用率，使传输更加实时准确。运用 RTCP 的机器人会周期性地向操作人员发送视频信息，该信息详细记录了机器人的实时工作状况，操作人员可以通过视频信息及时对机器人的运行程序以及工作参数进行修改。

3. 交互评价指标

能够进行各种任务而无须人为干预的自主机器人是最终的机器人设计目标。具体来讲，我们希望当我们有需求时机器人能够完成我们期望的任务，而不是它们主动地完成任何它们想要的东西。因此，在真正的 AI 出来之前，我们在技术边界内设计机器人的实际且有意义的目的是：通过机器人的自动能力来平衡人类的注意力（劳动力）。下面将介绍几个用来评估机器人是否高效的指标，以指导人机交互的设计。

（1）任务完成力。任务完成力是对任务实际执行情况的一个衡量标准。不同任务类型的机器人有不同的任务完成力。例如，在物流机器人的驾驶和导航任务中，可认为任务完成力是"从 A 点到 B 点所需的时间"。在楼内服务机器人的搜索任务中，我们可以测量找到所有目标的时间或统计在给定时间内发现的目标数量。在安防机器人的攻击任务中，我们可能需要测量目标被破坏和损失的程度。对于设计团队和产品经理来讲，评估机器人交互的第一步就是确定核心任务，并根据最核心的任务设计出评估指标。

（2）独立时间。独立时间是当机器人被用户忽略时，机器人执行任务的能力随着时间的推移而下降的程度。通常情况下，任务完成力和时间之间存在如图 10.11 所示的特征曲线。该曲线显示，机器人当前的任务完成力随着用户上次注意机器人的时间推移而下降。例如，对于开放空间的导航问题，我们可以将当前任务完成力定义为机器人朝着目标

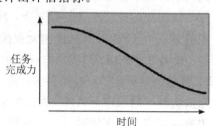

图 10.11　任务完成力与时间特征曲线

迈进的速度。用户忽视它的时间越久，自主前进的能力就会越差。

（3）任务复杂度。该指标较为简单，以巡逻机器人为例，在一个道路复杂、行人较多的环境下巡逻时，任务复杂度较高；在一个封闭场合、路障较少的情况下巡逻时，任务复杂度较低。在实际任务场景中，传感器错误、其他车辆障碍物以及不平坦地形都可能导致任务复杂度增加。

（4）独立能力。在引入任务复杂度这个概念后，我们会发现单独评估独立时间是没有意义的，于是引入了"独立能力"这个概念，独立能力曲线如图 10.12所示。如果一个机器人团队的技术较好，机器人的环境感知能力较强，机械结构不易宕机，轮式自控覆盖路形广，则可以有效提高机器人的独立能力。对于产品经理和设计师来说，如何在团队的技术能力范围内有效地利用独立能力来完成更多的复杂任务是需要着重考虑的。

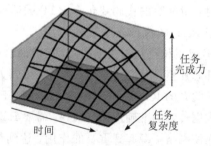

图 10.12　独立能力曲线

10.3　智能机器人系统信息感知技术

10.3.1　智能机器人视觉感知技术

机器人在移动的过程中，需要根据现场环境的三维深度信息，实时地躲避障碍物直至到达最终目标点。机器人的思考过程涉及如下视觉算法：深度信息提取、视觉导航、视觉避障。而这些算法的基础是机器人的视觉传感器。视觉传感器将图像传感器、数字处理器、通

信模块和 I/O 控制单元集成到一个单一的相机内，独立地完成预先设定的图像处理和分析任务。视觉传感器通常是一台摄像机，有的还包括云台等辅助设施。智能机器人采用摄像机作为视觉传感器，但是普通的摄像机无法同时覆盖机器人四周的环境。目前有一种解决办法，即采用 2 自由度云台，利用云台的旋转、俯仰来获得更大的视角范围。但是这种方式有响应速度慢、无法做到实时 360°全方位监视等问题，并且机械旋转部件在机器人运动时会产生抖动，造成图像质量下降、图像处理难度增加的问题。为解决此类问题，有的视觉传感器会使用全景摄像机。全景摄像机是一种具有特殊光学系统的摄像机。它的 CCD 传感器部分与普通摄像机没有什么区别，但是配备了一个特殊的镜头，可以得到镜头四周 360°的环形图像（图像有一定畸变），图像数据经过软件处理后即可得到正常比例的图像。全景摄像机及其环形图像的示例如图 10.13 所示。

图 10.13　全景摄像机及其环形图像

　　依据视觉传感器的数量和特性，目前主流的智能机器人视觉系统有单目视觉系统、双目立体视觉系统、多目视觉系统和全景视觉系统等。

　　（1）单目视觉系统。单目视觉系统只使用一个视觉传感器。由于单目视觉系统在成像过程中是将三维客观世界投影到 N 维图像上的，从而造成了深度信息的损失，这是此类视觉系统的主要缺点。尽管如此，单目视觉系统由于结构简单、算法成熟且计算量较小，在智能机器人中得到了广泛应用，如用于目标跟踪、基于单目特征的室内定位导航等。同时，单目视觉系统是其他类型视觉系统的基础，如双目立体视觉系统、多目视觉系统等都是在单目视觉系统的基础上，通过附加其他手段和措施而实现的。

　　（2）双目立体视觉系统。双目立体视觉系统由两个摄像机组成，利用三角测量原理获得场景的深度信息，并且可以重建周围景物的三维形状和位置，类似人眼的立体视觉功能。双目立体视觉系统需要精确地知道两台摄像机之间的空间位置关系，而且需要两台摄像机从不同角度，同时拍摄同一场景的两幅图像，并进行复杂的匹配。双目立体视觉系统能够比较准确地恢复视觉场景的三维信息，在智能机器人定位导航、避障和地图构建等方面得到了广泛的应用。然而，双目立体视觉系统的难点在于对应点匹配的问题，该问题在很大程度上制约着立体视觉在机器人领域的应用。

（3）多目视觉系统。多目视觉系统采用三个或三个以上摄像机，其中三目立体视觉系统居多，主要用来解决双目立体视觉系统中匹配多义性的问题，可提高匹配精度。多目视觉系统最早由莫拉维克研究，他为"Stanford Cart"研制的视觉导航系统采用单个摄像机的滑动立体视觉来实现。Yachida 提出三目立体视觉系统解决对应点匹配的问题，并指出以边界点作为匹配特征，真正突破了双目立体视觉系统的局限。Ayache 提出利用多边形近似后的边界线段的中点作为特征点的三目立体匹配算法，并将其用到移动机器人中，取得了较好的效果。三目立体视觉系统的优点是充分利用了第三个摄像机的信息，减少了错误匹配，解决了双目视觉系统匹配的多义性，提高了定位精度。如图 10.14 所示，三目立体视觉系统要合理安置三个摄像机的相对位置，其结构配置比双目视觉系统更烦琐，而且匹配算法更复杂，需要消耗更多的时间，实时性更差。

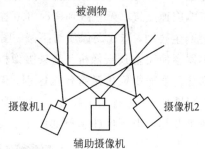

图 10.14　多目视觉测量示意图

（4）全景视觉系统。全景视觉系统是具有较大水平视场的多方向成像系统，突出的优点是可以达到 360°的视场，这是其他常规镜头无法比拟的。全景视觉系统可以通过图像拼接的方法或者通过折反射光学元件实现。图像拼接的方法是指使用单个或多个旋转相机，对场景进行大角度扫描，获取不同方向上连续的多帧图像，再用拼接技术得到全景图。折反射全景视觉系统由 CCD 摄像机、折反射光学元件等组成，利用反射镜成像原理，可以观察360°场景，成像速度快，能达到实时要求，具有十分重要的应用前景，可以应用在机器人导航中。全景视觉系统本质上也是一种单目视觉系统，也无法得到场景的深度信息。其缺点是获取的图像分辨率较低，并且图像存在很大的畸变，从而会影响图像处理的稳定性和精度。在进行图像处理时首先需要根据成像模型对畸变图像进行校正，这种校正过程不但会影响视觉系统的实时性，而且还会造成信息的损失。另外这种视觉系统对全景反射镜的加工精度要求很高，若双曲反射镜面的精度达不到要求，利用理想模型对图像校正则会存在较大偏差。

此外还有混合视觉系统，它吸收各种视觉系统的优点，采用两种或两种以上的视觉系统组合而成，多采用单目或双目视觉系统，同时配备其他视觉系统。

通过智能机器人系统中所配备的视觉系统，机器人内部处理系统可以获取关于外界的多种光学图像数据，并利用图像处理技术实现活动场景的语义分割、目标检测识别及三维场景重建等环境感知任务，为智能机器人系统进行后续的动作规划提供信息支撑。

10.3.2　智能机器人语音交互技术

语音是机器人和操作人员之间的重要交互方式，它可以使机器人按照"语言"执行命令，进行操作。所谓智能语音技术，就是研究人与计算机直接以自然语音的方式进行有效沟通的各种理论和方法，涉及语音识别、内容理解、对话问答等。一般来说，智能语音技术就是利用计算机对语音信息进行自动处理和识别的技术。

智能语音识别技术已发展得相对成熟，应用于较多的场景中，如智能语音助手、智能音箱等。语音信号可以看作一个时间序列，可以由隐马尔可夫模型(HMM)进行表征。语音信号经过数字化及滤噪处理之后，通过端点检测得到语音段。对语音段数据进行特征提取，语音信号就被转换成一个向量序列，其可作为观察值。在训练过程中，观察值用于估计HMM的参数。这些参数包括观察值的概率密度函数及其对应的状态，以及状态转移概率等。当参数估计完成后，估计出的参数即可用于识别。此时经过特征提取后的观察值作为测试数据进行识别，由此进行识别准确率的结果统计。训练及识别的结构框图如图10.15所示。

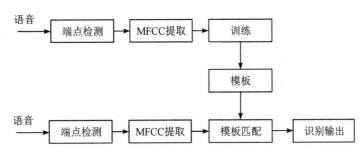

图 10.15　语音识别的结构框图

智能问答是机器人语音交互中的关键环节。机器人智能感知系统不仅需要识别出语音所对应的文字，还需要对其中所包含的深层含义进行正确理解，做出合理的动作或给出对应的回答。智能问答系统是自然语言处理领域中一个经典的模型，它可以用来回答人们以自然语言形式提出的问题。这需要对自然语言语句进行语义分析，包括关系识别、实体连接、形成逻辑表达式，然后到知识库中查找可能的备选答案，再通过排序机制得到最佳答案。

目前国际上的智能问答技术主要采用检索技术、知识网络、深度学习这三大技术。问答系统可分为面向任务的问答系统、面向知识的问答系统和面向聊天的问答系统三类；按照关键技术，问答系统还可以分成基于搜索技术的问答系统、基于协同的问答系统、基于知识库的问答系统。

面向任务的问答系统是一种闭域应用，通常使用基于规则的或基于模板的方法，并采用对话状态跟踪技术。在帮助服务中所使用的槽位填充方法就是一种基于模板的方法。面向知识的问答系统可用于闭域和开放域，通常使用以数据为驱动的信息检索模型。该类方法从问答知识库中查找与提问问题最匹配的知识。最新的研究工作尝试使用基于神经网络的方法实现问题间的匹配。最常用的一种方法是基于知识图谱与信息检索的方法，知识图谱可给出高准确率的问答，并以信息检索为补充。面向聊天的问答系统常用于开放域，使用方法包括信息检索和生成模型。

语音合成也是机器人语音交互中不可或缺的一个环节。在机器人语音交互的语音合成技术的发展历程中，最早由索尼公司提出并采用波形拼接进行语音合成。波形拼接通过音素信息获取必要的音素片数据，并且把音素片数据链接起来，同时根据韵律数据和合成控制参数处理数据，以生成具有相应韵律和音调质量的合成音调数据，但存在占用内存大、耗费人力物力等缺点。紧接着松下、日本电气株式会社相继采用单元选择合成方法进行语音合成，但是单元选择合成方法存在拼接时选择错误单元的情况。谐波加噪声模型也可作为语音分析合成模型，该模型将语音信号看成是各种分量谐波和噪声的加权和，解决了单元选择合成方法中的误拼情况。如今，神经网络模型合成方法成为主流，大大提升了语音合成系统对语音的描述能力。采用深度神经网络模型进行语音合成解决了传统方法中上下文建模的低效率、上下文空间和输入空间分开聚类而导致的训练数据分裂、过拟合和音质受损的问题。

10.3.3　智能机器人导航技术

导航是移动机器人应具备的基本功能，是移动机器人区别于固定式机器人的关键技术之一，也是反映移动机器人实现智能化及完全自主工作的关键技术之一。移动机器人较成熟的导航方式包括磁导航、惯性导航、路标导航、视觉导航等。

磁导航是目前自动导引车（Automated Guided Vehicle，AGV）的主要导航方式，该方式需要在路径及车辆上安装相应的磁导轨及感应器，成本比较高，传感器发射和反射装置的安装与位置的计算也比较复杂，改造和维护非常困难。惯性导航采用陀螺仪检测移动机器人的方位角，并根据从某一参考点出发测定的行驶距离来确定当前位置，通过与已知的地图路线进行比较来控制移动机器人的运动方向和距离，从而实现自主导航。在路标导航系统中，路标就是移动机器人从其传感器输入信息中所能识别出的特殊景物。由于计算机视觉具有信息量丰富、智能化水平高等优点，视觉导航广泛应用于移动机器人的自主导航。视觉导航主要完成障碍物、路标的探测及识别。视觉导航方式具有信号探测范围广、获取信息完整等优点，是移动机器人导航的一个主要发展方向，图 10.16 为视觉导航功能模块图。目前国内外主要采用在移动机器人上安装车载摄像机的基于局部视觉的导航方式。D. L. Boley 等研制的移动机器人利用车载摄像机和较少的传感器识别路标进行导航；

图 10.16　视觉导航功能模块图

A. Ohya 等利用车载摄像机和超声波传感器研究了视觉导航系统中的避障问题等。视觉导航中边缘锐化、特征提取等图像处理方法的计算量大且实时性较差，解决该问题的关键在于设计一种快速的图像处理方法或采取组合导航方式。

障碍物检测和路径规划是机器人导航系统中的两个关键技术任务。人们希望机器人能根据采集的障碍物的状态信息，在行走过程中通过传感器感知妨碍其通行的静态或动态物体，再使用路径规划技术对机器人的移动路径进行合理规划。

目前市面上常见的机器人障碍物检测常使用的传感器包括激光雷达、超声波传感器、红外线传感器。在复杂的场景中往往会配合使用多种传感器实现障碍物的准确检测。激光雷达的检测精确高，抗干扰能力强；而超声波传感器的成本非常低，实施简单，可识别透明物体，缺点是检测距离近，三维轮廓识别精度不好，例如对桌腿等复杂轮廓的物体识别效果不好，但是它可以识别玻璃、镜面等物体。图 10.17 和图 10.18 分别给出了超声波传感器测距和红外线传感器测距的原理示意图。

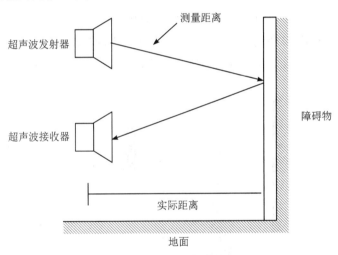

图 10.17　超声波传感器测距原理示意图

移动机器人路径规划需要解决如下三个问题：如何确定当前位置，如何确定目标位置，如何抵达。这三个问题分别对应移动机器人导航中的定位、建图和路径规划功能。定位用于确定移动机器人在环境中的位置。移动机器人在移动时需要一张环境的地图，用以确定移动机器人在目前运动环境中的方向和位置。地图可以是人为提前给定的，也可以是移动机器人在移动过程中自己逐步建立的。而路径规划就是在事先知道目标位置的情况下，为机器人找到一条从起点移动到终点的合适路径，机器人在移动的同时还要避开环境中分散的障碍物，尽量减少路径长度。在路径规划中主要需要考虑效率、准确性和安全性。移动机器人应该在尽可能短的时间内消耗最少的能量，安全地避开障碍物并找到目标。如图 10.19 所示，机器人可通

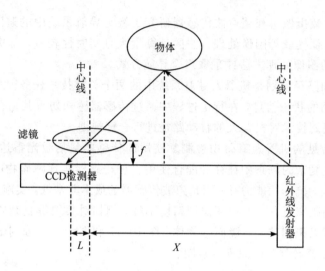

图 10.18　红外线传感器测距原理示意图

过传感器感知自身和周围环境的信息，确定自身在地图中的当前位置及周围局部范围内的障碍物分布情况，在目标位置已知的情况下躲避障碍物，行进至目标位置。

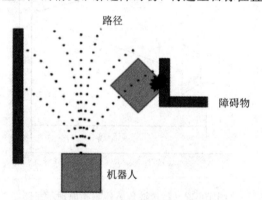

图 10.19　路径规划与运动示意图

　　根据移动机器人对环境的了解情况、环境性质以及使用的算法，路径规划算法可以分为基于环境的路径规划算法、基于地图知识的路径规划算法和基于完备性的路径规划算法，如图 10.20 所示。移动机器人的环境可以分为静态环境和动态环境。在静态环境中，起点和目标位置是固定的，障碍物不会随时间改变位置；在动态环境中，障碍物和目标的位置在搜索过程中可能会发生变化。路径规划还可以分为全局路径规划和局部路径规划。其中，全局路径规划需要知道关于环境的所有信息，根据环境地图进行全局的路径规划，并产生一系列关键点作为子目标点下达给局部路径规划系统；在局部路径规划中，移动机器人缺乏环境的先验知识，在搜索过程中，必须实时感知障碍物的位置，构建局部环境的估

智能信息感知技术

计地图，并获得通往目标位置的合适路径。

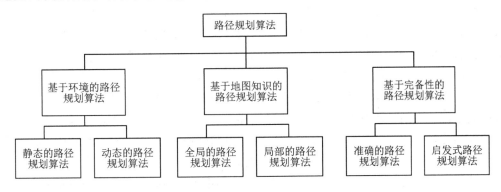

图 10.20　路径规划算法的分类

10.3.4　智能机器人自主控制技术

　　智能机器人控制系统的功能是接收来自传感器的检测信号，根据操作任务的要求，驱动机械臂中的各个电动机。就像人的活动需要依赖自身的关节一样，机器人的运动控制离不开传感器，机器人需要用传感器来检测各种状态。机器人的内部传感器信号被用来反映机械臂关节的实际运动状态，外部传感器的信号被用来检测工作环境的变化。机器人的神经与大脑组合起来，才能成为一个完整的机器人控制系统。

　　接下来对机器人控制系统的基本功能进行介绍，同时以工业机器人为例，介绍其控制系统及几种常见的控制方式。

　　1. 机器人控制系统的基本功能

　　机器人控制系统具有如下功能：

　　（1）运动控制功能：控制系统需实时计算机器人的运动轨迹、速度等参数，并控制机器人的关节达到要求的位置或速度，实现精确的运动控制。

　　（2）姿态控制功能：使用姿态传感器反馈机器人的角度、重心等信息，通过控制算法维持机器人的稳定姿态。

　　（3）路径规划功能：根据任务要求及环境信息，自动生成无碰撞的、安全的移动路线。

　　（4）任务执行功能：解析任务指令，确定动作顺序，并控制机器人各关节协调执行，完成指定的任务。

　　（5）自动避障功能：使用传感器探测周围障碍物，自动调整机器人运动轨迹以避开障碍，保证安全。

　　2. 工业机器人控制系统介绍

　　1）工业机器人控制系统的硬件结构

　　控制器是工业机器人控制系统的核心。近年来随着微电子技术的发展，微处理器的性能越来越高，但价格越来越便宜，目前市场上已经出现了 1～2 美金的 32 位微处理器。

高性价比的微处理器为机器人控制器带来了新的发展机遇，开发低成本、高性能的机器人控制器成为可能。为了保证系统具有足够的计算与存储能力，目前机器人控制器多由计算能力较强的 Arm 系列、DSP 系列、Power PC 系列、Intel 系列芯片等组成。

2）工业机器人控制系统的体系结构

在控制系统体系结构方面，其研究重点是功能划分和功能之间信息交换的规范。在开放式控制系统体系结构研究方面，有两种基本结构。一种是基于硬件层次划分的结构，该类型的结构比较简单。在日本，体系结构以硬件为基础进行划分，如三菱重工株式会社将其生产的 PA210 可携带式通用智能臂式机器人的结构划分为五层结构。另一种是基于功能划分的结构，它将软、硬件一同考虑，是机器人控制系统体系结构研究和发展的主要方向。

3. 工业机器人智能控制的四种控制方式

1）点位控制方式（PTP）

这种控制方式只对工业机器人末端执行器在作业空间中某些规定的离散点上的位姿进行控制。在控制时，只要求工业机器人能够快速、准确地在相邻各点之间运动，对到达目标点的运动轨迹则不做任何规定。定位精度和运动所需的时间是这种控制方式的两个主要技术指标。这种控制方式具有实现容易、定位精度要求不高的特点，因此，常被应用在上下料、搬运、点焊和在电路板上安插元件等只要求目标点处保持末端执行器位姿准确的作业中。这种控制方式比较简单，但是要达到 2～3 μm 的定位精度是相当困难的。

2）连续轨迹控制方式（CP）

这种控制方式是对工业机器人末端执行器在作业空间中的位姿进行连续的控制，要求其严格按照预定的轨迹和速度在一定的精度范围内运动，而且要求速度可控、轨迹光滑、运动平稳，以完成作业任务。工业机器人各关节连续、同步地进行相应的运动，其末端执行器即可形成连续的轨迹。这种控制方式的主要技术指标是工业机器人末端执行器位姿的轨迹跟踪精度及平稳性，通常弧焊、喷漆、去毛边和检测作业机器人都采用这种控制方式。

3）力（力矩）控制方式

在进行装配、抓放物体等工作时，除了要求准确定位，还要求所使用的力或力矩必须合适，这时必须使用（力矩）伺服方式。这种控制方式的原理与位置伺服控制原理基本相同，只不过输入量和反馈量不是位置信号，而是力（力矩）信号，所以该系统中必须有力（力矩）传感器，有时也利用接近、滑动等传感功能进行自适应式控制。

4）智能控制方式

机器人的智能控制是通过传感器获得周围环境的知识，并根据自身内部的知识库作出相应的决策。采用智能控制技术，使机器人具有较强的环境适应性及自学习能力。智能控制技术的发展依赖于近年来人工神经网络、基因算法、遗传算法、专家系统等的迅速发展。

正是这种控制方式，才使得工业机器人真正有点"人工智能"的味道。不过，要想采用这种方式控制好机器人，除算法外，还要关注元件的精度。

10.4 机器人智能感知系统未来发展方向

机器人在现实中的应用非常多，应用场景的不同催生出了各种不同类型、不同功能的机器人，例如常见的工业机器人、服务机器人、医疗机器人等。随着机器人应用场景的不断扩大，机器人的类型还将继续增加，同时，对机器人智能信息感知系统的要求也将不断提升。下面将对机器人智能感知系统未来的发展方向进行简单的梳理。

1. 小型化、微型化

与机器人技术息息相关的智能传感器技术不仅朝着更智能的方向飞速发展，也在不断向小型化、微型化发展，将不断有更精巧的智能传感器替换传统的传感器，这也使得开发小型化、微型化机器人系统成为可能。小型化、微型化机器人系统的研制可以扩展出更多机器人系统的应用场景。例如，军事侦察中的小型侦察机器人可以在不被敌方感知的情况下获取情报信息，甚至对危险目标进行近距离精确打击。

2. 机器人特殊应用背景下的新型传感器研发

随着机器人技术的不断完善，机器人的应用背景也不断被扩大。一些特殊环境下的功能型机器人上面所搭载的传感器也必须满足一些特殊的功能及性质，而新型的传感器必须从材料、测量原理、测量结构等多种方面来进行设计实现。例如，深海探测机器人在特殊的高压液体环境中进行工作，所搭载的传感器必须能够在此复杂的环境下完成对外界环境的探测，这是一般传感器难以完成的，必须对其性能进行进一步升级，以研制出满足需求的新型传感器。仿人机器人的目标是从外形及功能上更接近人，因此所使用的一些外部传感器的形态就需要更加接近人体，开发基于柔性材料的新型传感器对于仿人机器人是不可或缺的。

3. 多传感器信息融合感知

机器人上搭载的传感器越多，所能获得的关于外部的观测信息数据就越多，机器人完成一项任务就存在不同类型的多种观测数据可以利用。不同类型的观测数据由于其测量机理的不同，所提供的信息是具有互补性的，通过融合多种传感器的信息来对环境进行整体感知是一种更合适的机器人信息处理机制，类似于人本身的信息处理机制。但是多传感器的信息融合存在很多难以解决的问题，例如不同角度图像数据融合处理的角度配准问题，不同类型数据的形式差异问题，环境感知信息与机体感知信息的协调处理等。多传感器融合感知能力的提高将进一步提升机器人行动决策的准确性。

4. 多机器人协同感知决策

机器人在实际应用中，通常是以集群的方式协同完成特定任务的。例如，对于月台的托盘搬运集货、原材料的料箱存储和拣选、产线之间的物料搬运等一系列任务，其中托盘可以使用无人叉车搬运，原材料的存储拣选可以使用二维码类 KIVA 机器人，产线之间物料搬运可以使用 SLAM 机器人。

需要注意的是，一旦达到几百台甚至上千台机器人时，简单的逻辑、决策已经不能解决问题，整个群体协作的效率无法得到有效保证。因此，必须对传感的机器人调度系统进行智能升级，提升其协同感知决策的能力。未来多机器人系统将具有多机感知信息交互能力、融合决策能力和协作行动能力等，可以实现在线的地图和策略更新，以适应变化的运行路线和调度策略，能够对移动机器人进行任务分配、优化调度和交通管控，可以建立标准化手段，管控好同一现场异构机器人系统之间的协调运行，可以进行分布式或云端部署。

课后思考题

1. 一个功能完备的智能机器人需要具备哪些种类的传感器？
2. 机器人的语音功能有哪几种实现方法？分别有什么优点和不足？
3. 哪些环境因素会影响跟踪算法的精度？
4. 请列举几种常见的机器人避障技术，并说明其是如何实现的。
5. 机器人智能感知系统在未来有哪些发展趋势？

参 考 文 献

[1] 郭锦鸿. 智能机器人在各领域应用及未来展望[J]. 电子世界，2018(19)：97 - 98.

[2] 蒋明炜. 智能制造：AI 落地制造业之道[M]. 北京：机械工业出版社，2022.

[3] 杨帅，张现征，王兴龙，等. 机器人信号传输技术方法的研究[J]. 科技创新与应用，2019(2)：166 - 167.

[4] 徐娇. 智能目标检测与跟踪关键技术研究[D]. 西安：西安电子科技大学，2020.

[5] 刘春蕾，陈忠海，龙在云. 语音合成技术在智能机器人中的应用[J]. 电声技术，2003(12)：29 - 31.

[6] 张媛媛，宋海荣，杨少魁，等. 智能机器人语音交互专利技术分析[J]. 河南科技，2020(9)：153 - 160.

[7] 胡钊龙，李栅栅. 语音识别技术在智能语音机器人中的应用[J]. 电子技术与软件工程，2021(13)：72 - 73.

［8］ 张广帅，韦建军，刘铨权，等. 移动机器人导航的路径规划策略［J］. 机电工程技术，2021，50(4)：14-24.

［9］ 王仲民，刘继岩，岳宏. 移动机器人自主导航技术研究综述［J］. 天津职业技术师范学院学报，2004，14(4)：11-15.

［10］ 肖琳芬. 王耀南院士：智能机器人感知与控制技术应用及发展趋势［J］. 高科技与产业化，2021，27(10)：16-19.

［11］ 刘宇豪. 关于智能机器人未来发展的探析［J］. 中国战略新兴产业，2019(46)：151.

第 10 章 智能机器人信息感知系统

人体的各类医学和生命体征信号的感知与处理是当前科技发展的重要领域。目前，伴随着生活水平的不断提高，人们对生命健康更加重视。科技进步与技术革新也使得采用更智能的手段对人类的生物医学信号进行智能监测和研究成为可能。智能生命体征监测在重症监护、居家健康、救援等场景中都有广泛的应用，本章将对其典型模块及应用案例进行介绍。

11.1　生命体征监测系统简介

智能信息处理技术在医学领域中有着广泛的应用，例如生物医学图像生成和处理、生物芯片、生物信号的测量与传输等。智能医学生命体征监测的范围广泛，较为常用的监测项目有血压、呼吸频率及节律、尿量、动脉血气分析、心电图、脑电图等20多项，涉及的医疗器械既包括产品化相对成熟的呼吸机、血压监测机、血氧仪、心电图机、脑电图仪、麻醉机、麻醉深度检测仪等，也包括一些正在研究过程中的先进检测手段，比如非侵入式 BCG（Ballistocardiogram，心冲击图）心脏监测、毫米波雷达生命检测仪等。

智能医学生命体征监测对人类生命健康具有重要意义，在重症监护中的应用需求尤为重要。在医疗领域中，对于手术麻醉患者或危重患者而言，窒息、昏迷、昏厥、呼吸衰竭、心力衰竭和死亡的风险远比一般患者要高，同时这些患者往往发病急、病情重、恶化快。当患者出现上述病症时，必须对其进行紧急救治，这就需要医生根据自身的知识和经验积累，在短时间内作出正确的判断并制定相应的诊疗方案。但是一旦决策失误或救治不及时，就会给患者带来不可挽回的损失，甚至死亡。而且，一方面，由于不同医生的知识和经验都不尽相同，因此诊疗方案和结果通常会参差不齐；另一方面，鉴于医生精力的有限性，很难在短时间内对患者长期以来的病理和监护数据进行分析和比对，这可能导致对病情诊断出现局部片面性。因此需要智能传感器进行数据采集和分析，同时结合人工智能技术构建医疗监护人工智能辅助诊疗决策和危重事件预测系统，为医护人员作出全面准确的病症判断提供帮助，减少医疗决策的主观盲目性。

本章主要介绍了两种先进检测手段：基于非侵入式 BCG 信号的心率估计和基于毫米波雷达的生命检测仪。BCG 是一种通过记录心脏泵血对身体产生的微弱反作用力来监测心脏功能的技术。近年来随着计算机技术和可穿戴设备的不断发展，智能、便捷、舒适的心脏功能日常监测成为人们迫切的需求。在每次心跳中，心脏泵出血液的过程会引起身体重心的变化，为了保持总体动量守恒，人体便会因反作用力产生微小的运动，通过记录这些运动的位移、速度或者加速度可获得 BCG 信号。基于毫米波雷达的生命检测仪的核心是生物雷达，即融合雷达技术和生物医学工程技术于一体的一种新型特殊雷达。它利用电磁波穿透非金属介质（衣物、砖墙、废墟等）的特性来探测生命体生理活动所引起的各种体表微动，经过信号处理后获取生命信息（呼吸、心跳、体动等），具有良好的穿透能力和信息携带能力。生物雷达技术在医学上对病人的生理监测、地震以及塌方等灾后废墟中幸存人员的搜救、反恐行动中的隔墙监控等场合中发挥了重要的作用。目前利用生物雷达可以较好地探测到生命体，并且能判断目标的有无、数量、距离和分布。

11.2　传统的生命体征监测设备

传统的生命体征监测设备有很多，包括呼吸机、血压监测仪、血氧仪、心电图机、脑电图仪、麻醉机、麻醉深度检测仪和血压与房颤同步监测系统等。本节具体介绍三种典型的监测系统：心电图机、血氧仪、血压与房颤同步监测系统。

11.2.1　心电图机

心电图机是记录心脏活动（即心电图）的生理功能检测仪器，可提供各种心脏病确诊和治疗的基本信息，有助于分析各类心律失常，了解某些药物和电解质紊乱以及酸碱失衡对心肌的影响，在心脏病的常规检查中具有重要的地位。数字心电图机的主要作用在于能够记录及显示心脏活动时产生的生理电信号，其运作的原理就是通过数字技术对心电信号进行采集和处理。数字心电图机的功能包括生理信号放大、信号采集及结果记录和打印等。图 11.1 为数字心电图机及其连接示意图。

(a) 数字心电图机　　　　　　　　　　　　(b) 连接示意图

图 11.1　数字心电图机及其连接示意图

数字心电图机在运行过程中，主要依赖的装置包括走纸传动装置、电力系统、标准信号发生器、记录器、导联输入装置、放大器（前置、中间和功率）及 A/D 转换电路等。在工作过程中，数字心电图机需要先从人体提取出微弱的生理电信号，而该项工作主要是由 ECG 电极来完成的。之后，生理电信号就会依次经过导联输入网络、导联选择器，然后被送到前置放大滤波电路进行放大及滤波操作。在此之后，经过多路选择开关，使用 A/D 转换将信号转变为数字同步心电图信号，并且送入控制电路。而控制电路则会进行数字处理及再一次的滤波变换，最后借助可视化技术，将相关信号数据以可读的方式记录并显示出来，呈现出心电图波形。数字心电图机原理如图 11.2 所示。

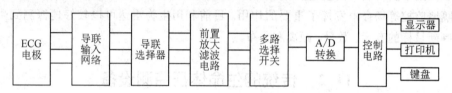

图 11.2　数字心电图机原理图

11.2.2　血氧仪

血氧仪是用于检测血氧的仪器。如果血管腔有脂质沉积，血液循环不畅，会导致缺氧，使用血氧仪可轻松检测血氧含量，第一时间提供治疗措施。血氧检测设备信息处理流程如图 11.3 所示。

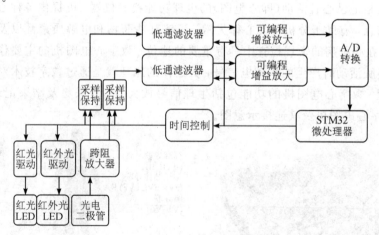

图 11.3　血氧检测设备信息处理流程

下面介绍血氧仪的信息采集模块和数据处理模块。

（1）信息采集模块。由于血氧仪采集信号时采用的是反射式方法，因此要想得到方便研究的清晰稳定的血氧信号，需要在人体中找到一个血管分布比较密集、表面相对平坦、对光的透过率高，并且肌肉骨骼等相对较少的位置。综合医学上的理论分析，可供选择的采集信号的地方主要有手腕、耳垂、脚趾、手指尖。手腕部位的皮肤平坦，操作方便，但骨骼等非脉动组织的影响较大；耳垂部位没有骨骼等对光线的吸收，因此透光性好，但在研究人员和被测人员较少的情况下，操作活动可能会难以进行，也就是说在可行性上没有指尖位置好。由于个体之间手指尖的血管分布不同，因此测量时也会有略微的差异，实验时通常选用血管分布较密集的手指尖进行测量。图 11.4 为血氧信号的两种采集方式：手腕和手指尖采集。

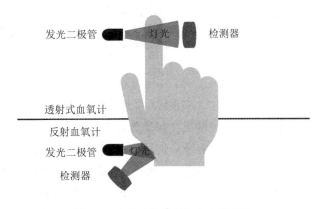

图 11.4 血氧信号采集方式示意图

（2）数据处理模块。血氧饱和度的测量由红光 LED 和红外光 LED 两个 LED 驱动，将采集到的信号分别进行采样、滤波、放大，最后信号再一起输入 A/D 转换模块。光电传感器的 PC 端输出为电流，输出电流的典型值为微安量级，而在对信号进行滤波、放大等处理时，无法直接处理电流信号，因此需要将输出的电流信号转换为电压信号。将电流转换成电压可减少干扰，提高精确度。通过滤波必须尽可能地滤除频率较为固定的工频干扰等成分，为了方便实现，滤波器的阶数要尽可能小，滤波效果要尽可能好。血氧饱和度信号属于生物电信号，信号的频率和强度都很小。将采集到的信号通过滤波器，可以滤除信号中高频分量的干扰，得到包含心率和血氧饱和度信息的低频（10 Hz 以内）信号。该信号再次经过放大处理后，就可以输入 A/D 转换模块进行处理。之后就可以结合智能算法进行处理分析。

11.2.3 血压与房颤同步监测系统

通过智能传感器和嵌入式系统设计，可以搭建出血压与房颤同步监测系统。该系统一般包括信号采集单元、本地监护单元和交互单元，整体框架如图 11.5 所示。

典型设计思路如下：

首先，通过 ADS1292 芯片检测心电信号，信号采集单元负责将采集的心电信号和脉搏信

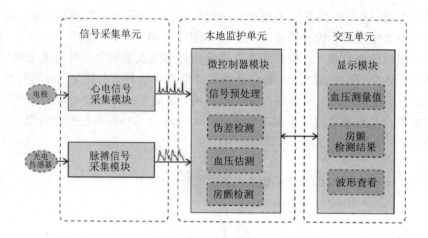

图 11.5　血压与房颤同步监测系统整体框架

号传递到本地监护单元，本地监护单元的微控制器负责将采集的模拟心电信号和脉搏信号转换为数字信号。由于采集的信号通常含有噪声信号，因此，本地监护单元需要对信号进行预处理，对于不同的噪声，设计相应的滤波器即可。此外，由于电极贴合不正确、传感器脱落等异常行为，极有可能产生伪差信号，导致采集的信号严重失真，掩盖了真实的信号，使系统的测量结果存在较大误差，因此，需要设计伪差检测算法对信号进一步进行处理。

其次，为了实现动态血压测量和本地房颤实时检测，需要将血压估测方法和房颤检测算法植入本地监护单元的微控制器中。

最后，交互单元负责对血压测量值和房颤检测结果进行实时报告。此外，系统还应当设计查看心电信号和脉搏信号波形的功能，查验接入的信号是否异常。

心电信号具有微弱性、低频性和随机性等特点。为了获取高质量的心电信号，要求心电信号的采集电路具有高增益、高共模抑制比、高输入阻抗等特点要求。由于心电信号极其微弱（毫伏量级）且伴有噪声和干扰，因此采集的心电信号需要经过滤波、放大等预处理。为了缩小体积和保障采集信号的稳定性，可以采用 TI 公司开发的模拟前端芯片 ADS1292，这款芯片内部集成了心电采集前端所需的大部分功能。也就是说，只需在前端加入滤波电路即可完成心电信号的采集与预处理。这种设计可以在保证信号质量的前提下，使组件数量减少 95%，可显著减少电路板面积。

对于脉搏信号采集技术，有研究表明，波长为 560 m 左右的波可以反映皮肤浅层部位微动脉信息，非常适合用来提取脉搏信号。光电容积脉搏描记法具有测量方法简易、穿戴便捷、采集可靠性高等特点，因此该技术常用于穿戴式设备的血压测量。

鉴于以上考量，该系统所采用的光电容积脉搏信号采集模块是一款集成了光电传感器和调理电路的光电反射型传感器。该模块适用于心率的监测、脉搏波形特征提取和心率变异性的分析。具体用法是通过导联连接，将其穿戴于手指、耳垂等位置，即可将采集到的脉搏信号传输给微控制器，接着通过微控制器内部自带的 A/D 转换器，将模拟脉搏信号转化为数字信号，最后利用植入微控制器的算法，即可实现系统的功能设计。

11.3 基于非侵入式 BCG 信号的心率估计

11.3.1 模块架构

目前主要的心脏监测技术有两种：心电图(Electrocardiograms，ECG)和光电容积脉搏图(Photoplethysmograms，PPG)。虽然 ECG 和 PPG 是目前主流的心脏监测技术，但 BCG 作为一种新兴的非侵入式技术，提供了一种不同于传统方法的心脏监测方式。BCG 无须与人体皮肤直接接触，将其嵌入外套或椅子甚至床垫下也可以正常记录到 BCG 信号，并且 BCG 心脏监测系统无须专业人员操作。此外，BCG 信号中包含了丰富的生命体征信息，如心率、呼吸频率和血压等，其中反映心脏功能的人体指标信息对心血管疾病的预先诊断和治疗有重要的意义。

基于非侵入式 BCG 信号的心率估计主要包括两个部分：一部分为 BCG 信号监测模块，采用模拟的方式对信号进行放大、滤波等处理；另一部分为 BCG 信号的心率估计模块，通过 FPGA(现场可编程门阵列)控制外围电路将模拟信号转换成数字信号并对 50 Hz 工频干扰进行陷波滤波，对于预处理过的 BCG 信号，利用神经网络实现基于 BCG 信号的心率估计。其结构如图 11.6 所示。

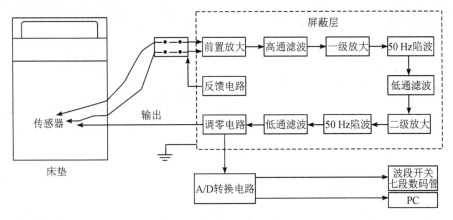

图 11.6　BCG 信号心率检测总体架构

11.3.2 BCG 信号监测系统

一种由美国密苏里大学老年康复技术中心开发的液压床传感器（Hydraulic Bed

Sensor，HBS)系统为睡眠期间的心脏功能监测提供了很好的 BCG 解决方案。相比其他 BCG 信号采集系统，它具有成本低、稳定性好、易于操作等优点。相比 ECG 心脏监测技术，它无须在人体体表贴附任何电极贴片。上述优势使得 HBS 系统成为日常生活中对心脏功能长期监测的常用方案之一。

如图 11.7(a)所示，安装在受试者躯体下方的液压传感器及其末端的压力传感器与相关嵌入式系统共同构成了该 HBS 系统。具体地，液压传感器为长 54.5 cm、宽 6 cm 的带状结构；压力传感器用来捕获每次心跳所产生的人体运动；嵌入式系统是 HBS 中的核心部件，它能记录与呼吸和运动相叠加的心跳信息，并对每个压力传感器中记录的信号做放大、滤波和 100 Hz 采样处理。在科学研究中，需要参考信号来对比心跳检测或心率估计的真值，以衡量所提出算法的优劣。通常采用手指脉冲信号作为参考信号，具体地，通过将压电脉冲传感器夹在受试者手指上来记录每次心跳产生的脉冲，其中该脉冲信号的采样频率同样为 100 Hz。

如图 11.7(b)所示，为了保证信号采集的有效性和稳定性，由四个相同的液压传感器和压力传感器平行放置所组成的长 71 cm、宽 66 cm 的传感器阵列被固定在床垫下面，其中传感器之间是相互独立的。在实际采集中，每个传感器所采集到的信号质量会受人体的位置，床垫的材质、厚度，以及受试者的体质状况(如年龄、身高、体重等)影响。

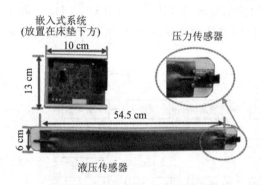

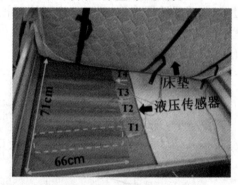

(a) 嵌入式系统和液压传感器示意图　　　　(b) 床垫与液压传感器的布置方式

图 11.7　液压床传感器系统

11.3.3　BCG 信号的心率估计

BCG 信号的心率估计是 BCG 信号的重要研究方向之一，它对人体心脏功能的日常监测有着重要的意义。目前已经提出的 BCG 信号的心率估计方法，主要是通过心跳检测或频率估计来计算心率的，且多为无监督方法。它们虽然可以在较短的时间内完成心率的估计，但是心率估计的精度对心跳检测准确率的严苛要求与无监督的心跳检测方法所具有的较低的抗噪声和运动干扰能力间的矛盾，导致心率估计误差较大。此外，基于心跳分量频率估计的方法虽然抗干扰能力较强，但易受周期性噪声的影响，使得心率估计误差较大。在研究过程中发现，深度回归方法和更多先验信息的引入有助于降低噪声和人体运动对估计性能的影响，提升心率估计准确度。

长短时记忆(Long Short Term Memory，LSTM)网络依据人脑处理信息的模式，改进了传统循环神经网络(RNN)。双向 LSTM(Bi-LSTM)网络为双向 RNN 的一种，其计算过程包含数据的正向传递和反向传递两个部分，分别用于提取序列数据中正向和反向的时序特征。该网络的时序展开结构如图 11.8 所示。图中，$x^{(i)}$ 代表输入的第 i 个 n 维信号向量，$h^{(p)}$ 代表后向 LSTM 网络处理的第 p 个中间信号向量，$h^{(b)}$ 代表前向 LSTM 网络处理的第 b 个中间信号向量，$O^{(b)}$ 代表前向 LSTM 网络输出的第 b 个信号向量，$O^{(p)}$ 代表后向 LSTM 网络输出的第 p 个信号向量，$o^{(i)}$ 代表整个网络的第 i 个输出信号向量。

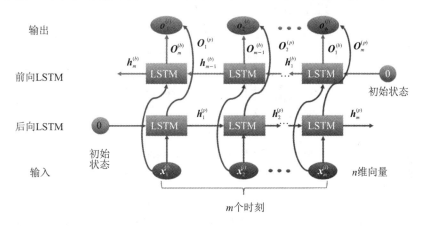

图 11.8　双向 LSTM 网络的结构图

在对 BCG 信号进行切段处理的基础上，为提升回归模型训练的时效性，可以采用等间隔采样和通道融合的方式构造输入的数据特征，在尽量保证融合后信号质量的同时减少数据量。通过在信号的时间序列构造中引入心率先验知识，可以选择得到更优的网络参数以改善心率估计性能。在将构造好的数据矩阵 x_i 按照时序依次送入 Bi-LSTM 中提取特征后，通过两层全连接网络得到概率矩阵 $\hat{y}_i$，利用回归估计心率，具体的心率回归模型如图 11.9 所示。

基于双向 LSTM 回归的 BCG 信号心率估计方法，主要是将 BCG 信号构造成一种适合于心率估计的时间序列，并通过双向 LSTM 网络和全连接网络完成特征提取和心率估计。该回归算法的具体流程如下：

(1) 对采集的 BCG 信号进行滤波处理。

(2) 利用 BCG 信号的周期性先验知识获取训练样本集和测试样本集。

① 以 w 为长度，以 s 为步长，并按采集顺序将滤波后的每个 BCG 信号截取为 N 个信

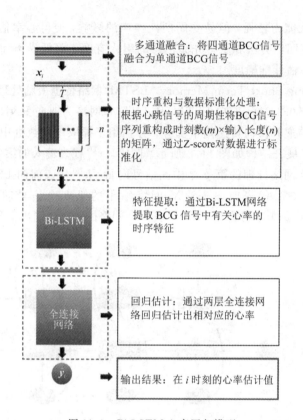

图 11.9 Bi-LSTM 心率回归模型

号段后顺次进行排列,得到包含四通道信号的 N 个信号段,$N=T-w/s$,T 为 BCG 信号的总长度。

② 对每个信号段进行通道融合和信号样本的构造,获得 N 个信号样本。

③ 以 w 为长度,以 s 为步长,按采集顺序将参考信号截取为 N 个信号段后顺次进行排列,得到与 N 个信号样本对应的 N 个参考信号段,并使用峰值检测算法计算每个参考信号段的心跳脉冲个数与心跳脉冲的位置:$\{[c_1, (l_{11}, l_{12}, \cdots, l_{1c_1})], [c_2, (l_{21}, l_{22}, \cdots, l_{2c_2})], \cdots, [c_N, (l_{N1}, l_{N2}, \cdots, l_{Nc_N})]\}$。

④ 使用平均心率法通过心跳脉冲个数与心跳脉冲的位置计算与 N 个信号样本对应的 N 个真实心率,其计算公式为

$$y_i = \frac{c_i - 1}{P_i} \tag{11.1}$$

式中,c_i 为第 i 个参考信号片段的心跳脉冲个数,P_i 为第 i 个参考信号片段中第一个心跳脉冲与最后一个心跳脉冲的时间间隔,$i=1, 2, \cdots, N$,$P_i=(l_{i1}-l_{ic_i})/f_s$,$f_s=100$ Hz。

⑤ 将每个信号样本与相对应的真实心率构成的样本-标签对作为一个样本，所有的样本组成样本集，样本集容量为 N，并划分训练样本集、验证样本集及测试样本集。

（3）构建基于 Bi-LSTM 回归的 BCG 信号心率估计网络。构建包括 Bi-LSTM 网络和与其串联的回归网络在内的心率估计网络模型。其中，Bi-LSTM 网络包括相互层叠的由多个神经元组成的前向 LSTM 网络和后向 LSTM 网络。Bi-LSTM 网络的输入为包含 m 个时刻的信号样本，其中每个时刻的输入长度为 n，用于提取 BCG 信号的时序与幅值特征。回归网络包括依次层叠的全连接层、第一激励层、回归估计层和第二激励层，通过 Bi-LSTM 网络每个单元最后一个时刻提取到的时序和幅值特征获取心率估计结果。可以看出双向 LSTM 单元最后一个时刻的输出包含了整个时序数据全部的信息。

（4）获取测试样本的心率估计值。测试过程基于有真实心率标签的样本进行顺序测试，具体操作为，将测试样本集中的样本依次输入训练好的 Bi-LSTM 心率回归模型中，可直接得到心率估计结果。最终心率估计的性能可依据真实心率和估计心率间的差距来评判。为满足可视化的需求，可绘制出估计值和真值的心率曲线。

11.4　基于毫米波雷达的生命检测仪

11.4.1　模块架构

在灾后救援搜寻、城市反恐维稳等实际工作中，我们不仅要关注生命体是否存在，还要关注以下三个问题。一是常见的动物呼吸、体动等微动的生物雷达回波与人体较为相似，当其与人体目标共存时会干扰探测，增加辨识难度。二是在复杂环境下，受困人员由于被压埋或受伤，其生命信号会发生不同程度的变异，单纯依靠基于生理参数的被动探测很难区分出人体目标，易造成误判和漏判。三是在人员受困状态下，现有探测技术只能判断出生命体是否存在，难以进一步判断其存活状态，这给搜救工作和后续医疗救助增加了不确定性。由生物雷达技术构成的基于毫米波雷达的生命检测仪是解决此类问题的良好方案。

生物雷达是集雷达技术和生物医学工程技术于一体的一种新兴特殊雷达，它利用电磁波穿透非金属介质（衣物、砖墙、废墟等）的特性来探测生命体生理活动引起的各种体表微动，经过信号处理后获取生命信息（呼吸、心跳、体动等）。毫米波（mmWave）是一类短波长电磁波，毫米波雷达可发射波长为毫米量级的信号。雷达系统先通过发射器发射电磁波信号，电磁波信号被其发射路径上的物体阻挡继而会发生反射；然后通过接收器捕捉反射的信号，从而可以确定物体的距离、速度和角度。人体生命体征检测系统的总体架构如图 11.10 所示。

毫米波雷达可以连续发射频率随时间变化呈线性升高的调频信号，具有结构简单、体积小、成本低、功耗低和精度高的优点，常被用于测量人体生命体征。毫米波雷达系统包括

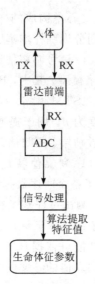

图 11.10　人体生命体征检测系统总体架构

发送(TX)天线和接收(RX)天线、低通(Lowpass，LP)滤波器，以及 A/D 转换器（ADC）等。其工作示意图如图 11.11 所示。毫米波雷达接收到微波信号后，将其转换为射频(IF)信号，再通过 LP 滤波器将 IF 信号转换为模拟信号，然后经过 A/D 转换将模拟信号变为数字信号，最后通过傅里叶变换(FFT)将时域信号转换为频域信号。

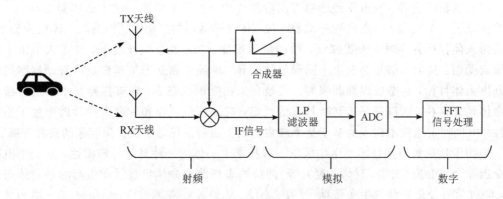

图 11.11　毫米波雷达工作示意图

　　一般而言，心跳引起的振动频率为 0.8～2.0 Hz，振幅为 0.1～0.5 mm，呼吸引起的频率为 0.1～0.5 Hz，振幅为 1～12 mm，而工作频率为 76～81 GHz（对应波长约为 4 mm)的毫米波系统将能够检测小至零点几毫米的移动。因此，可以利用该频段的毫米波雷达来测量人体心跳和呼吸产生的微小变化，实现呼吸和心率的测量。信号采集流程如图 11.12 所示。

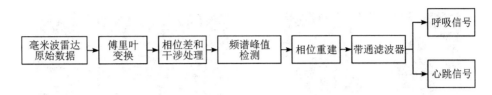

图 11.12　基于毫米波雷达的心跳和呼吸信号采集流程

11.4.2　生命体微动的雷达特征识别模块

在灾害现场，准确迅速地分辨出目标是救援行动的关键。人员在受困状态下往往是静止不动的，这给目标辨识增加了难度，再加上废墟下会有其他动物存在，而人和其他动物的生物雷达回波又是比较相似的，这也导致目标更难被区分。基于呼吸回波的能量累积法只能探测到生命体，无法区分人与其他动物。此外，从能量大小、呼吸、心跳频率等角度区分人与其他动物的方法有一定的局限性，因为在压埋伴随受伤状态下，人体生理参数会发生变化，可能会与其他动物混淆，单从呼吸、心跳频率和能量大小方面区分容易造成误判。

因此需要对人体目标及动物生理微动进行电磁建模。取一张正常人体的腹部磁共振图像（Magnetic Resonance Imaging，MRI）（见图 11.13），对其内部各组织器官赋予如表 11.1 所示的电磁参数。由表 11.1 可知，某些组织器官的电磁参数差别较大。另外，由于皮肤的电导率对湿度比较敏感，当皮肤较湿润时，电导率可超过 1 S/m，当皮肤干燥时，电导率甚至可以低至 0.1 S/m。赋值后的 MRI 即可作为人体的电磁模型，如图 11.14 所示。根据人体的呼吸、心跳运动模式，调整心脏、胸壁等腹部脏器的位置，总共得到 45 个类似的电磁模型状态，相邻两电磁模型的时间间隔为 0.2 s（采样频率为 5 Hz）。此 45 个电磁模型包含两个完整的呼吸周期和 11 个心跳周期，即呼吸频率为 0.22 Hz，心跳频率为 1.22 Hz，满足奈奎斯特采样定理。

表 11.1　腹部各主要组织器官的电磁参数

组织器官	相对介电常数(ε_r)	电导率/(S/m)
皮肤	～40	0.1～0.2
骨骼肌	48～58	1.3～1.5
骨骼	8，40	0.05
肺	35	0.73
心脏	60	～1.2
脂肪	4.3～7.5	0.03～0.09

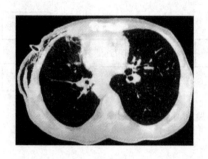

图 11.13　正常人体腹部磁共振图像　　　　图 11.14　人体电磁模型

11.4.3　生物雷达硬件系统及信号预处理

1. 超宽带生物雷达模块

图 11.15 为脉冲无线电超宽带(Impulse Radio Ultra Wideband，IR-UWB)生物雷达原理框图。脉冲振荡器发出脉冲信号，该信号经由电磁脉冲产生器产生脉冲，并通过发射天线辐射出去，遇到探测目标后信号被反射回雷达系统，反射信号经接收天线送至取样积分器。在发送信号至电磁脉冲发生器的同时，脉冲振荡器还会发送信号至延时器，触发距离门产生器生成距离门信号，距离门信号控制对接收信号的采样，然后接收信号经过放大、滤波等一系列硬件信号处理手段后被送入计算机进行后续的处理。

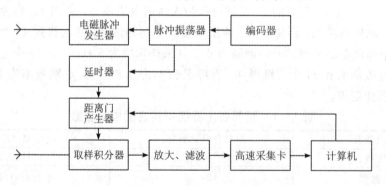

图 11.15　IR-UWB 雷达原理图

三通道 UWB 雷达系统是由四个天线构成的，一个为发射天线，三个为接收天线，其两侧可以展开，其工作原理如图 11.16 所示。发射天线发射脉冲信号，反射回波经三个接收天线接收后，送至处理系统进行后处理。需要说明的是，该系统的各个通道可以分别构成单通道 UWB 雷达系统而单独进行工作，亦可三个通道同时开启，作为多通道 UWB 雷达系统使用。

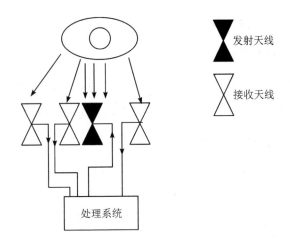

图 11.16 三通道 UWB 雷达系统的工作原理

2. 超宽带雷达回波信号预处理

在实际应用中，由于探测环境复杂及雷达系统不稳定等影响，UWB 雷达系统采集回来的数据不仅含有生命体反射回的信号，还包括多种噪声以及杂波干扰。为了更好地实现探测目的，需要对雷达回波信号进行预处理，具体如下。

（1）原始回波描述。

UWB 生物雷达系统在快时间维度利用时间序列 $\tau = mT_f(m=1, 2, \cdots, M)$ 对接收波形进行采样；而在慢时间维度，则在离散的时刻 $t = nT_s(n=1, 2, \cdots, N)$ 采样脉冲波形。采样后的雷达回波信号存储为一个大小为 $M \times N$ 的二维矩阵 $\boldsymbol{R}$。

（2）通道信号平滑滤波。

对 UWB 生物雷达回波信号中的每个通道信号进行平滑滤波处理，主要是为了去除每个通道信号上引入的高频干扰，其数学表达式为

$$\boldsymbol{R}_{\mathrm{lpf}}(l, n) = \frac{1}{L_f} \sum_{m=l}^{l+L_f-1} \boldsymbol{R}(m, n) \tag{11.2}$$

式中，$l = 1, 2, \cdots, L$，$L = M - L_f + 1$。L_f 为滤波器阶数，通过实验已经确定最优滤波器阶数为 85。

（3）距离累积。

采用的 UWB 雷达系统距离向的采样点数为 8192，这意味着如果直接对雷达回波信号进行处理，将对计算机的运算速度有很高的要求，不便于灾后救援使用便携式计算机对数据轻量处理的要求。因此，有必要在距离向上进行距离累积操作，以减少运算量。另外，在距离向上进行累积，相当于在距离向上做加窗平滑滤波处理，可增加通道信号的信噪比。

对已经平滑滤波后的回波信号沿着距离向对矩阵进行距离累积，可表示为

$$\boldsymbol{R}_{\text{cum}}(k, n) = \frac{1}{L} \sum_{l=(k-1)L+1}^{Lk} \boldsymbol{R}_{\text{lpf}}(l, n) \tag{11.3}$$

其中，L 为沿着距离向的积累窗宽，$k(k=1, 2, 3, \cdots, K)$ 为距离累积后距离向维度的坐标，K 为累积后距离向的采样点数，$K = \left\lfloor \dfrac{M}{L} \right\rfloor$（符号 $\lfloor \ \rfloor$ 表示向下取整）。经实验评测及经验做法可知，一般取 $K = 200$ 可保证信号在不丢失信息的同时得到信噪比的增强。

11.4.4 复杂结构下人体目标探测

目前常用的人体目标探测方法是基于能量的，其基本思路为：在提高信噪信杂比的情况下，人体目标处的点信号能量应大于杂波位置处的能量。理论上，人体呼吸信号是窄带的周期或准周期信号，将此信号经低通滤波之后，可求得沿着快时间维度的能量分布曲线。由于人体是有厚度的，因此可引起一定范围内的能量起伏，将能量分布曲线值较高区域预设为人体目标区域，人体目标区域能量的最大值为 P_{max}，i_{max} 为该值所对应的目标位置点。人体目标区域以外的区域即可当作非人体目标区域，非人体目标区域能量的平均值为 P_{ref}，其计算公式为

$$P_{\text{ref}} = \frac{\displaystyle\sum_{i=1}^{i_{\text{max}}-r-1} P_i + \sum_{i_{\text{max}}+r+1}^{N} P_i}{N - 2r - 1} \tag{11.4}$$

式中，N 为点信号的数目，即能量分布曲线包含的数值个数，r 为设定的人体目标可能覆盖的区域半径。

探测准则可用人体目标区域能量最大值与非人体目标区域能量的平均值的比值 α 表示，即

$$\alpha = \frac{P_{\text{max}}}{P_{\text{ref}}} = \begin{cases} \text{T}, & \alpha \geqslant \text{阈值} \\ \text{F}, & \alpha < \text{阈值} \end{cases} \tag{11.5}$$

当 α 达到预设的阈值时，结果判定为 T，即存在人体目标；当 α 小于预设的阈值时，结果判定为 F，即不存在人体目标。

11.5 生命体征监护智能响应系统

构建生命体征监护人工智能辅助诊疗决策和危重事件预测系统，对大众群体尤其是患者的生命健康具有重要意义，在重症监护中的应用较为广泛。在现有的重症监护病房中，预测评分系统是针对患者疾病严重程度的评估工具，急性生理学和慢性健康状况评估（APACHE）、简化急性生理学评分（SAPS）、死亡概率模型（MPM）、序贯性器官功能衰竭评估（SOFA）四种广泛使用的评分模型有助于使研究标准化，方便比较各个病房中患者的

医疗质量。此类评估方法可根据当前时间节点病人的测试反应和相关体征数据给出评估结果。通过智能传感以及人工智能技术，可将监护中先前对患者采集的测试信息及体征信息纳入评估标准中。结合患者之前连续监护获取的病症信息，可有效地将患者的影像数据、病历数据、监护数据、检验检查结果、诊疗费用等各种数据录入大数据系统，通过机器学习和挖掘分析方法，医生即可获得类似症状患者的疾病机理、病因以及治疗方案，这对于医生更好地把握疾病的诊断和治疗十分重要。这意味着智能传感和人工智能技术对于医疗领域的技术和业务层面都具有十分重要的应用价值。

具体而言，在基于多种生命体征监测设备得到的数据信息的基础上，通过对多源异构信息进行结构化表示，对数据进行特征要素提取，结合智能学习算法构建危重监护智能响应模式，可以搭建出生命体征监护智能响应系统。

11.5.1 多源异构信息的结构化表示

将测量所得的指标与医生的经验判断结合形成的这些多源异构信息进行统一结构化表示，对后期的临床信息表示建模以及重症模式的预警等有重要作用。

结构化信息是可以数字化的数据信息，是将来自多台仪器的多源数据进行数字化的结构表示，可以方便地通过计算机和数据库技术进行管理以及后续的使用。表 11.2 列出了七种常用器械的测量参数以及正常参数指标。

表 11.2　监护仪器参数以及正常参数指标

仪器	测量参数	正常参数指标
呼吸机	潮气量（VT）	6～8 mL/kg
	吸气时间（T）	0.8～1.2 s
	吸呼比（I/E）	一般为 1/1.5～1/2
	呼吸频率（f）	12～20 次/分钟
	呼气末正压（PEEP）	2～15 cmH$_2$O
	吸氧浓度（FiO$_2$）	＜50%～60%可长期应用
	压力支持（PS）	7～20 cmH$_2$O
	触发灵敏度	0.5～2 cmH$_2$O 或 1～3 L/min
	流速	一般为 4～10 L/min
血压监测仪	收缩压（SYS）	正常成人＜130 mmHg，理想＜120 mmHg
	舒张压（DIA）	正常成人＜85 mmHg，理想＜80 mmHg
	平均压（MAP）	正常成人 70～105 mmHg
	脉率（pr）	正常成人 60～100 次/分钟

仪器	测量参数	正常参数指标
血氧仪	血氧饱和度（SpO₂）	正常动脉血的 SpO_2 为 98％，静脉血为 75％
	脉率（pr）	60～100 bpm
脑电图仪	α 波	频率为 8～13 Hz，波幅为 25～75 μV
	β 波	频率为 13 Hz 以上，波幅约为 δ 波的一半
	Φ 波	频率为 4～7 Hz，波幅为 20～40 μV
	δ 波	频率为 4 Hz 以下
心电图机	心电图	显示波形，含 P、PR、T、ST、QSR 波段
	频率	正常成人为 60～100 次/分钟
	幅值（峰峰值）	常见测量范围：8.00 μV～30.00 V
麻醉机	潮气量	20～1200 mL
	呼吸频率	6～50 次/分钟
	PEEP	0～20 cmH_2O
	呼吸比	1∶3～2∶1
	气道压力峰值	一般为 10～30 cmH_2O
麻醉深度检测仪	脑电双频指数（BIS）	100 为清醒状态；0 为完全无脑电活动状态；一般在 85～100 为正常状态；65～85 为镇静状态；40～65 为麻醉状态；<40 可能呈现爆发抑制
	麻醉深度指数（CSI）	0～100，数值越大，越清醒
	脑电图（EEG）	麻醉中，α、β 波减少，δ、Φ 波增多，幅度增加
	肌电信号指数（EMG）	0～100，100 为恢复运动能力，0 为完全松弛
	信号质量指数（SQI）	0～100，100 为平均质量最佳
	爆发抑制比（BS％）	0％～100％，>75％时的脑电信号基本为直线

11.5.2 特征要素提取

将来自呼吸机、血压检测仪、血氧仪、脑电图仪、心电图机、麻醉机、麻醉深度监测仪的多源监测数据转换在统一框架内并进行结构化表示后，需要对这些海量的数据进行特征要素的提取。通过特征提取算法，从传感器监测指标中挖掘出表征人体状态的特征量，可以知晓某个重症事件主要与哪些监测仪的哪些指标相关。本部分将针对基于结构化表示后的多源传感器检测数据，开发无监督深度学习的深度置信网络（Deep Belief Networks，DBN），获取可以用于表征个体不同重症状态的特征量，形成完整的临床信息模型资源库。

智能信息感知技术

由于重症监控仪器指标的多样性和复杂性，依靠专家经验或信号处理技术来人工提取和选择特征要素是难以实现的。此外，以后向传播(Back Propagation，BP)神经网络、支持向量机(Support Vector Machine，SVM)为代表的浅层模型难以表征传感器信号与个体重症状况之间复杂的映射关系，另外也存在维数灾难等问题。因此，本小节拟结合 DBN 在提取特征和处理高维、非线性数据等方面的优势，提出一种有效的基于 DBN 的特征提取及重症状态判别方法。

DBN 由多个受限玻尔兹曼机(Restricted Boltzmann Machine，RBM)组合而成，每一层的受限玻尔兹曼机的输出作为下一层的输入，并使用 BP 等算法对网络进行微调，最终得到权重初值。以上过程称为预训练，将预训练所得的权重赋予一个前馈神经网络，这便构成了 DBN。DBN 能够通过一系列的非线性变换自动从原始数据中提取由低层到高层、由具体到抽象的特征。首先使用无监督逐层训练的方式，有效挖掘多源监测数据的有效特征，然后在增加相应分类器的基础上，通过反向的有监督微调，优化 DBN 的重症状态分类能力，最后将待测数据集输入训练好的 DBN 模型中，记录每个隐含层的输出向量。其中，无监督逐层训练通过直接把数据从输入映射到输出，能够学习一些非线性复杂函数。具体的模型训练过程和网络参数训练过程分别如图 11.17 和图 11.18 所示。

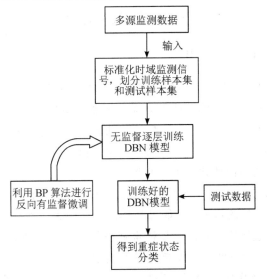

图 11.17　模型训练流程图

本部分利用获取到的多源监测数据作为输入，建立深度置信网络，提取具有较强表示能力的抽象特征并映射为相应的重症状态模型估计概率值，不需要对输入数据再进行人为的分层和筛选。训练好的模型具有记忆能力，对于一部分输入数据的缺失，网络可以补足该部分缺失的数据，得到准确的重症状态预测。

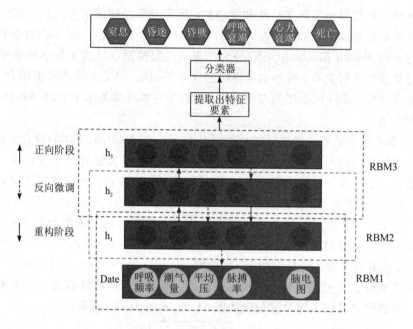

图 11.18　网络参数训练图

11.5.3　危重监护智能响应模式

根据疾病类型和临床多种监护仪器实时监测得到的各个指标参数，可协同预测危重事件发生的可能性，并进一步加入响应机制，提前准备对应的治疗方案。拟采取强化学习策略，利用知识库中相关的专家经验、实例总结和处方笺等信息，模拟医学专家的决策过程，建立一个智能响应模型，可以自适应地根据病人的实时病情，提供对应的诊疗方案，以供医生参考选择。具体的模型框架如图 11.19 所示。

该方案首先将病人的疾病类型和各个仪器实时监测得到的指标参数，输入协同预测模型，得到 6 种重症事件发生的可能性。如果某种重症事件为阴性，则表示病人病情稳定，无须提前干预，继续实时监测即可；如果某种重症事件为阳性，则需要对该重症事件进行提前响应，以应对突发情况。具体地，智能响应方案中的深度强化学习模型会根据病人病情和以往重症事件中的类似病例和经验，提供一系列可行的诊疗方案，以供医生进行参考，然后由医生选择具体的诊疗方案进行实施。它是整个智能响应方案的核心。该模型本身是一个深度神经网络，可由知识库中的专家经验和大量的实例总结（如某种重症事件及其对应的治疗方案、处方笺等信息）进行训练获得。模型输入是某种重症事件，通过学习以往的专家经验和实例总结，输出对应的一系列诊疗方案，每种诊疗方案的可行性不一，由医生选择出最优方案，并由此反馈，即对模型输出的最优诊疗方案进行奖励，对其他诊疗方案

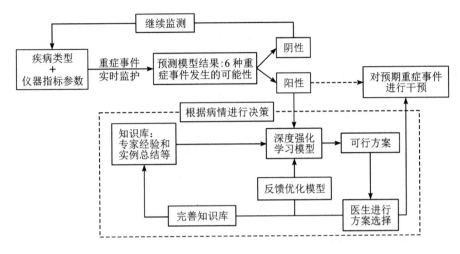

图 11.19　危重监护智能响应方案示意图

进行惩罚，使模型能够不断地进行自我修正。同时，将当前病例和医生所选择的最优诊疗方案加入原有的知识库中，完善知识库，用于更新深度强化学习模型，持续提高整个系统决策的准确性。整个方案采用标准接口进行模块集成，具有良好的灵活性，能够快速地扩充和演化。

课后思考题

1. BCG 信号的采集主要由哪些部件实现？请简述 BCG 信号的采集流程。

2. Bi-LSTM 心率回归模型是怎样实现的？Bi-LSTM 心率回归的流程是什么？

3. 重症监护主要涉及的医疗器械有哪些？

4. 相对于传统的红外生命探测仪，基于毫米波雷达的人体生命体征检测有何优势？

5. 怎样实现超宽带雷达回波信号的预处理？

6. 请简述复杂结构下人体目标探测的基本思路。

7. 针对基于结构化表示后的多源传感器检测数据，我们采用怎样的算法进行处理？为什么？

8. 根据疾病类型和临床多种监护仪器实时监测得到的各个指标参数，我们应采用怎样的危重监护响应模式？

参 考 文 献

[1] SALEM M，ELKASEER A，EL-MADDAH I A M，et al. Non-invasive data acquisition and IoT solution for human vital signs monitoring：applications，limitations and future prospects[J]. Sensors，2022，22(17)：6625.

[2] 黄惠泉. 穿戴式动态血压与房颤同步监测系统设计与实现[D]. 成都：电子科技大学，2022.

[3] 任彧，刘稳，高志刚. 一种改进的用于心率估计的峰值提取方法[J]. 生物医学工程学杂志，2019，36(5)：834－840.

[4] JIAO C，CHEN C，GOU S，et al. Non-invasive heart rate estimation from ballistocardiograms using bidirectional LSTM regression[J]. IEEE Journal of Biomedical and Health Informatics，2021，25(9)：3396-3407.

[5] 海栋. BCG 信号的深度时序特征提取与心率估计[D]. 西安：西安电子科技大学，2020.

[6] 张先文，张丽岩，丁力超，等. 基于心冲击信号的心率检测[J]. 清华大学学报：自然科学版，2017，57(7)：763-767.

[7] 蒋芳芳. 体震信息监测系统中的微弱信号检测与分析方法研究[D]. 沈阳：东北大学，2011.

[8] 杨明祺. 基于无监督学习的心冲击信号心率变异性检测方法研究[D]. 武汉：华中科技大学，2019.

[9] 张兰春，顾海潮. 基于毫米波雷达的生命体征检测[J]. 农业装备与车辆工程，2022，60(3)：79-82.

[10] 王文. 毫米波 FMCW 雷达的生命特征信号检测技术研究[D]. 重庆：重庆邮电大学，2021.

[11] 陈云飞. FMCW 毫米波体征检测雷达研究与设计[D]. 成都：四川师范大学，2022.